中等职业学校“十二五”计算机规划教材

# 计算机组装与维护应用教程

段 群 编

西北工业大学出版社

【内容简介】本书为中等职业学校“十二五”计算机规划教材，主要内容包括计算机基础知识、主机、外部存储设备、输入设备、输出设备、网络设备、数码产品、计算机的组装、设置 BIOS 参数、硬盘分区与格式化、软件安装、计算机维护与故障检测。各章后附有本章小结及操作练习，读者在学习时更加得心应手，做到学以致用。

本书可作为中等职业学校计算机组装与维护课程的教材，同时也可作为培训班教材及电脑爱好者的自学参考书。

**图书在版编目（CIP）数据**

计算机组装与维护应用教程/段群编．—西安：西北工业大学出版社，2012.1
中等职业学校“十二五”计算机规划教材
ISBN 978-7-5612-3284-2

Ⅰ．①计…　Ⅱ．①段…　Ⅲ．①电子计算机—组装—中等专业学校—教材②计算机维护—中等专业学校—教材　Ⅳ．①TP30

中国版本图书馆 CIP 数据核字（2012）第 003328 号

**出版发行**：西北工业大学出版社
**通信地址**：西安市友谊西路 127 号　　邮编：710072
**电　　话**：（029）88493844　88491757
**网　　址**：www.nwpup.com
**电子邮箱**：computer@nwpup.com
**印 刷 者**：陕西兴平报社印刷厂
**开　　本**：787 mm×1 092 mm　1/16
**印　　张**：14
**字　　数**：385 千字
**版　　次**：2012 年 1 月第 1 版　　2012 年 1 月第 1 次印刷
**定　　价**：28.00 元

# 序　言

中等职业教育是我国职业教育的重要组成部分。大力发展中等职业教育是加快普及高中阶段教育，提高全民族文化知识、实践技能和创新能力等综合素养，输送国家产业建设大军新生力量的基础工程；是促进就业、改善民生、解决“三农”问题的重要途径；是缓解劳动力结构矛盾的关键环节。

在我国的国民经济和社会发展的第十二个五年规划纲要中，提出教育改革的指导方针是，按照优先发展、育人为本、改革创新、促进公平、提高质量的要求，深化教育教学改革，推动教育事业科学发展，大力发展职业教育。

目前，我国的职业教育正处于由规模扩张向全面提高质量的转折期，为了贯彻落实《中共中央关于制定国民经济和社会发展第十二个五年规划的建议》精神，配合当前中职教育的现状，切合国民经济发展的要求，在通过调研，了解和掌握众多中等职业学校计算机及相关专业的教学计划、课程设置和教学实际需求的基础上，根据中等职业学校学生的学习能力和就业需求，我们组织出版了“中等职业学校‘十二五’计算机规划教材”。

## 主要特色

### 中文版本、易教易学

本系列教材选取在工作中最普遍、最易掌握的中文版本的应用软件，突出“易教学、易操作”的特点，与用人单位的需求紧密结合，在编写体例上注重理论知识与上机实训相结合。

### 任务驱动、案例教学

本系列教材列举了大量的实例，以提高学生的学习兴趣，培养学生学习的自主能力，在掌握理论的基础上更多地动手进行实际操作。

### 内容全面、图文并茂

本系列教材合理安排基础知识和实践知识的比例，基础知识以“必需、够用”为度，实践知识以“全面、实用”为准，系统完整，图文并茂。

### 体现教与学的互动性

本系列教材从“教”与“学”的角度出发，重点体现教师和学生的互动交流。将精练的理论和实用的范例相结合，使学生在课堂上就能掌握行业技术应用，做到理论和实践并重。

☆ 突出职业应用，快速培养人才

本系列教材以培养计算机技能型人才为出发点，采用“基础知识+上机实战+综合应用实例+上机实训”的编写模式，内容生动，由浅入深，将知识点与实例紧密结合，便于读者学习掌握。

## 读者对象

本系列教材的读者对象为中等职业学校师生和需要进行计算机相关知识培训的专业人士，同时也可供从事其他行业的计算机爱好者自学参考。

## 结束语

希望广大师生在使用教材的过程中提出宝贵意见，以便我们在今后的工作中不断改进和完善，使本系列教材成为中等职业学校教育的精品教材。

西北工业大学出版社

2011 年 11 月

# 前 言

随着计算机技术的飞速发展，计算机在社会、经济和生活中的地位日益重要。因此，计算机知识与应用能力是培养跨世纪的中等专业技术人才极其重要的组成部分。

本书详细地介绍了计算机各部件的分类、结构、性能、选购方法以及参数设置、硬件组装与维护等知识。同时，书中还介绍了各种计算机组件的主流产品，使读者能够及时、准确地掌握计算机硬件发展的最新知识。

## 本书内容

全书共分 12 章。其中，前 7 章主要介绍计算机的基础知识及各硬件的性能、选购方法，读者初步掌握计算机组装前的理论知识与基本操作技能；第 8 章通过理论联系实际，详细介绍了计算机组装的全过程；第 9～12 章分别介绍了 BIOS 基础知识、硬盘分区、软件安装以及维护知识，通过大量丰富的实践操作，读者可进一步巩固所学的知识。

## 读者定位

本书结构合理，内容系统全面，讲解由浅入深，实例丰富实用，可作为中等职业学校计算机组装与维护课程的教材，同时也可作为培训班教材及计算机爱好者的自学参考书。

本书由段群编写。由于水平有限，书中难免出现疏漏与不妥之处，敬请广大读者批评指正。

编 者

# 目 录

# 第 1 章　计算机基础知识

在 21 世纪，随着信息技术的不断发展和计算机的普及，计算机已成为人们工作和学习不可缺少的工具之一，计算机为人类科学技术的发展作出了重要的贡献，如今所有的大型运算操作都是由计算机来完成的。为此，掌握一定的计算机知识，对于提高工作和学习效率至关重要。

**知识要点**

- 计算机概述
- 计算机系统的组成
- 计算机的组成部件
- 计算机选购指南

## 1.1　计算机概述

计算机是一种由电子器件构成的、具有计算能力和逻辑判断能力以及自动控制和记忆功能的信息处理机器，可以自动、高速和精确地对数据、文字、图像、声音等信息进行存储、加工和处理。从第一台计算机诞生以来，随着计算机技术的飞速发展，计算机广泛地应用在国防、工业、农业、文教、卫生以及日常生活等各个领域，并且已经成为人们生活中不可缺少的电子智能工具。

### 1.1.1　计算机的发展

1946 年，世界上第一台计算机 ENIAC（埃尼阿克）在美国的宾夕法尼亚大学诞生，标志着电子计算机时代的到来，是计算机发展的一个里程碑。随着科技的发展，计算机以惊人的速度不断更新换代。微型计算机的诞生是计算机发展的另一个里程碑。

计算机的发展可以划分为以下 4 个阶段。

**1．第一代电子管计算机（1946—1957 年）**

第一代计算机（见图 1.1.1）的基本元件采用的是电子管，它的体积大、耗电量大、寿命短、可靠性差、成本高。内存储器采用容量小的汞延迟线，外存储器使用穿孔卡片和纸带，输入输出装置落后，主要使用速度慢的穿孔机，使用汇编语言和机器语言，应用仅限于科学和军事计算。

图 1.1.1　第一代计算机

**2．第二代晶体管计算机（1958—1964 年）**

第二代计算机的基本元件采用的是晶体管，它的体积与第一代相比大大减小了，成本也较第一代有所降低，可靠性较高，运算速度也大幅度提高。内存储器大量使用磁性材料制成的磁芯，外存储器有磁盘、磁带，外部设备种类增加。采用了监控程序并发展成为后来的操作系统。高级程序设计语言 BASIC，FORTRAN 和 COBOL 的推出，使编写程序的工作变得更为方便并实现了程序兼容，大大提高了计算机的工作效率。应用范围由单一的科学计算扩展到数据处理和事务管理等其他领域。

**3．第三代中、小规模集成电路计算机（1965—1969 年）**

第三代计算机的基本元件采用小规模和中规模集成电路，它的体积更小，重量更轻，能耗更少，成本更低，可靠性和运算速度均得到了更大的提高。采用半导体作为主存储器，外存储器采用磁带或磁盘。软件方面出现了操作系统和会话式语言，使其不仅用于科学计算，还用于文字处理、企业管理、自动控制等领域；还出现了计算机技术与通信技术相结合的信息管理系统，可用于生产管理、交通管理、情报检索等领域。

**4．第四代大规模及超大规模集成电路计算机（1970 年至今）**

第四代计算机的基本元件采用大规模及超大规模集成电路，使计算机体积、重量、成本均大幅度降低，计算机进入微型化。它的应用范围扩大到社会生活的各个领域，走入办公室和家庭，在办公自动化、电子编辑排版、数据库管理、图像识别、语音识别、专家系统等众多领域大显身手。

计算机整个发展过程的主要特点是体积越来越小，运行速度越来越快，功能越来越强，价格越来越低，逐步走向网络化。

## 1.1.2　计算机的特点

计算机被广泛地应用于生产、生活的各个领域，其主要原因是计算机具有区别于以往计算工具的几个重要特点。

**1．运算速度快**

运算速度快是计算机最显著的特点。从第一台现代计算机 5 000 次每秒的运算速度，到目前最快的巨型计算机几千万亿次每秒的运算速度，它大大地提高了人类数值计算、信息处理的效率。例如天气预报，由于其运算量大得惊人，如果没有计算机的高速运算，人工计算难以完成。

**2．计算精度高**

计算机一般的有效数字都有十几位，有的甚至达到上百位的精度，这些在科学计算中是必不可少的。计算机由程序自动控制运算过程，这样可以避免人工计算过程中可能产生的各种错误。例如火箭的发射以及卫星的定位，误差要求非常小，如果不利用计算机控制运算过程，实际发射和定位的偏差就可能达到几千米甚至更多。

**3．存储容量大**

计算机具有强大的数据存储能力，通过计算机的存储器可以将原始数据、中间结果以及运算指令等存储起来以备调用。计算机的存储器容量大小一般以字节来衡量，存储容量的大小标志着计算机记忆能力的强弱。普通的微型计算机的内存储器容量可达几千兆，外存储器可达几百千兆。随着存储器容量的不断增大，计算机可存储记忆的信息量也越来越大。

**4．判断能力强**

计算机除了具有高速、高精度的计算能力外，还具有对文字、符号、数字等进行逻辑推理和判断的能力。人工智能机的出现将进一步提高其推理、判断、思维、学习、记忆与积累的能力，从而可以代替人脑更多的功能。

5. 工作自动化

计算机的内部操作是按照人们事先编制好的程序自动进行的。只要将编制好的程序输入到计算机中，计算机就会自动按照程序规定的步骤来完成预定的任务，而不需要人工干预，并且通用性很强，是现代化、自动化、信息化的基本技术手段。

6. 可靠性强

随着科学技术的不断发展，电子技术也发生着很大的变化，电子器件的可靠性也越来越高。在计算机的设计过程中，通过采用新的结构可以使其具有更高的可靠性。

### 1.1.3　计算机的分类

随着计算机技术的进步，各种计算机的性能均会有不同程度的提高，各种分类方法也会有所改变，针对不同领域和不同用途，计算机分类的标准也会有所不同。根据计算机的规模和处理能力，通常可将计算机分为巨型计算机、大型主机、小巨型计算机、小型计算机、工作站和微型计算机 6 大类。

1. 巨型计算机

巨型机又称超级计算机，它是目前功能最强、速度最快、价格最昂贵的计算机，一般用于解决诸如气象、太空、能源、医药等尖端科学研究和战略武器研制中的复杂计算。这种机器价格昂贵，号称国家级资源。巨型机的研制开发是一个国家综合国力和国防实力的体现。

2. 大型主机

大型主机也有很高的运算速度和很大的存储容量，并允许相当多的用户同时使用，在量级上不及巨型机，价格也比巨型机便宜。这类机器通常用于大型企业、商业管理或大型数据库管理系统中，也可用做大型计算机网络中的主机。

3. 小巨型计算机

小巨型计算机是新发展起来的小型超级电脑（或称桌面型超级电脑），它的发展方向是巨型机缩小成个人机的大小或者使个人机具有超级电脑的性能。它对巨型机的高价格发出了挑战，其发展非常迅速。例如，美国 Conver 公司的 C 系列、Alliant 公司的 FX 系列就是比较成功的小巨型计算机。

4. 小型计算机

小型计算机的规模小，结构简单，设计制造周期短，便于及时采用先进工艺技术，软件开发成本低，易于操作维护。小型计算机广泛应用于工业自动控制、大型分析仪器、测量设备、企业管理以及大学、科研机构等，也可以作为巨型和大型计算机系统的辅助计算机。

5. 工作站

工作站是介于小型计算机和微型计算机之间的高档微型计算机，主要用于图像处理和计算机辅助设计等领域。

6. 微型计算机

微型计算机的主要特点是小巧、灵活、便宜，不过通常一次只能供一个用户使用，所以微型计算机也叫个人计算机（Personal Computer）。近几年又出现了体积更小的计算机，如笔记本电脑、膝上电脑、掌上电脑等微型机。

**注意：**以上介绍的分类方法是国际上比较流行的一种方法。我国计算机界长期流行着巨、大、中、小、微的分类方法，即将计算机分为巨型机、大型机、中型机、小型机和微型机五大类。

### 1.1.4 计算机的应用

随着计算机技术的发展，计算机在越来越多的领域得到广泛的应用，主要包括科学计算、数据处理、自动控制、辅助功能、计算机通信、人工智能、多媒体技术、电子商务、信息高速公路等方面。

**1．科学计算**

科学计算也称为数值计算，是计算机最早的应用领域，计算机高速度、高精度的运算是人工运算所望尘莫及的。现代科学技术中有大量复杂的数值计算，例如在地震预测、气象预报、工程设计、火箭和卫星发射等尖端科技领域，都离不开计算机的精确计算，计算机的应用大大节省了人力、物力和时间。

**2．数据处理**

数据处理也称为非数值计算，是对大量数据进行处理而得到有用的数据信息。数据处理被广泛地应用在办公自动化、事务管理、情报分析、企业管理等方面。数据处理已经发展成为一门新的计算机应用学科。

**3．自动控制**

自动控制也称为过程控制或实时控制，是指用计算机对连续工作的控制对象实行自动控制，并及时采集检测数据，按最优方案实现自动控制。它主要应用在航空航天、军事领域以及工业生产系统，例如航天飞机的飞行、军事目标的全球定位与控制、集成电路板的生产以及炼钢过程中的计算机控制等。

**4．辅助功能**

计算机可以辅助工程中的计算、设计、制造、测试等多个方面，如辅助设计电路、机器加工控制、服装设计等。计算机辅助教学可以使用计算机代替或部分代替教师传授知识，实现教学自动化。

**5．计算机通信**

现代通信技术与计算机技术相结合，构成联机系统和计算机网络，这是微型机具有广阔前景的一个应用领域。计算机网络的建立，不仅解决了一个地区、一个国家中计算机之间的通信和网络内各种资源的共享，还可以促进和发展国际间的通信和各种数据的传输与处理。

**6．人工智能**

人工智能一般是指利用计算机来模拟人脑进行推理和决策分析的过程。人工智能主要研究的是将人脑进行思维的过程编成计算机程序，在计算机中存储一些公式和规则，然后让计算机自动探索解答的方法，主要应用在机器人、机器翻译、模式识别等研究和开发中。

**7．多媒体技术**

多媒体技术是应用计算机技术将文字、图像、图形和声音等信息以数字化的方式进行综合处理，从而使计算机具有表现、处理、存储各种媒体信息的能力。多媒体技术的关键是数据压缩技术。

**8．电子商务**

电子商务是指利用计算机和网络进行的商务活动，具体地说，是指综合利用 LAN（局域网）、Intranet（企业内部网）和 Internet 进行商务与服务交易、金融汇兑、网络广告或提供娱乐节目等商业活动。交易的双方可以是企业与企业之间，也可以是企业与消费者之间。电子商务是一种比传统商务更好的商务方式，它旨在通过网络完成核心业务，改善售后服务，缩短周转周期，从有限的资源中获得更大的收益，从而达到销售商品的目的，同时，向人们提供新的商业机会、市场需求以及各种挑战。

**9．信息高速公路**

1993 年 9 月，美国政府推出了一项引起全世界瞩目的高科技系统工程——国家信息基础设施（National Information Infrastructure，NII），即“信息高速公路”，实质上就是高速信息电子网络。这项跨世纪的高科技信息基础工程的目标是用光纤和相应的硬/软件及网络技术，把所有的企业、机关、学校、医院、图书馆以及普通家庭联结起来，使人们拥有更好的信息环境，做到无论何时、何地都能以最好的方式与自己想联系的对象进行信息交流。

# 1.2　计算机系统的组成

计算机是由若干相互区别、相互联系和相互作用的要素组成的有机整体。一个完整的计算机系统包括计算机硬件系统和计算机软件系统两大部分。其中，硬件是计算机的物质基础，主要包括计算机本身和各种外部设备，软件主要包括系统软件和一些应用软件。软件在硬件的基础上发挥作用，两者相辅相成，协调工作，共同构成一个完整的计算机系统。计算机系统组成如图 1.2.1 所示。

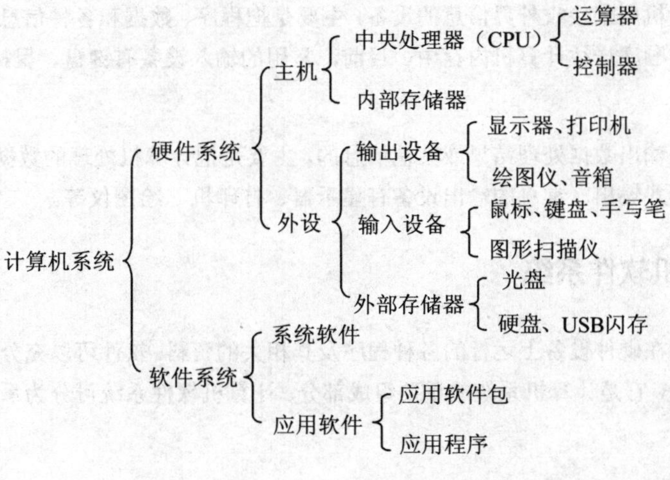


图 1.2.1　计算机系统组成

## 1.2.1　计算机硬件系统

计算机硬件系统是指构成计算机物理结构的电气、电子和机械部件，它是计算机系统的物质基础。1946 年，美籍匈牙利数学家冯·诺依曼提出了计算机的硬件结构，其主要由运算器、控制器、存储器、输入设备和输出设备 5 大基本部件组成，其中以运算器为中心，其结构如图 1.2.2 所示。

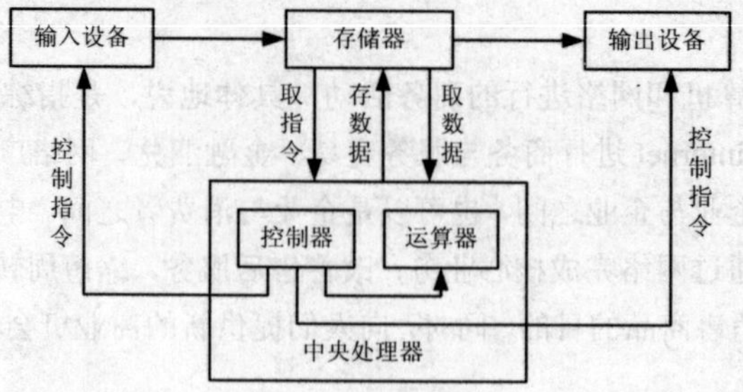


图 1.2.2 计算机硬件结构

**1. 运算器**

运算器是计算机进行信息加工的场所，所有的算术运算和逻辑运算都在这里进行。算术运算指的是加、减、乘、除等各种数值的运算；逻辑运算指进行逻辑判断、逻辑比较的非数值运算。

**2. 控制器**

控制器是计算机的指挥控制中心，是计算机的“神经中枢”。它负责对控制信息进行分析，通过分析发出操作控制信号，控制数据的传输和加工。同时，控制器也接收其他部件送来的信号，协调计算机各个部件之间步调一致的工作。

**3. 存储器**

存储器是计算机的存储与记忆的装置，用来存放计算机的数据与程序。通常存储器分为内存储器和外存储器。

**4. 输入设备**

输入设备是计算机用来接收外界信息的设备，主要是把程序、数据和各种信息转换成计算机能识别接收的电信号，按顺序送往计算机内存中。目前，常用的输入设备有键盘、鼠标、扫描仪等。

**5. 输出设备**

输出设备是用来输出数据处理结果或其他信息的，主要是把计算机处理的数据、计算结果等内部信息按人们需要的形式输出。常见的输出设备有显示器、打印机、绘图仪等。

## 1.2.2 计算机软件系统

计算机软件是指在硬件设备上运行的各种程序及其相关的资料。软件可以充分扩展计算机的功能和提高计算机的效率，它是计算机系统的重要组成部分。计算机软件系统可分为系统软件和应用软件两大部分。

**1. 系统软件**

系统软件是为管理、监控和维护计算机硬件和软件资源，并使计算机充分发挥作用，以提高功效、方便用户的各种程序集合。系统软件包括操作系统、数据库管理系统、语言处理程序、实用程序等。

操作系统软件是最基本、最重要的软件。它负责管理计算机系统的全部软件资源和硬件资源，合理地组织计算机各部分协调工作，为用户提供操作和编程界面。

**2. 应用软件**

应用软件是微型计算机系统支持下的所有面对实际问题和具体用户群的应用程序的综合。它主要包括数据处理软件、文字处理软件、表格处理软件、计算机辅助软件、实时处理软件、多媒体信息处理软件和网络应用软件等。例如 Office，Photoshop，AutoCAD，3DS MAX，Flash 等。

## 1.3　计算机的组成部件

目前，个人计算机有两种：台式计算机和便携式计算机（笔记本电脑），下面简要进行介绍。

台式机也叫 PC 机（见图 1.3.1），其硬件配置、操作系统以及各种应用软件完全可以根据个人要求安装。

笔记本电脑（见图 1.3.2）具有体积小、重量轻、携带方便等诸多优点，多应用于需要“移动办公”的场合。随着技术的发展，目前的笔记本电脑普及迅速，大有取代台式机之势。

图 1.3.1　台式计算机

图 1.3.2　笔记本电脑

台式机的组装、维护具有普遍和典型的意义，因此下面以台式机为例来介绍计算机的物理结构。

从台式机的外观来看，它由主机、外部存储设备、输入/输出设备组成。主机是整个计算机的核心，它的构成包括了机箱、电源、主板，在主板上插接有 CPU、内存和扩展卡，而硬盘、光驱等设备则是通过数据线连到主板上。主板和扩展卡都安装在机箱中，并由机箱电源对其供电，如图 1.3.3 所示。

图 1.3.3　主机的内部结构

下面简单介绍台式机各部件的名称和功能。

### 1.3.1　主机

主机是微型计算机的核心部件，在主机箱的正面一般有电源开关、复位按钮、光盘驱动器接口、指示灯、USB 接口等，如图 1.3.4 所示。在主机箱的内部有电源、主板、CPU、内存等硬件，将它们合称为主机。

**1．电源**

电源为主机内各部件供电，稳定的电源是主机各部件正常运行的保证。在电源内有一个整流器，主要负责将 220 V 的交流电转换为计算机使用的直流电。在转换过程中，电源会产生热量，因此电源中都会配置一个散热风扇，使电源内部可以保持一定的低温，如图 1.3.5 所示。

图 1.3.4　主机箱

图 1.3.5　电源

**2．主板**

主板是计算机主机内部的主要部件，位于主机箱内，CPU、内存条、显示卡、声卡、网卡等均插接在主板上，光驱、硬盘则通过缆线与其相连，主机箱背后的键盘接口、鼠标接口、打印机接口以及网卡接口等也是由它引出的。主板的结构如图 1.3.6 所示。

**3．CPU 和内存储器**

中央处理器 CPU 是微型计算机的核心，其内部结构由控制单元、逻辑单元和存储单元 3 大部分构成，它们相互协调，进行分析、判断、运算等工作。CPU 安装在主板的 CPU 插座上，主板固定在主机机箱中，如图 1.3.7 所示。

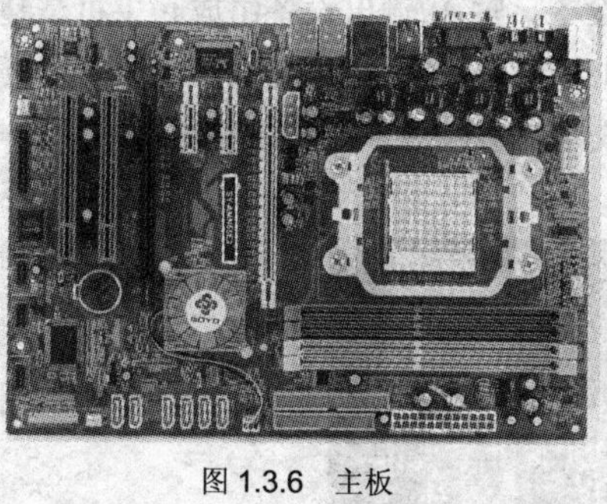

图 1.3.6　主板

图 1.3.7　CPU

内存储器简称内存，是微型计算机的记忆中心，如图 1.3.8 所示。内存主要用来存放当前计算机运行所需要的程序和数据，其容量大小直接影响计算机的运行速度。内存越大，信息交换越快，处理数据就越快。

图 1.3.8　内存

**4．显卡**

显卡是计算机中进行数/模信号转换的设备，也就是将计算机中的数字信号通过显卡转换成模拟信号让显示器显示出来，同时现在的显卡还具有图像处理能力，能够协同 CPU 进行部分图片的处理，提高整机的运行速度，这也是通常所说的 3D 图形加速功能，显卡的外观如图 1.3.9 所示。

5．声卡

声卡是多媒体技术中最基本的组成部分，是实现声波 / 数字信号相互转换的一种硬件设备。声卡的基本功能是把来自话筒、磁带、光盘的原始声音信号加以转换，输出到耳机、扬声器、扩音机、录音机等声响设备，或通过音乐设备数字接口（MIDI）使乐器发出美妙的声音，如图 1.3.10 所示。

图 1.3.9　显卡

图 1.3.10　声卡

## 1.3.2　外部存储设备

外部存储设备主要包括硬盘、光存储设备、移动存储器等。

1．硬盘

硬盘是一个外部存储数据的重要部件，它用来存储大量数据。通常情况下，硬盘固定在计算机的主机箱内。目前，市场上的硬盘容量通常为 250 GB，500 GB，1 TB 等。在硬盘家族中，USB 移动硬盘是新型的硬盘，它的出现提高了硬盘的可移动性，如图 1.3.11 所示。

2．光存储设备

光存储设备简称光驱，是普遍使用的外部存储设备。光存储设备的数据存放介质为光盘，其特点是容量大、成本低，而且保存时间长，不易损坏。

光存储设备根据不同的功能主要分为 CD-ROM，DVD-ROM，CD 刻录机，COMBO 和 DVD 刻录机等。其中 CD-ROM、DVD-ROM 只能读取数据，而 CD 刻录机、COMBO 和 DVD 刻录机不仅可以读取数据，还可以向可写光盘中写入数据。如图 1.3.12 所示为 DVD 刻录机。

图 1.3.11　硬盘和移动硬盘

图 1.3.12　DVD 刻录机

## 1.3.3　输入设备

输入设备是用户和计算机系统之间进行信息交换的主要装置之一，主要有键盘，鼠标，摄像头，扫描仪，数码相机、手写输入板等。

1．键盘和鼠标

键盘是计算机系统中最基本的输入设备，用户通过键盘向计算机输入各种命令。鼠标作为窗口软件或者绘图软件的首选输入设备，在应用软件的支持下可以快速、方便地完成某个特定的功能。如图 1.3.13 所示为键盘和鼠标。

图 1.3.13　键盘和鼠标

2．扫描仪和数码相机

扫描仪是常见的外部输入设备。扫描仪可以将照片、文字、图像等扫描到计算机中，并以图片的格式保存在计算机中，如图 1.3.14 所示。

数码相机是一种光、电、机一体化的产品，它是一种数字化的相机，能够拍照，并把拍摄的对象通过内部处理转换成数字化图像，进而以数字格式存储，如图 1.3.15 所示。

图 1.3.14　扫描仪

图 1.3.15　数码相机

## 1.3.4　输出设备

输出设备是计算机的终端设备，用于接收计算机数据的输出显示、打印、声音、控制外围设备操作等。常见的输出设备有显示器、打印机、绘图仪等。

1．显示器

显示器是计算机必不可少的输出设备，它是人－机交互的主要部件，用于显示文字、图表等各种信息。显示器的显示内容和显示质量的高低主要由显卡的性能决定，常见的有阴极射线管（CRT）显示器和液晶（LCD）显示器两种，如图 1.3.16 所示。

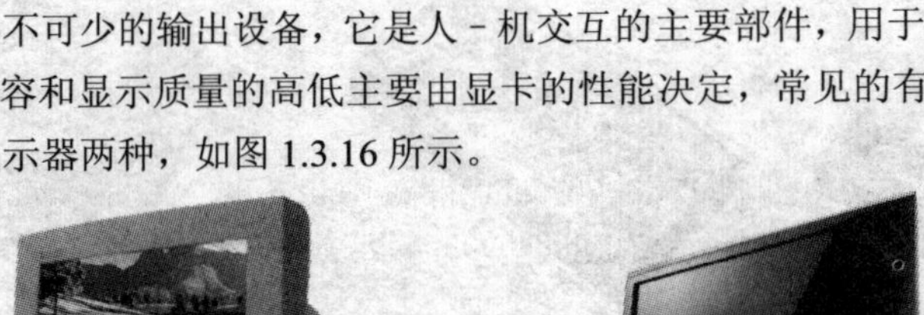

图 1.3.16　显示器

显示器最重要的指标是分辨率，分辨率越高，图像显示的效果就越好，目前流行的显示器分辨率为 1 280×1 024。其次显示器的功耗要小，亮度和对比度要均匀，色彩要鲜明。

**2．音箱**

音箱是多媒体计算机所必需的部件，也是最常见的声音输出设备。音箱与声卡相连接，来实现声音的输出。目前的音箱主要有塑料音箱和木质音箱两种。木质音箱内部自带有功放，因此它需要有外接电源，音质比较好。而塑料音箱使用声卡上的功放，它一般不需要外接电源，音质与木质音箱相比要差一些。木质音箱外型如图 1.3.17 所示。

图 1.3.17　音箱

**3．打印机**

打印机是计算机的主要输出设备之一，可以用于打印各种公文、表格、照片等。目前，市场上的打印机品牌齐全、种类繁多，按照工作原理的不同可将打印机分为针式打印机、喷墨打印机和激光打印机 3 种，如图 1.3.18 所示。

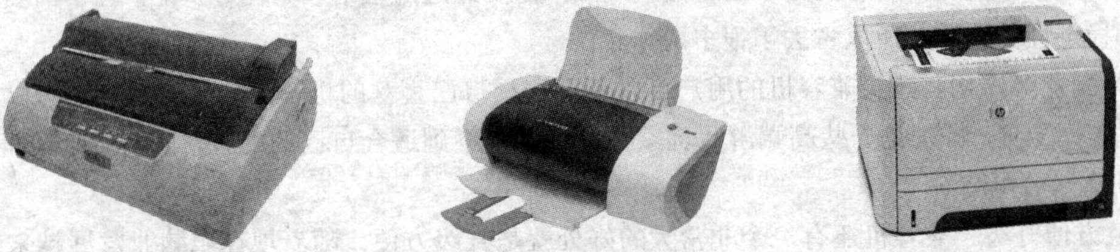

针式打印机　　喷墨打印机　　激光打印机

图 1.3.18　打印机

# 1.4　计算机选购指南

随着计算机知识的不断普及和应用领域的不断延伸，越来越多的个人电脑摆到了寻常百姓的书桌上。那么如何才能选择一台称心如意的电脑呢？这是很多用户特别是那些准备购置家用电脑的用户们非常关注的一个问题。在此介绍一些选购家用电脑的原则和注意事项。

## 1.4.1　选购原则

选购家用电脑首先要做的是需求分析，应做到心中有数、有的放矢。用户在购买电脑之前一定要明确自己购买电脑的用途，也就是说究竟想让电脑做什么工作、具备什么样的功能。只有明确了这点才能有针对性地选择不同档次的电脑。所以用户在购买电脑的过程中应该遵循够用和耐用两个原则。

**1．够用原则**

够用原则，是指在满足使用的同时要精打细算，节约每一分钱，买一台能满足自己使用需求的电脑即可。不要花大价钱去选那些配置高档、功能强大的电脑，这些电脑的一些功能也许对用户来说根本就没有用。例如用户使用电脑只是打打字、上上网、听听音乐、学习一些常用软件之类的，那么三四千元的电脑配置足以应对，选择五六千元的电脑就显得太奢侈了。

**2．耐用原则**

耐用原则，是指在精打细算的同时必要的花费不能省，用户在做购机需求分析的时候要具有一定的前瞻性。也许随着用户电脑水平的提高需要使用 Photoshop、3DS MAX、AutoCAD 之类的软件，如果在配置低的电脑上进行升级肯定是不划算的，为此需要在选购电脑的时候选择那些配置档次较高的、功能较强大的以备后用。

### 1.4.2 品牌机与兼容机的比较

现在市场上的个人电脑，总的来说可以分成两大派系，即品牌机与兼容机，它是用户购机时需要最先考虑的问题，即到底是买一台品牌机还是兼容机。品牌机发展历史比兼容机早，但兼容机发展却异常迅速，它以“自由、便宜”的特点而在市场上日渐风靡。

**1．兼容机的优点**

（1）性价比高。一台兼容机由于采用了很品牌的零部件，一般都不具备开正规发票的条件，所以兼容机一般都不交税。兼容机由于在店面组装，不需要经过防辐射、功耗等认证，且不需要经过厂家质量和稳定性的检测，所以省去了很多成本。

（2）配置多样化。购买兼容机的用户可以任意选择自己喜欢的机箱颜色、外形，还可以根据实际的需要选择配置，特别是一些高端游戏玩家在市场上买不到适合自己的配置，自己又比较懂行，就会自己 DIY 一台电脑。

（3）方便升级。兼容机还有一个非常大的好处就是升级方便。随着现在电脑业发展越来越快，电脑配件的更新换代也越来越快，当然我们普通用户不可能总跟着硬件的换代而不断更新自己的电脑，不过适时地更新换代还是非常必要的。

**2．兼容机的缺点**

（1）稳定性差。由于店面组装的兼容机，多用了很多品牌的零部件，只要能开机就算合格，没有经过任何专业的防辐射、稳定性、兼容性的测试，所以经常会出现开不开机、蓝屏、硬件出错等硬件问题。

（2）售后服务差。兼容机由于使用了许多品牌的零部件，所以厂家不负责维修，一般是由销售商来负责维修，但由于经销商没有经过厂家的培训，且势单力簿，维修的时效性、范围都有限制，服务态度、维修效果一般。

**3．也许品牌机对你更合适**

对于品牌机能在市场上立足这么长时间，并且占有着相当大部分的市场份额，肯定是有其优点的。

（1）方便。用户购机后不需要拆装任何实质性的东西就能使用，这对于那些完全不懂电脑的用户来说是最好不过了。

（2）品牌机的配置一般来说都是经过产品工程师精心挑选的组合，因此在产品配置上相对比较合理。所谓的合理，更多是偏向于配件性能之间的均衡性。

（3）品牌机的原始配件多是 OEM 的产品或是从正规渠道进的货，因此在质量上可以 100%放心，而兼容机就不一定知道你购买的 CPU 是否被打磨或者用次产品替换了。

（4）品牌机一般都会附送一些产品，如正版软件，包括操作系统、应用程序和游戏等。同时品牌机具有比较完善的售后服务与支持体系，这可为你购买的电脑解除后顾之忧。

现在的品牌机越来越注重个性化与人性化，例如著名的苹果 iMac 电脑就以其外型独特而著称，有的品牌机则提供了更实用的功能，如单键上网、手写输入等，为用户带来了方便，这些可以说都是品牌机的优点。

品牌机的优点和缺点同样突出，这一点从 DIY 长久不衰便可看出。总之，品牌机和兼容机各有利弊，用户应根据自己的实际情况来选择。

### 1.4.3　选购中需要注意的问题

在计算机领域遵循的自然规律是"摩尔定律"，即每 18 个月为一个周期，每个周期计算机性能提高一倍，价格下降一半，所有用户在选用家用计算机的时候需要注意以下几个问题。

**1．重价格、轻品牌**

有些用户在选购的时候往往过分地看重价格因素而忽视计算机的品牌。知名品牌的产品虽然价格上贵一些，但是无论是产品的技术、品质性能还是售后服务等都是有保证的。而杂牌产品为了降低产品的成本，通常会使用一些劣质的配件，并且它的售后服务是没有任何保障。

**2．重配置、轻品质**

多数购买电脑的用户往往只关心诸如 CPU 的档次、内存容量的多少、硬盘的大小等硬件指标，但对于一台电脑的整体性能却忽视。CPU 的档次、内存的多少、硬盘的大小只是局部的参考标准，只有电脑中的各种配件能够完全兼容并且都能充分地发挥自己的性能，这样的电脑才是一台物有所值的电脑。

**3．重硬件、轻服务**

电脑的整体性能是集硬件、软件和服务于一体的，服务在无形中影响着计算机的性能。用户在购买电脑之前，一定要问清楚售后服务条款再决定是否购买。说得具体些，尽管现在计算机售后服务有"三包"约束，但是各厂家的售后服务各有特色、良莠不齐，对些用户一定要有明确的了解。

## 本 章 小 结

本章主要介绍了计算机系统的组成、计算机的组成部件以及计算机选购指南等知识，让用户对计算机的各个部件有一个直观的认识，并且了解计算机选购的原则，为后面学习组装计算机打下基础。

## 操 作 练 习

**一、填空题**

1．1946 年，在美国的宾夕法尼亚大学诞生的世界上第一台计算机的名字是__________。

2．计算机是一种由__________构成的、具有__________能力和__________能力以及__________

和__________功能的信息处理机器。

3. 计算机的硬件结构主要由__________、__________、__________、__________和__________5大基本部件组成，其中以__________为核心。

4. 计算机软件系统可分为__________和__________两大部分。

**二、选择题**

1. 电子计算机的发展已经历了4代，这4代计算机的主要元器件分别是（ ）。

（A）电子管，晶体管，中、小规模集成电路，激光器件

（B）电子管，晶体管，中、小规模集成电路，大规模及超大规模集成电路

（C）晶体管，中、小规模集成电路，激光器件，光介质

（D）电子管，数码管，中、小规模集成电路，激光器件

2. 通常家庭使用的个人计算机是（ ）。

（A）巨型机　　（B）大型机

（C）小型机　　（D）微型机

3. 操作系统是一种（ ）。

（A）应用软件　　（B）实时控制软件

（C）系统软件　　（D）编辑软件

4. 计算机的存储器主要有（ ）。

（A）内存储器　　（B）光盘驱动器

（C）硬盘驱动器

5. 计算机中的显示器属于（ ）。

（A）输入设备　　（B）输出设备

（C）操作系统　　（D）软件

**三、简答题**

1. 简述计算机的发展史。
2. 简述计算机的应用。
3. 简述微型计算机系统的硬件组成。
4. 什么是计算机软件系统？计算机软件系统与计算机硬件系统有哪些区别与联系？
5. 计算机选购应遵循哪些原则？

# 第 2 章　主　　机

CPU 和主板都是计算机的重要部件，如果 CPU 是计算机的大脑，那么主板就是它的身体或神经系统。计算机上几乎所有的部件都是通过主板连接在一起的。内存是主机上的一个重要部件，是 CPU 与其他设备沟通的桥梁。机箱将计算机主要配件保护起来，构成主机系统。电源是计算机的动力核心，是计算机的供电系统。本章将向用户介绍有关 CPU、主板、内存、显卡、声卡、机箱和电源的一些基础知识。

知识要点

- CPU
- 主板
- 内存
- 显卡、声卡
- 机箱
- 电源

## 2.1　CPU

CPU（Central Processing Unit）即中央处理单元，也被称为中央处理器。CPU 是计算机的核心部件，它的性能和速度直接决定了计算机的总体性能。按照 CPU 处理信息的字长，可将它分为：8 位微处理器、16 位微处理器、32 位微处理器以及 64 位微处理器。

### 2.1.1　CPU 的结构

在 PC 领域，CPU 一直沿用 x86 架构发展，无论是早期的 8088，还是现在的 P5，要深入了解 CPU，必须从它的物理结构和逻辑结构说起。

#### 1. CPU 的物理结构

在实际应用中，最直观的还是 CPU 的外形。目前，CPU 的物理结构分为内核、基板、填充物、散热器、封装及接口等部分。

（1）内核。CPU 从外形上看是一个矩形片状物体，中间凸起的一片薄薄的、只有指甲盖大小的硅晶片部分是 CPU 的核心，称为“die”，如图 2.1.1 所示。

这块“die”上密布着数以万计的晶体管，每一个晶体管焊上一根导线连到外电路上，它们相互配合协调，完成各种复杂的操作和运算。

目前，CPU 晶体管数目已超过 1 亿个。Prescott 拥有 1.25 亿个晶体管，纯粹应用于计算所需的晶体管大约有 7 000 万个。工作时，CPU 内核会散发出大量的热，核心内部温度可以达到上百摄氏度，所以要保持 CPU 在合适的温度下工作就需要更高的工艺。

（2）基板。CPU 基板是承载 CPU 内核所用的材料，它负责内核芯片与外界的连接。

早期的 CPU 基板是采用陶瓷制成的，主要有早先的 Duron，现在的 P4，Athlon XP 以及新的 Duron 等，均开始采用有机材料制作，它能够更好地提供电器性能。

图 2.1.1　CPU 正反面俯视图

CPU 基板将 CPU 内部的信号引到 CPU 引脚上。基板的背面有许多密密麻麻的金属引脚，它是 CPU 与外部电路连接的通道，同时也起着固定 CPU 的作用，如图 2.1.2 所示。

图 2.1.2　CPU 背面的金属引脚

（3）填充物。CPU 内核与 CPU 基板之间还有填充物。因为 CPU 的核心工作强度大，发热量也大，所以为了 CPU 核心的安全，同时也为了核心散热，在 CPU 的核心上加装了一个金属盖。

这个金属盖可以缓解来自散热器的压力，固定芯片和电路基板，避免核心受到伤害，还可以增加核心的散热面积。

（4）散热器。为了 CPU 散热安全，在 CPU 上加装了一个 CPU 散热器。散热器通常由一个合金散热片和一个散热风扇组成，用来将 CPU 核心产生的热量快速散发，如图 2.1.3 所示。

图 2.1.3　Intel 酷睿 e2140 散热器

### 2. CPU 的逻辑构成

CPU 的整个工作过程可以用一句话进行概括：CPU 工作时总是先读出等待处理的数据，经过加工处理后，其输出数据。CPU 的基本逻辑构成有 3 个部分：控制单元、逻辑运算单元（执行单元）

和存储单元。这 3 个部分互相协调，进行分析、判断、运算并控制计算机各个部分协调工作。

CPU 中的运算器主要完成各种算术运算（加、减、乘、除）和逻辑运算（逻辑加、逻辑乘和逻辑非）；控制器主要用来读取各种指令，并对指令进行分析，管理安排执行操作和储存最终的执行结果。此外，在 CPU 中还有若干个寄存器，它是 CPU 内部的临时存储单元。

总的来说，CPU 具有 3 个基本功能：读数据、处理数据和写数据（即将数据写到存储器中）。它是计算机必不可少的重要部分，所以人们把 CPU 形象地比喻为计算机的心脏。

### 2.1.2　CPU 的主要性能指标

CPU 是整个计算机系统的核心，CPU 的性能大致可反映出计算机的性能，因此它的性能指标已成为各种档次计算机的代名词。CPU 主要的性能指标有以下几个方面：

#### 1. 主频

CPU 的主频就是 CPU 的时钟频率，也就是工作频率。CPU 主频的单位是 Hz，如通常所说的 P4 2.4 GHz，这个 2.4 GHz 就是 CPU 的主频。

很多用户片面地认为 CPU 的主频就代表 CPU 的性能，其实主频仅表示在 CPU 内数字脉冲信号振荡的速度，与 CPU 实际的运算能力没有直接关系，CPU 的主频=外频×倍频系数。一般来讲，一个时钟周期完成的指令数是固定的，所以主频越高，CPU 的速度就越快，但也不是绝对的。

#### 2. 外频

CPU 的外频就是 CPU 的基准频率，也就是外部时钟频率。CPU 外频的单位也是 Hz。外频是 CPU 与主板之间同步运行的频率，主要有 66 MHz，100 MHz，133 MHz，266 MHz 等几种。目前，绝大部分计算机系统中，外频也是内存与主板之间同步运行的频率。

此外，主板还可以适当调整外频，特别适用于超频用户。

#### 3. 倍频

倍频指的是 CPU 主频和外频之间的相对比例关系。例如 Athlon XP 2000+的 CPU，其外频为 133 MHz，倍频为 12.5，所以主频为 133 MHz×12.5=1.66 GHz。在相同的外频下，倍频越高，CPU 的频率越高。

目前，CPU 的速度越来越快，倍频可以让 CPU 的速度无限提升，所以为了防止用户调节倍频系数超频，AMD 和 Intel 的大部分产品都在 CPU 内锁定了倍频。

#### 4. 前端总线

前端总线（Front Side Bus，FSB）和外频有紧密关系。在 CPU 工作时，必须通过前端总线接收数据和传送运算结果。

Intel 公司的 P4 系列处理器采用 NetBurst 架构，可以在一个时钟周期里完成 4 次数据传送，所以其前端总线频率=外频×4；而 AMD 公司从 K7 系列处理器开始采用 EV6 总线架构，可以在一个时钟周期里完成两次数据传送，所以其前端总线频率=外频×2。目前，Athlon 64 处理器采用了新的 HyperTransport 总线，其总线频率=外频×4，部分新产品的总线频率=外频×5。

例如 P4 3.0C 的外频是 200 MHz，前端总线频率就是 800 MHz；Athlon XP 3200+外频是 200 MHz，前端总线频率是 400 MHz；Athlon 64 2800+外频是 200 MHz，其总线频率为 800 MHz，所以不要将 CPU 外频与前端总线频率混为一谈。

注意：前端总线频率不仅是 CPU 的一项重要指标，同时它还是主板的一项重要指标。主板支持的总线频率越高，与 CPU 数据交换速度越快，计算机整体性能越好。

#### 5. 超线程技术

超线程（Hyper Treading）技术是 Intel 公司应用在新型 P4 处理器上的一项创新技术，它的实现原理是在单个 P4 处理器上配置双逻辑处理器，让多线程软件在操作系统平台上并行处理多任务，并提高处理器执行资源的利用率。通过使用这项技术，处理器的资源利用率平均可提升 40%左右，大大增加了处理器的可用性能。

#### 6. 制造工艺

制造工艺指在硅材料上生产 CPU 时内部各元件的连接线宽度，一般用微米（μm）表示。数值越小表示制造工艺越先进，相同核心设计的 CPU 可达到的频率越高，单位面积内集成的晶体管也更多，有助于减少 CPU 的功耗和提高频率极限。

现在制造工艺主要有 0.18，0.13，0.09，0.65，0.45 μm 等。Intel 的酷睿 i3/酷睿 i5/酷睿 i7 系列都采用 0.32 μm 制造工艺。

#### 7. 工作电压

工作电压关系着 CPU 在高频率下工作的稳定性，所以低电压的 CPU 版本有着出色的超频性能。但是用加电压的方法超频，CPU 的发热量会有明显的增加，是与电压的平方成正比的。

#### 8. 缓存

缓存是指可以进行高速数据交换的存储器，它先于内存与 CPU 交换数据，因此速度很快。

CPU 进行数据处理时，要从内存中读取数据。但是由于内存速度远低于 CPU，所以处理器厂商在 CPU 核心集成了一定容量的高速缓存（Cache），用来存放 CPU 使用的数据和指令，在理论上高速缓存越大可存储的信息越多，内存与 CPU 之间的数据交换的次数也就越少，从而可提高 CPU 的工作效率。

高速缓存分为一级缓存（L1 Cache）、二级缓存（L2 Cache）和三级缓存（L3 Cache）等。一级缓存是 CPU 第一层高速缓存，内置的一级缓存的容量和结构对 CPU 的性能影响较大。由于 CPU 管芯面积的局限，导致一级缓存的容量也不能太大，再加上高速缓存均是静态 RAM，故结构复杂。一般一级缓存的容量是 32～256 KB，例如 Athlon XP 的一级缓存为 128 KB。

二级缓存是 CPU 的第二层高速缓存，分为内部和外部两种芯片。内部芯片的二级缓存运行速度与主频相同，而外部的二级缓存只有主频的一半。目前，P4E（Prescott 核心）处理器的二级缓存高达 1 MB。二级缓存和一级缓存相比，成本比较低廉，结构简单。三级缓存一般出现在高端处理器中。

注意：缓存容量越大，CPU 运算能力越高，价格也就越贵。同主频的 Pentium CPU 和 Celeron CPU 的差别就是由于二级缓存容量大小不同，导致价格和性能上存在差异。

### 2.1.3　CPU 的接口类型

CPU 需要通过某个接口与主板连接才能进行工作。经过多年的发展，CPU 采用的接口方式有引脚式、卡式、触点式、针脚式等。目前，CPU 的接口都是针脚式的，对应到主板上就有相应的插槽类型。CPU 接口类型不同，在插孔数、体积、形状方面都有变化，所以接口不同不能互相接插。

### 1．Socket AM2 接口

Socket AM2 是 2006 年 5 月底发布的支持 DDR2 内存的 AMD 64 位桌面 CPU 的接口标准，具有 940 根 CPU 针脚，支持双通道 DDR2 内存，如图 2.1.4 所示。虽然同样都具有 940 根 CPU 针脚，但 Socket AM2 与原有的 Socket 940 在针脚定义以及针脚排列方面都不相同，不能互相兼容。目前，采用 Socket AM2 接口的有低端的 Sempron、中端的 Athlon 64、高端的 Athlon 64 X2 以及顶级的 Athlon 64 FX 等全系列 AMD 桌面 CPU，支持 200 MHz 外频和 1 000 MHz 的 HyperTransport 总线频率，支持双通道 DDR2 内存，其中 Athlon 64 X2 以及 Athlon 64 FX 最高支持 DDR2 800，Sempron 和 Athlon 64 最高支持 DDR2 667。按照 AMD 的规划，Socket AM2 接口将逐渐取代原有的 Socket 754 接口和 Socket 939 接口，从而实现桌面平台 CPU 接口的统一。

图 2.1.4　Socket AM2 接口

### 2．Socket AM3 接口

AM3 的全称是 Socket AM3，它是一个 CPU 接口规格，如图 2.1.5 所示。所有的 AMD 桌面级 45 nm 处理器均采用了新的 Socket AM3 插座，它有 938 针的物理引脚，这也就意味着它与 Socket AM2+ 插座甚至是更早的 Socket AM2 插座在物理上是兼容的，因为后两者的物理引脚数均为 940 针。事实上 Socket AM3 处理器也完全能够直接工作在 Socket AM2+主板上（BIOS 支持），不过 940 针的 Socket AM2+处理器却不能在 941 针的 Socket AM3 主板上使用。

**提示：**Socket AM2 和 Socket AM2+的区别是，前者仅支持 HyperTransport 1.0 而后者支持 HyperTransport 3.0。Socket AM2+将是 K8L CPU 的过渡接口。Socket AM3 CPU 只能兼容 Socket AM2 和 Socket AM3 主板，但 Socket AM3 主板不支持任何前一代处理器，包括 Socket AM2 CPU。

图 2.1.5　Socket AM3 接口

### 3．Socket 775 接口

Socket 775 又称为 Socket T，是目前应用于 Intel LGA775 封装的 CPU 所对应的接口，如图 2.1.6 所示。目前，采用此种接口的有 LGA775 封装的单核心的 Pentium 4、Pentium 4 EE、Celeron D 以及双核心的 Pentium D 和 Pentium EE 等 CPU。与以前的 Socket 478 接口 CPU 不同，Socket 775 接口 CPU 的底部没有传统的针脚，而代之以 775 个触点，即并非针脚式而是触点式，通过与对应的 Socket 775 插槽内的 775 根触针接触来传输信号。Socket 775 接口不仅能够有效提升处理器的信号强度、处理器频率，同时也可以提高处理器生产的良品率、降低生产成本。随着 Socket 478 的逐渐淡出，Socket 775

已经成为 Intel 桌面 CPU 的标准接口。

4．LGA 1366 接口

继 LGA 775 接口之后，Intel 首先推出了 LGA 1366 平台，定位高端旗舰系列，如图 2.1.7 所示。首颗采用 LGA 1366 接口的处理器代号为 Bloomfield，采用经改良的 Nehalem 核心，基于 45 nm 制程及原生四核心设计，内建 8～12 MB 三级缓存。LGA 1366 平台再次引入了 Intel 超线程技术，同时 QPI 总线技术取代了由 Pentium 4 时代沿用至今的前端总线设计。最重要的是 LGA 1366 平台是目前唯一支持三通道内存设计的平台，在实际的效能方面有了更大的提升，这也是 LGA 1366 旗舰平台与其他平台定位上的一个主要区别。

图 2.1.6　LGA 775 接口

图 2.1.7　LGA 1366 接口

作为高端旗舰的代表，早期 LGA 1366 接口的处理器主要包括 45 nm Bloomfield 核心酷睿 i7 四核处理器。随着 Intel 在 2010 年买入 32 nm 工艺制程，高端旗舰的代表被酷睿 i7-980X 处理器取代，全新的 32 nm 工艺解决六核心技术，拥有最强大的性能表现。对于准备组建高端平台的用户而言，LGA 1366 依然占据着高端市场，酷睿 i7-980X 以及酷睿 i7-950 依旧是不错的选择。

5．LGA 1156 接口

LGA 1156 又称 Socket H1，将用于 Nehalem 架构 Lynnfield 四核心处理器，如图 2.1.8 所示。Lynnfield 面向主流市场，可能会命名为 Core i5 系列。CPU 核心采用全新 32 nm 工艺制程，而 GPU 核心则采用了 45 nm 工艺制程。为了搭配 32 nm 工艺制程的 Lynnfield/Clarkdale 处理器，Intel 改用全新 LGA 1156 插槽，而这种全新的接口也涵盖了从低端入门到高端的不同定位需要。

作为 Intel 目前市场上的主力产品，LGA 1156 接口的处理器涵盖了从入门到高端的不同用户，32 nm 工艺制程带来了更低的功耗和更出色的性能。入门级的代表有酷睿 i3 530/540，主流级别的代表有酷睿 i5 650/760，中高端的代表有酷睿 i7 870/870K 等。从整体来看中高端 LGA 1156 处理器比低端入门更值得选购，面对 AMD 的低价策略，Intel 酷睿 i3 系列处理器完全无法在性价比上与之匹敌。而 LGA1156 中高端产品在性能上表现更加突出。

6．LGA 1155 接口

LGA 1155 又称为 Socket H2，新一代 Sandy Bridge 处理器将采用全新 LGA 1155 接口设计，并且无法与 LGA 1156 接口兼容，如图 2.1.9 所示。Sandy Bridge 是将取代 Nehalem 的一种新的微架构，不过仍将采用 32 nm 工艺制程。值得注意的是，Intel 将 CPU 核心与 GPU 核心两者真正做到了一个核心里，因此对于 LGA 1155 平台的性能表现，市场也表现出充分的期待。

图 2.1.8 LGA1156 接口

图 2.1.9 LGA1155 接口

### 7. Socket S1 接口

Socket S1 是 2006 年 5 月底发布的支持 DDR2 内存的 AMD 64 位移动 CPU 的接口标准，具有 638 根 CPU 针脚，支持双通道 DDR2 内存，这是与只支持单通道 DDR 内存的移动平台原有的 Socket 754 接口的最大区别。目前，采用 Socket S1 接口的有低端的 Mobile Sempron 和高端的 Turion 64 X2。按照 AMD 的规划，Socket S1 接口将逐渐取代原有的 Socket 754 接口从而成为 AMD 移动平台的标准 CPU 接口，如图 2.1.10 所示。

### 8. Socket F 接口

Socket F 是 AMD 于 2006 年第三季度发布的支持 DDR2 内存的 AMD 服务器/工作站 CPU 的接口标准，首先采用此接口的是 Santa Rosa 核心的 LGA 封装的 Opteron，如图 2.1.11 所示。与以前的 Socket 940 接口 CPU 明显不同，Socket F 与 Intel 的 Socket 775 和 Socket 771 倒是基本类似。Socket F 接口 CPU 的底部没有传统的针脚，而代之以 1 207 个触点，即并非针脚式而是触点式，通过与对应的 Socket F 插槽内的 1 207 根触针接触来传输信号。Socket F 接口不仅能够有效提升处理器的信号强度和处理器频率，同时也可以提高处理器生产的良品率、降低生产成本。Socket F 接口的 Opteron 也是 AMD 首次采用 LGA 封装，支持 ECC DDR2 内存。按照 AMD 的规划，Socket F 接口将逐渐取代 Socket 940 接口。

图 2.1.10 Socket S1 接口

图 2.1.11 Socket F 接口

## 2.1.4 主流 CPU 产品

CPU 作为计算机中最重要的组成部分，对整个平台的性能起决定性的作用，历来都是用户在装机时最优先考虑的配件。但是由于普通用户对于电脑的配置并没有很深的了解，所以在装机时往往会感到迷茫，不知道到底什么价位的 CPU 更适合自己。

下面推荐几款价格在 1 000 元以内的主流 CPU 产品，它们不仅拥有较好的性能，同时在价格上也较为实惠，非常适合目前装机的主流用户群体。

1．Intel Pentium E5400/盒装

奔腾 E5400 处理器的全称为 Pentium (R) Dual-Core Processor E5400，采用 LGA 775 接口，主频为 2.70 GHz，共享高达 2 Mb/s 的二级缓存，前端总线频率为 800 MHz。处理器的产品编号为 BXC80571E5400，批次号为 Q846A879，版本序列号为 E62887-001，如图 2.1.12 所示。

奔腾 E5400 处理器采用了 45 nm 制程的 Wolfdale 核心，主频为 2.7 GHz，外频 200 MHz，倍频为 13.5，双核心共享 2 048 KB 的二级缓存，TDP 功耗值为 65 W，核心电压为 1.2 V，支持 MMX、SSE、SSE2、SSE3、SSSE3、EM64T 指令集。

图 2.1.12　Intel Pentium E5400

作为中端处理器的中坚力量，E5000 系列一直以来都是 Intel 在主流消费级市场的主力产品。随着 E5300 即将退市，作为其替代品的 Intel Pentium E5400/盒装处理器在价格方面与其相差无几，值得近期装机的主流用户群体选购。

2．AMD Athlon II X3 440/盒装

AMD Athlon II X3 440/盒装采用 AM3 接口，主频 3.0 GHz（200 MHz×15），HT 总线与内存控制器频率均为 2 GHz，二级缓存 3×512 KB，无三级缓存，如图 2.1.13 所示。

图 2.1.13　AMD Athlon II X3 440

AMD Athlon II X3 440/盒装热设计功耗 95 W，同时支持 DDR2 800/1 066 和 DDR3 1 333/1 600 内存，是主流市场中第一款支持 DDR3 技术和 Windows 7“XP”兼容功能的三核处理器。

AMD 的 X3 440 频率高达 3.0 GHz，在性能上基本可以媲美四核处理器了，应对日常工作和学习的多任务处理没有问题，500 元售价的同时还有开核的可能，性价比很高。

3．AMD Athlon II X4 635/盒装

AMD Athlon II X4 635 采用原生四核设计，主频高达 2.9 GHz，每个核心有 512 KB 二级缓存，采用 AM3 接口设计，TDP 热设计功耗为 95 W，相比 Phenom II 四核最大的区别就是：Athlon II 四核取消了三级缓存，定位主流市场。

AMD Athlon II X4 635 基于 45 nm 制造工艺、原生四核设计，支持 HyperTransport 3.0 总线，内置 128 bit 内存控制器，可支持双通道 DDR2 1 066 或 DDR3 1 333 内存，如图 2.1.14 所示。

图 2.1.14　AMD Athlon II X4 635

另外，AMD Athlon II X4 635 还支持 3DNow!™ Technology，SSE、SSE2、SSE3、SSE4a 指令集，支持 AMD-V™虚拟化技术、AMD PowerNow! 3.0 电源管理技术。

AMD Athlon II X4 635 拥有 2.9 GHz 主频，适合需要多任务处理、多线程性能的用户，例如玩游戏多开以及用于 3D 设计、动画渲染等，准备装机的中端用户不妨考虑选购。

4．Intel Core i3 530/盒装

Intel Core i3 530 是一款原生双核心设计的 CPU，采用基于改进自 Nehalem 架构的 Westmere 架构，相比上代的 Core 2 双核性能有大幅改进和强化，拥有 4 MB 的三级缓存系统、集成 GPU 和 DDR3 内存控制器等技术。Core i3 是 i 家族中最低端的型号，面向中端用户，如图 2.1.15 所示。

图 2.1.15　Core i3 530

Intel Core i3 530 采用 32 nm 制造工艺，频率为 2.93 GHz，采用三级缓存系统，每个核心拥有独立的一、二级缓存，分别为 64 KB 和 256 KB，2 个核心共享 4 MB 三级缓存。由于支持超线程技术，因此双核核 CPU 可以模拟成四核。

此外，CPU 支持 MMX、SSE、SSE2、SSE3、SSSE3、SSE4.1+4.2、EM64T 等技术。Intel Core i3 530 的 GPU 部分采用 45 nm 制造工艺，基于 GMA 架构，主频为 733 MHz，性能比 G45 的 X4 500 显示核心大幅提升。

Intel Core i3 530 无疑已经成为主流市场的新宠，基于先进的 Westmere 架构和领先的 32nm 制造

工艺，并支持超线程技术，性能出色，全面超越 Core 2 双核系列，其中游戏性能甚至比入门四核强不少，可搭配 H55 主板和独立显卡组成游戏平台，适合整机价钱在 4 000～5 000 元的中端主流用户选择。

5．AMD Phenom II X4 945/盒装

AMD Phenom II X4 945/盒装采用 Phenom II X4 系列产品独特的紫色外包装，采用了最新的 Socket AM3 接口封装，并采用先进的 45 nm SOI 制造工艺，拥有 7.61 亿个晶体管，核心面积为 258 $mm^2$，如图 2.1.16 所示。

图 2.1.16　AMD Phenom II X4 945

AMD Phenom II X4 945/盒装基于改进的 Stars 核心，采用原生四核心设计，核心频率高达 3.0GHz，外频为 200 MHz，倍频为 15x，每颗核心都拥有独立的一级和二级缓存，容量分别是 128 Kb/s 和 512 Kb/s，处理器还内置了 6 MB 的三级缓存，被所有核心共享使用。CPU 支持 SSE、SSE2、SSE3、SSE4A 多媒体指令集和 X86-64 运算指令集。

AMD Phenom II X4 945/盒装从正面 CPU 铁盖上可以看到，新上市的 AMD Phenom II X4 945/盒装的 OPN 为 HDX945WFK4DGI，因而相应的 TDP 功耗也为 95 W（125W 版是 HDX945FBK4DGI）。

AMD Phenom II X4 945/盒装作为 AMD 的旗舰产品，拥有 3 GHz 频率、6 MB 三级缓存的高规格，并且支持 DDR3 内存，搭配价格不高的 DDR3 1600 内存，整机游戏性能还是拥有一定的提升，并且价格已经跌破千元，性价比不错，值得中端平台用户选购。

## 2.1.5　CPU 散热器

CPU 的频率在不断地提高，其功率也越来越大，要保证 CPU 稳定工作，选择一个合适的散热器是非常重要的。CPU 散热器如图 2.1.17 所示。

图 2.1.17　CPU 散热器

根据 CPU 散热器的工作原理不同可以将其分为风冷式、水冷式、半导体制冷式以及液态氮制冷式。风冷式成本低、安装简单且安全性好；水冷式安全性低，如果设备漏水，就会对电脑造成很大危害；半导体制冷式与热温差形成的凝露，容易造成设备短路；液态氮制冷式成本高、效果好，国内市

场很少。通常使用最多的是风冷式散热器。

CPU 风扇和计算机的其他配件一样，选择时也有一些参考技术指标，具体如下：

1．风扇的功率

风扇功率是影响风扇散热效果的一个非常重要的因素，一般功率越大，风扇的风力也越强，其散热效果越好。理论上选择功率大的风扇好一些，但实际选购时要与电脑本身的功率相匹配。

2．风扇的转速

风扇的转速与风扇的功率是密不可分的，转速越大，其功率越大，向 CPU 传送的进风量就越大，CPU 获得的冷却效果就越好。但是风扇的转速越高，其噪声也就越大，长时间高转速工作本身也会产生热量，时间长了会缩短风扇寿命。

3．风扇的噪声

噪声大小是衡量风扇的一个外在表现。噪声的大小主要与功率有关，功率越大，转速越快，则噪声也就越大。在购买风扇时试听一下风扇噪声，如果噪声太大，建议不要选购。

4．风扇的材质

风扇材料的质量好坏对风扇的质量起着很重要的作用。因为 CPU 的散热过程是先将热量传导到散热片，再经风扇带来的冷空气把散热片的热量带走，风扇所能传导热量的快慢要看导热片的材质。目前，导热片一般都采用铝质材质。

5．风扇的口径

风扇的口径直接影响着风扇的风量，在允许的范围内，风扇的口径越大，风扇的出风量就越大，则排风量就大。选购风扇时，在保证风扇与机箱结构相协调的情况下，尽量选择口径尺寸稍大一点的风扇。

6．风扇的排风量

测试风扇的排风量可以将手放在散热片附近感受一下吹出风的强度。通常质量好的风扇在很远的位置都可以感受到风。

7．扣具

扣具是固定 CPU 散热器的工具。CPU 封装不同，对散热器扣具力量的要求也不同。P4 CPU 由于加装了 HIS 顶盖，一般采用传统的单叉扣具；但 Athlon XP 没对 CPU 核心加装 HIS 顶盖，所以 AMD CPU 对风扇扣具的要求相对较高。

## 2.1.6　CPU 的选购

计算机的硬件更新速度非常快，一般情况下 CPU 平均每 18 个月就要更新一次，因此在选购 CPU 时应该慎重，不要盲目地追求 CPU 的速度而忽略 CPU 与其他硬件的兼容，从而造成计算机整体性能不佳。

1．确定所用 CPU 的类型

在选购电脑时，首先要做的就是确定所用 CPU 的类型。目前，CPU 市场存在“Intel”和“AMD”两大阵营，由于商业竞争的缘故，这两大阵营之间的产品完全不兼容。因此，在搭配整机时，首先要确定到底是使用 Intel 公司的 CPU 还是 AMD 公司的 CPU。需要提醒的是，Intel 公司的 CPU 向来以稳定性著称，而 AMD 公司的 CPU 则在性能上有优势。

**2．性能**

绝大多数情况下，消费者在购买 CPU 时，总是关注该 CPU 的主频，并且认为主频越高的 CPU 性能就一定越好。如果两块 CPU 是完全相同的设计，那么主频越高运算性能越好这个理论是正确的，但是不同设计的 CPU 产品就不一定遵守这个规则。

从目前市场上的 Prescott 核心的 P4，Celeron D 以及 AMD 的 Athlon 64，Sempron 等处理器来看，AMD 的 Sempron，Athlon 64 相对同级别 Intel 的 CPU，在纯商业办公、日常应用、游戏性能等领域比较有优势，而在涉及音频及视频的编码、解码应用中，Intel 的 P4 平台比较有优势。

**3．注意 Intel 盒装 CPU 的假货**

市场上 Intel 的盒装 CPU 存在假货问题，这种假并不是真正质量上的假，而是它所带的散热器是假的，和正品的盒装 CPU 相比有很大的差别。目前，市场上大多数 Intel 的盒装 CPU 都是假的，特别是保修期为一年的。因此在选购过程中要注意区别，看盒装的 CPU 是不是有 3 年的保修期，以免上当受骗。

**4．搭配好的电源与风扇**

目前，一块 CPU 正常工作时的功率是几十瓦，超频后耗电量更大，加上主机里的其他配件的功率也不小，所以要让机器稳定运行，最好选择额定功率在 300 W 以上的名牌电源。现在的 CPU 已达到 GB 级别，其运行时的发热是不可忽视的，尤其是 AMD 系列处理器的发热速度是惊人的。为了避免由于 CPU 过热而导致死机，选购一款有强散热能力的风扇是必不可少的。

此外，对于消费者而言，价格也是决定是否购买的关键因素。比如一块频率为 3 000 MHz 的 P4 处理器，在不同的时期它的价格也是不一样的。因此，购买 CPU 时，要仔细权衡产品的性价比。

# 2.2 主　板

主板（Main board）是一块由大规模集成电路组成的多层印刷电路板，是主机内最大的一块板卡。它是计算机的核心部件，为 CPU、内存、显卡以及各种外设提供插座及接口，同时协调各部件稳定工作。计算机的整体速度、稳定性及兼容性也都跟主板有很大的关系。

主板在整个计算机中起着桥梁的作用，其性能的好坏对整机的稳定性有重要的作用。因此，选择一块好的主板是保证整机系统性能的关键。

## 2.2.1 主板的分类

根据不同的标准，主板可分为不同的类型，主要可按外形和采用的芯片组来分类。

**1．按主板外形分类**

按外形分类是基于主板的物理结构、大小、形状和电源要求的规范，主板可分为 AT 主板、ATX 主板、NLX 主板和最新的 BTX 主板。

（1）AT 主板。AT 主板结构来源于以前的 IBM PC/AT 机，并被发展成为一种工业标准，它规定主板尺寸为 13 英寸×12 英寸，在主板上集成有控制芯片和扩充插槽，目前已经被淘汰。

（2）ATX 主板。ATX（AT Extend）主板是由 Intel 公司开发的，规定尺寸为 12 英寸×9.6 英寸。ATX 相对于 AT 的改进主要表现在改变了主板各个元件的相对位置。它让 CPU 处于吹风散热的有利位置，使内存插槽和软硬盘插座处于插拔方便的位置，同时将集成在主板上的串口、并口、USB 接口和 PS/2 接口都直接固定在主板的后面。目前，大部分主板都采用 ATX 标准。

（3）NLX 主板。NLX（New Low Profile Extension）主板结构将强电、系统扩展槽（PCI，AGP）、设备接口等一些容易损坏的部分与系统主板分开，单独设置在一块竖立的扩展板上。这样做可使一些较高的扩展卡横插在竖立的扩展板上与主板平行放置，使机箱变薄，它还将 CPU 和内存的位置进一步调整，使散热空间加大，散热效果更好。因此，NLX 板型被许多超薄型品牌机采用。

（4）BTX 主板。BTX 是 Intel 公司为配合新一代 Prescott 核心的 CPU 而提出的新的主板规范，与 ATX 主板的最大区别就是改变了主板布局，使其具有更好的散热性，如图 2.2.1 所示。

图 2.2.1 BTX 结构主板

BTX 架构分为 3 种样式：标准 BTX，MicroBTX 和 PicoBTX，分别支持 3 种不同尺寸的系统。从 Intel 演示的样板来看，BTX 架构的主板尺寸为 12.8 英寸×10.5 英寸，MicroBTX 架构的主板尺寸仅为 10.4 英寸×10.5 英寸。不同尺寸的 BTX 架构之间并不涉及大范围的位置改动。

**2．按芯片组分类**

主板按其采用的芯片组不同而存在很大的差异，平时所说的 845/865/915 主板，指的就是该主板芯片组采用了 Intel 的 i845/i865/i915 芯片，而采用 VIA 公司的 KT400 系列芯片组的主板就称为 KT400 主板。

## 2.2.2 主板的组成

主板上最多的就是各种芯片组以及各个设备的接口插槽，它们是构成主板的主要部分，其作用就是向计算机其他设备提供接口。

**1．主板上的芯片**

计算机的各种功能如内存带宽、网络性能等都需要有主板上相应的芯片来支持才能实现，因此芯片对于主板的作用就特别重要。

主板上的芯片主要有主板芯片组、BIOS 与 CMOS 芯片以及其他的功能控制芯片，如声卡芯片、网卡芯片、磁盘阵列控制芯片等。

（1）主板芯片组。主板芯片组是主板上最重要的芯片，它决定了主板能够支持的功能，如 CPU

类型、系统总线带宽、内存带宽、显卡规格等。

主板芯片组一般都由两块芯片组成，靠近 CPU 的芯片叫做北桥芯片，主要负责控制 CPU、内存和显卡这些高速设备，上面通常会有散热片；靠近 PCI 插槽的芯片叫做南桥芯片，主要负责控制输入/输出（如对硬盘的 UDMA/66/200 模式的支持）、软音效等相对低速的外围设备。

由于北桥芯片影响的都是计算机的核心部分，对主板性能的影响也是举足轻重的，因此北桥芯片是决定主板性能的主要部分。通常用北桥芯片型号的不同来划分主板的种类，如 865PE 主板就是指采用 Intel i865PE 芯片组作为北桥芯片的主板。如图 2.2.2 所示为南桥芯片与北桥芯片，其中北桥芯片上有散热片。

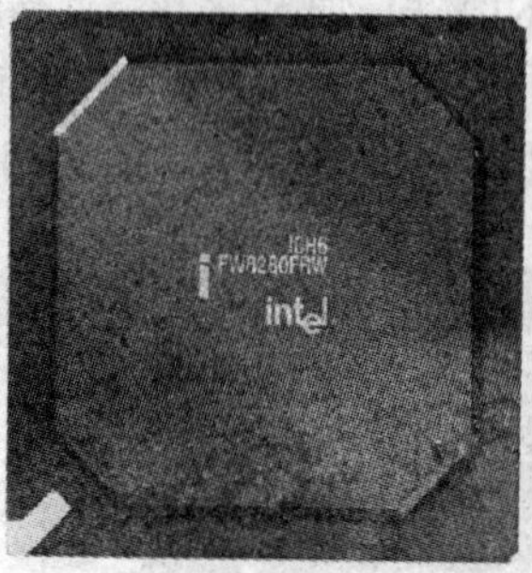

图 2.2.2　南桥芯片与北桥芯片

（2）BIOS 与 CMOS 芯片。BIOS（Basic Input-Output System）即基本输入/输出系统，它是一种程序，被做成集成电路芯片固化在主板上。主要负责计算机开启时检测、初始化系统设备、装入操作系统等工作。它是一块只读存储器，就是常说的 ROM。由于只读存储器里的信息不能随意被改写，因此 BIOS 程序一般都是在出厂前利用写码器将其写入 ROM 芯片中，习惯上把这块写了 BIOS 程序的 ROM 内存叫 BIOS 芯片，而如今的 BIOS 大部分采用 EEPROM 存储器，也叫 Flash ROM 闪速存储器。BIOS 芯片如图 2.2.3 所示。

图 2.2.3　BIOS 芯片

CMOS（互补金属氧化物半导体）用来保存当前计算机系统的硬件配置情况（如 CPU、硬盘驱动器、内存等信息）和用户对某些参数的设定。CMOS RAM 是一块存储器，它只有数据存储功能，而对 CMOS 的各项参数设置是通过专门程序来设定的。现在都将 CMOS 设置程序做到了 BIOS 芯片中，通过 BIOS 设置程序来设置 CMOS 参数。开机时按特定的键就可进入 CMOS 设置程序对系统进行设置，因此 CMOS 设置也叫做 BIOS 设置。

CMOS 是主板上一块可读写的 RAM 芯片，其内容可随时改写，而且 CMOS 的内容在计算机关机后不丢失，因为主板上的 CMOS 电池可继续供电。

（3）网络芯片。如今很多厂商为了方便用户连接局域网或者以太网，都在主板上集成了 10 Mb/s 或 100 Mb/s 的网络芯片，如图 2.2.4 所示。高档的主板甚至集成了 1 000 Mb/s 的网络芯片。这样可以为用户省去买网卡的费用，还节省了 PCI 插槽。常见的网络芯片有 Realteck 9139 系列、SiS 900 系列、3COM940-MV100 等。

（4）音效芯片。目前，市场上的主板都集成有声卡，集成声卡一般有“软”声卡和“硬”声卡之分。“软”声卡如 AC’97（Audio Codec’97）声卡，其实 AC’97 只是一种音频电路系统标准，“软”声卡的音效芯片只负责处理基本的 D/A（数字/模拟）转换，而将声音处理的大部分运算交给 CPU 处理，“软”声卡需要占用 CPU 资源，其音质只能满足普通用户的需要；“硬”声卡的音效芯片（见图 2.2.5）是集成在主板上的，它不占用 CPU 资源，而且音质相对于 AC’97 要好，市场上很多的集成“硬”声卡基本都支持 5.1 声道，可实现家庭影院的声音效果，目前这类芯片有 C-Media 公司的 CMI8738，CMI9739 等。

图 2.2.4　网络芯片

图 2.2.5　“硬”声卡的音效芯片

（5）RAID 控制芯片。RAID（Redundant Array of Inexpensive Disk）即冗余磁盘阵列。RAID 控制芯片相当于一块 RAID 卡，可支持多个硬盘组成各种 RAID 模式。目前，主板上集成的 RAID 控制芯片主要有两种：HPT372 RAID 控制芯片和 Promise RAID 控制芯片。

**2．主板上的插座**

（1）CPU 插座。主板上的 CPU 插座类型决定了这块主板能够使用的 CPU 类型，主要有 Socket 架构和 Slot 架构。根据 CPU 针脚的不同，主板的 CPU 插座也有很多种。目前，主流主板的插座是 Socket 478（用于后期的 P4）和 Socket A（用于 Athlon）以及目前 P4 处理器所用的 LGA 755 等。如图 2.2.6 所示为两种常见的 CPU 插座。

（2）电源插座。电源是计算机的动力来源，电源接口是为计算机主板供电的接口。电源插座按其主要支持的主板类型可分为 AT 电源插座和 ATX 电源插座，ATX 是双列直插的 20 孔的长方形电源插座，而 AT 电源插座只有一排插孔。目前的主流是 ATX 电源插座，AT 电源插座随着 AT 主板的没落已逐步被淘汰，因此常见的主板只有 ATX 电源插座，如图 2.2.7 所示。

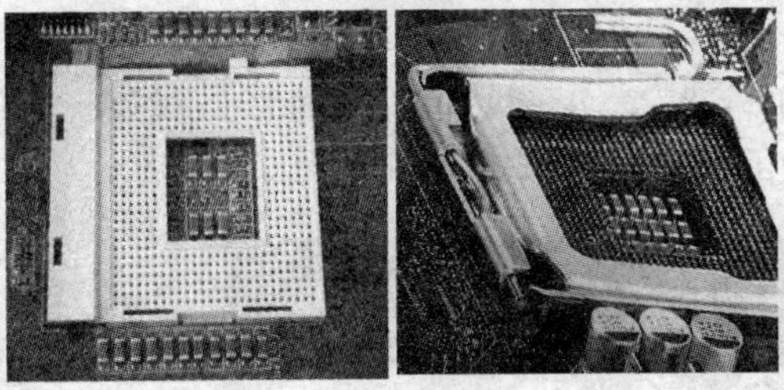

图 2.2.6　Socket 478 和 LGA 755 插座

图 2.2.7　ATX 电源插座

**3．内存插槽**

主板上一般都有 2～4 个内存插槽，按其使用的内存类型可分为 SDRAM 插槽、DDR 插槽和 Rambus 插槽。SDRAM 插槽有两个缺口对应于 168 针脚的 SDRAM 内存条，而 DDR 插槽只有一个缺口，对应于 184 针脚的内存条。Rambus 插槽虽然也有两个缺口，但 Rambus 插槽与 SDRAM 插槽的两个缺口位置不一样，一般只对应于 Rambus 内存条。如图 2.2.8 所示为 SDRAM 插槽和 DDR 插槽。

图 2.2.8 SDRAM 插槽和 DDR 插槽

**4．总线扩展槽**

主板上占用最多空间的是总线扩展槽，总线扩展槽主要用来插显卡、声卡等各种适配器。总线扩展槽主要有 PCI，AGP 和最新的 PCI-Express 插槽 3 种。早期的还有 ISA 和 VESA 总线插槽，但是现在它们基本上都已经被淘汰，这里不再介绍。

（1）PCI 插槽。PCI（Peripheral Component Interface，外部设备互连接口）插槽在主板上通常为并排的几个白色插槽，如图 2.2.9 所示。PCI 插槽是目前应用最广泛的总线插槽类型，相对于 ISA 总线，它是一种先进的局部总线，频率为 33 MHz，最大数据传输率可达 133 Mb/s，且支持 PnP。用户可通过 PCI 插槽来扩展计算机的功能，在 PCI 插槽内可插入显卡、网卡、声卡等扩展设备来满足需要。

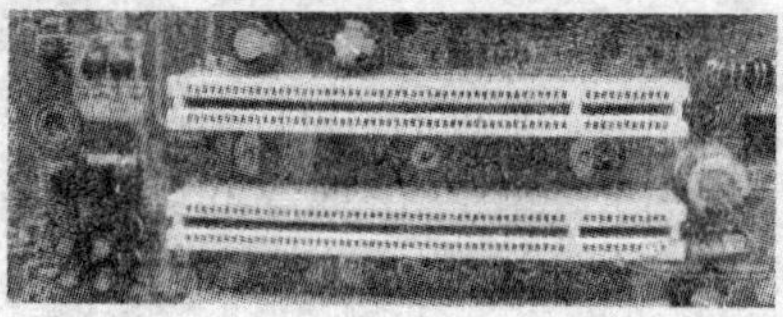

图 2.2.9 PCI 插槽

（2）AGP 插槽。虽然 PCI 的传输速率比 ISA 提高了很多，但还是不能满足 3D 图形对计算机图形处理速度的苛刻需求，因此，Intel 开发了一种新型的图形加速接口——AGP 插槽，它是专为显卡开发的一种高速总线。AGP 总线使视频处理器与系统主存直接相连，避免经过窄带宽的 PCI 总线而形成系统的“瓶颈”，增加了 3D 图形数据传输速度，加速了显卡的 3D 图形处理能力。

AGP 插槽在主板上通常为褐色，有 2×，4×，8×之分，数字越大，速度也就越快，其传输速度也从最早的 AGP 1×的 266 Mb/s 的带宽发展到了 AGP 8×的 2.1 Gb/s。如图 2.2.10 所示为 AGP 插槽。

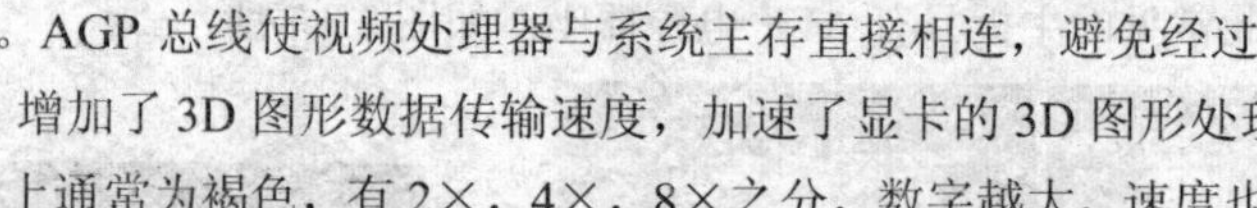

图 2.2.10 AGP 插槽

（3）PCI-Express 插槽。PCI-Express 是一种串行总线，可实现 2.5 GHz 的超高工作频率，单个通道的 PCI-Express 具有 2.5 Gb/s 的传输性能，远远超过了现有的 PCI 总线。如图 2.2.11 所示为 PCI-Express 插槽。

此外，PCI-Express 支持全双工模式，一个周期内可同时发送数据和接收数据，而传统的 PCI 总线在一个周期内只能做单向的数据传输。并且，PCI-Express 采用点对点的串行连接方式，允许每个设备都拥有自己的专用连接，不必与其他设备争夺资源。而PCI总线为共享架构，所有设备共同分享133 Mb/s的带宽。

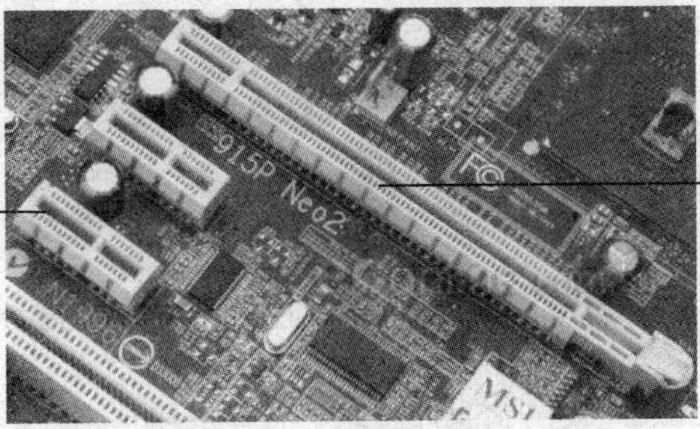


图 2.2.11 PCI-Express 插槽

### 5. IDE 接口

IDE（Integrated Drive Electronics，集成驱动电子）接口主要用来连接硬盘、光驱或刻录机。IDE接口为双排40针插座，主板上一般有两个IDE接口，分别为IDE1和IDE2或Primary IDE和Secondary IDE，如图2.2.12所示。

图 2.2.12 IDE 接口

### 6. SATA 接口

SATA接口是最新发展起来的接口，也称串行ATA接口。由于SATA使传输方式变为点对点，传输速率高，因此SATA 1.0的理论传输速率可达150 Mb/s，而在制定中的SATA 2.0规范可达到300 Mb/s。如图2.2.13所示为SATA接口，它采用7针数据电缆，主要有4个针脚，分别用于发送信号、接收信号、供应电源和连接地线。

图 2.2.13 SATA 接口

### 7. 外设接口

主板的外设接口（见图2.2.14）主要用来连接外围的输入/输出设备，如鼠标、键盘、打印机、扫描仪等。

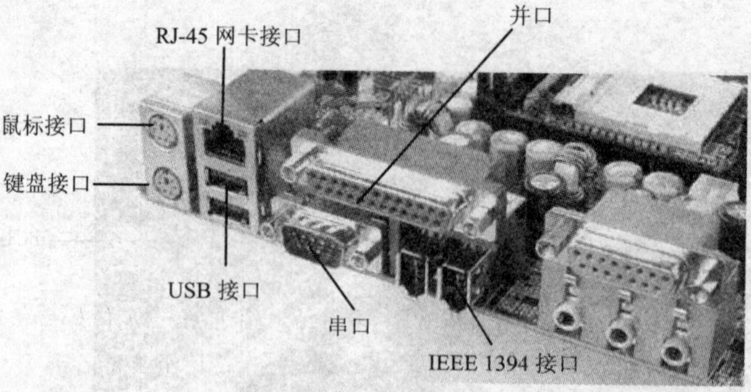


图 2.2.14　外设接口

（1）PS/2 接口。主板上一般有两个 PS/2 接口，一般紫色的为键盘接口，绿色的为鼠标接口。这两个接口针脚一样，但由于它们的针脚定义不同，所以键盘和鼠标接口不能互换。

（2）串口与并口。主板上最初的外部接口有串口和并口。串口是一个有 9 针的插槽，一般主板上有两个，分别为 COM1 和 COM2，可连接外置 Modem 及其他一些速度较慢的外部设备。并口是一个有 25 孔的红色接口，通常用来连接打印机，所以也称为打印机接口。

（3）USB 接口。USB 接口即通用串行总线接口，一般位于键盘接口下面（也有的 USB 接口在机箱前面），为用户的 USB 设备提供连接。按照控制芯片的不同，USB 接口可分为 USB 1.1 和 USB 2.0 两种规范，其中 USB 1.1 的理论传输速率为 12 Mb/s，USB 2.0 的理论传输速率为 480 Mb/s，两种规范都支持热插拔。

（4）IEEE 1394 接口。IEEE 1394 接口是由 Apple 公司开发的一种高速接口，也叫火线口。它支持热插拔，并且传输速率远高于 USB 1.1 接口。由于 IEEE 1394 是数字接口，传输时无信号损失，因此通常用于连接数码摄像机等需要高速准确传输数据的数码设备。

（5）网卡接口。主板通常都集成有 RJ-45 的网卡接口，能够提供 10～100 Mb/s 甚至 1 000 Mb/s 的传输速率。

**8．主板的其他部件**

（1）主板电池。计算机系统与时钟是紧密相关的，计算机关机后，由主板电池（见图 2.2.15）来提供系统时钟所需的电源。此外电池也提供了保存 CMOS 设置参数所需的电源，使 CMOS 设置可以继续维持而不是因为关机而消失。主板使用的电池通常为纽扣电池，卡在主板的电池插槽里，当电池里的电量不足时，开机后屏幕会弹出“CMOS Battery Low”的提示信息，这时就需要更换新电池了。

图 2.2.15　主板上的 CMOS 电池

（2）跳线。主板上的跳线主要有 3 组，分别用来设置 CPU 的外频、倍频和工作电压。

主板上的跳线通常有 Jumper 型和 DIP Switch 型两种。虽然它们的外观不相同，但工作原理是一样的。目前，不少主板厂商为了方便用户，已经将主板上的跳线去掉，而改为在 CMOS 里面设置 CPU 的参数。

### 2.2.3 市场主流产品及新特性

2010 年市场上的主流主板产品主要有 Intel 的 5 系列产品以及 AMD 的 8 系列产品。

**1. Intel 的 5 系列主板**

市场上 Intel 的 5 系列主板主要是 H55、H57、P55 和 X58。由于 H57 定位模糊，再加上厂商的宣传力度小，投放市场上的量也很少，所以平时很难看到这款 H57 芯片组；而在其余 3 款主板芯片组中，H55 的出货量最大，P55 与 H55 在支持和功能方面，相差不大，但价格通常会相差 200～300 元左右；X58 芯片组采用 LGA 1366 接口再加上三通道平台，可以说是专为高端发烧玩家而设计的。

主流市场上销量最火爆的 H55 主板有几大特点：一方面它可以支持 Intel Lynnfield Core i3/i5 处理器，它们集成的 GMA HD 集成显示核心可以很好的满足一般用户的需求，同时也是 HTPC 平台非常好的搭档。而高端的 P55 不能支持此类处理器集成显示输出的功能；另一个方面 H55 主板的价格相对较低，一般在 500～700 元之间，刚好满足主流用户选购主板的价位区间；最后一点就是大部分的 H55 主板采用的是 Micro ATX 板型设计，这对于 HTPC 平台来说，是再适合不过的了，如图 2.2.16 所示为斯巴达克 BI-710 的 P55 主板。

以上的 3 个条件就促使了 H55 在 2010 年里，销量非常惊人，同时也是 Intel 所有 5 系列芯片组中，出货量最大的型号。

**2. AMD 8 系列主板**

AMD 8 系列芯片组目前主要包括了 AMD 870、880G、890GX、890FX 这 4 款芯片组，其中 880G、890GX 是整合主板，而另外两款则是独显主板。从这一代 8 系列主板，包括 Intel H55 主板，可以看出用户对于整合主板的接受程度正在慢慢改变，整合不再是低性能的代名词，而是实用和高性价比的代名词，如图 2.2.17 所示为双敏 UR880GT 的整合主板。

图 2.2.16　斯巴达克 BI-710 的 P55 主板

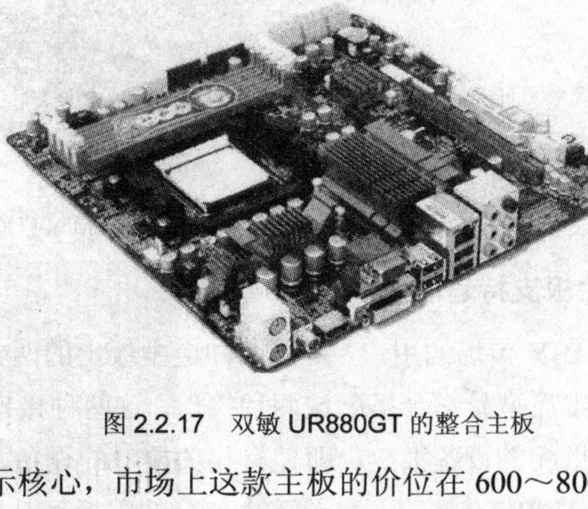

图 2.2.17　双敏 UR880GT 的整合主板

870 芯片组是一款独显主板，它没有集成显示核心，市场上这款主板的价位在 600～800 元之间，而 880G 整合了显示核心 Radeon HD4250，价格在 400～600 元之间，而 890GX 同样也是一款整合主板，集成显示性能更强，价格也更高，基本在 800 元以上，而最后的独显主板 890FX 是 8 系列的旗舰芯片组，价格都在 1 200 元以上。

从价格上可以看出，AMD 880G 芯片组拥有着最好的性价比优势，除了价格方面更贴近主流用户的心理价位之外，880G 同样也是大部分采用的是 Micro ATX 甚至是 Mini-ITX 架构的，所以搭配现在流行的 HTPC 来说，相当合适。而最后就是它自带集成显示核心，并且高清硬解码性能很好，功能齐全。主流用户选择一款 880G 几乎可以满足所有需求，所以，880G 主板凭借着主流的价位，丰富而实用的功能以及不错的性能，成为了 2010 年主板市场上出货量最大的一款芯片组产品。

**3．整合主板全面胜出**

Intel 不仅对于处理器的划分有了新定位，对于与之搭配的主板也是相对应的，需要集成显示核心，低功耗的用户可以使用 Core i3/i5 搭配 H55/H57 主板，而不想使用集成显示核心的用户，可选择 Core i5、i7 来搭配 P55 主板，而想要极致性能的玩家，可以使用高端 Core i7，来搭配 X58 主板。这也就形成了 Intel 目前 LGA 1366，LGA 1156 以及 LGA 1155 等不同针脚的各种接口。其不兼容的目的，也是为了强制划分不同类型的用户，细分 DIY 用户，来达到不同的针对性。

**4．Mini-ITX 主板朝着小型化个性化发展**

对于 Mini-ITX 结构的主板，以前见到的并不多，因为市场上此板型的产品很少，之前能看到的大部分是索泰的一些产品，但是通常都是板载 Atom 处理器居多，所以在性能方面，并不是很出众，只能满足普通用户的一些需求。

今年华硕推出的 M4A88T-I Deluxe 以及技嘉推出的 H55N-USB3，它们的共同特性都是采用了 Mini-ITX 板型设计，并且两款产品采用的都是主流芯片组设计，一款是 AMD 880G 芯片组，另一款是 Intel H55。相比 Atom 处理器来说，这样的 Mini-ITX 主板在搭配灵活性方面，有着更好的保障，并且性能会更强，同时它们也可以独立扩展显卡，再加上 Mini-ITX 超小的板型设计，放在一款迷你小机箱中，可以获得非常好的视觉效果，同时也更加节省空间，更加时尚，如图 2.2.18 所示为 Mini-ITX 板型 880G 主板。

图 2.2.18　Mini-ITX 板型 880G 主板

**5．主板支持超前**

了解 DIY 市场的用户，可能都知道主板上的两大重要接口变革：USB 3.0 和 SATA 6 Gb/s。目前，几乎所有主流型号都会搭配这两种接口，这两种接口的速度相比上一代接口，有了很明显的提升，但是与之相搭配的设备很少，即使有相关接口的设备，价格也不是普通用户能够接受的。

（1）USB 3.0 接口。目前，大部分的主板都是采用 USB 3.0 接口，板载一颗 NEC 的 D720200F1 USB 3.0 控制芯片来提供的，这颗 NEC 芯片可以提供 2 个 USB 3.0 接口的支持，而有些主板厂商通过 VIA VL810 USB 3.0 Hub 芯片，提供更多的 USB 3.0 接口，而 USB 3.0 的理论传输速度为 500 Mb/s，上一代 USB 2.0 接口仅有 60 Mb/s，速度提升将近 10 倍，USB 3.0 取代 2.0 是主板未来发展方向，目前主板上已经有提供最多 8 个 USB 3.0 接口的产品，但是 USB 3.0 的外部设备却不多，市场上有的售价也相当昂贵，所以等待 USB 3.0 接口全部普及，还需要等待外部设备的价格降到一个合理价位才可以，如图 2.2.19 所示为 USB 3.0 接口。

图 2.2.19 USB 3.0 接口

（2）SATA 6 Gb/s 接口。与 USB 3.0 同步更新的另一重要接口就是 SATA 接口，由 SATA 3 Gb/s 升级到了 SATA 6 Gb/s（见图 2.2.20）。在这方面，AMD 做的比 Intel 要好，AMD 的 SB 850 南桥默认就支持 6 个原生 SATA 6 Gb/s 接口，而 Intel 的 5 系列主板并没有提供 SATA 6 Gb/s 的原生支持，只能通过桥接第三方芯片才可以提供支持，不过在 6 系列主板上已经加入了 SATA 6 Gb/s 的支持。

图 2.2.20 SATA 6 Gb/s 接口

## 2.2.4 主板的选购

主板作为整个计算机硬件系统运行的平台，其质量很重要。对于主板来说，最重要的是性能稳定、兼容性好、功能完善。目前，市场上主板的型号与品牌繁多，这让用户在选购时难以抉择。下面就来介绍一些在选购主板时应注意的事项。

### 1. 实际需求和应用环境

选购主板应坚持“实用为本”的原则，用户应根据自己实际需要的功能和经济状况确定选择什么档次的主板，不要盲目追求最贵、最新、功能最全的。在“物尽其用”的基础上还要注意“物超所值”。

在选购主板之前先明确自己的需要、预算，一旦确定了采用何种 CPU、内存、显卡、硬盘等配件，主板的型号就容易确定了。也就是说，应当先确定计算机的大致配置，特别是先想好买哪种 CPU，然后再确定主板的类型，而不应该让主板的功能去决定配置方案。一般来说，如果选用 Intel 的 CPU，那么最好是选用 Intel 芯片组的主板；而对于使用 AMD 系列的用户来说，可选用 ALi，SiS，AMD，ATi 和 VIA 芯片组的主板。

此外要看应用环境，它对于选择主板尺寸、支持 CPU 性能等级及类型、需要的附加功能都会有影响。比如说板型，由于 ATX 主板板型较大，其散热、扩展性能往往会比其他板型好，因此可以优先考虑标准的 ATX 主板。

### 2. 品牌和售后服务

主板是一种高科技、高工艺融为一体的集成产品，因此作为消费者来说，应考虑“品牌”问题。

品牌决定产品的品质，一个有品牌保证的主板，会对其电脑系统的稳定运行提供良好的保障。目前，市场上比较知名的主板品牌有华硕、微星、技嘉、精英、Intel、硕泰克、磐英等。

再好的主板也可能出现质量问题，因此售后服务很重要，在选购主板时应注意厂家的售后服务，一般的正规厂家都提供定期的保换、保修服务。

#### 3．升级和扩充性

随着人们对计算机性能的要求越来越高，主板生产厂家在主板的升级和扩展方面做了大量的工作。主板升级和扩展主要是指其集成的扩展卡的数量及种类，因此在选购时应查看主板扩展插槽的种类和数目以及是否支持最新技术等。

#### 4．稳定性和兼容性

一般来说，稳定性和可靠性与不同厂商的设计水平、制作工艺、选用的元器件质量等有非常大的关系，稳定性是选购主板时必须考虑的问题。

对于兼容性的考虑有其特殊性，因为它很可能并不是主板的品质问题。例如有时主板不能使用某个功能卡或外设，可能是卡或者外设的本身设计就有缺陷。对于自己组装电脑的用户来说，兼容性也是必须考虑的因素。

## 2.3 内　　存

内存（Memory）是内存储器的简称，也称为主存。它是 CPU 与其他设备通信的桥梁，是计算机中唯一直接与 CPU 传送数据的设备，是程序和数据运行的主要平台。计算机开始工作时，首先从外存将指定的程序和数据传入内存，然后由 CPU 直接访问内存，频繁地与内存交换数据，执行程序，并将处理结果存入外存。内存容量的大小、传输速率等指标将直接影响到整个计算机的性能。

### 2.3.1 内存的结构

内存主要由 4 部分组成：PCB 印刷电路板、金手指、内存芯片和 SPD 芯片。

#### 1．PCB 印刷电路板

PCB 印刷电路板是构成内存的基础，采用多层设计，其内部有金属的布线。常见的有 4 层和 6 层 PCB 印刷电路板，理论上 6 层的比 4 层的电气性能好，性能也更稳定，所以用于服务器的内存多采用 6 层 PCB 印刷电路板制造。

#### 2．金手指

金手指是内存与主板内存插槽接触的部分，数据就是通过金手指来传输的。金手指是在铜质导线上通过特殊工艺覆上一层金，利用金的不易氧化特性和易导电性对内部铜皮起到保护作用。

#### 3．内存芯片

内存芯片是内存条的核心，内存的性能、速度和容量都是由内存芯片决定的。如今市场上有许多种类的内存，但内存颗粒的型号并不多，常见的有 HY，Kingmax，WINBOND，TOSHIBA，SEC，MT，Apacer 等，如图 2.3.1 所示为 Infineon 内存芯片。

4. SPD 芯片

SPD 芯片是一个 8 脚的小芯片，存在于 SDRAM 内存上，芯片中记录了内存工作的最基本的参数以便 BIOS 识别内存的信息。

另外，内存条上一般还有芯片标志，包括厂商名称、单片容量、芯片类型、工作速度、生产日期等，如图 2.3.2 所示。芯片标志是观察内存条性能参数的重要依据。

图 2.3.1　Infineon 内存芯片

图 2.3.2　芯片标志

## 2.3.2　主流内存类型

目前，主流的 PC 机内存包括 DDR、DDR2、DDR3，其中 DDR 内存已在逐渐淘汰，最新的 DDR3 内存正逐步取代主流的 DDR2 内存。

1. DDR 内存

DDR（Double Data Rate，双倍数据速率）技术是从几年前主流的 PC 66、PC 100 和 PC 133 SDRAM 技术发展而来的，所以也把 DDR 称为 DDR SDRAM 内存。第一版的 DDR 最高工作频率为 400 MHz，最大内存带宽为 1.6 Gb/s。

DDR DIMM（Dual Inline Memory Modules，双列直插内存模块）的规范由 JEDEC 定案。JEDEC 是电子行业联盟的半导体工业标准化组织。DDR 内存在工作的时候通过时钟频率的上行和下行都可以传输数据（SDRAM 内存只能通过下行传输），因此在频率相等的情况下拥有双倍于 SDRAM 的带宽。但是 SDRAM 是 168 脚，DDR 内存的 DIMM 是 184 脚，而比传统的 SDRAM 多 16 脚，这些管脚主要包含了新的阀门控制、电源、时钟和接地等信号接口。因此，DDR 内存不向后兼容 SDRAM，两种不能混用。如图 2.3.3 所示为 168 脚的 SDRAM 内存和 184 脚的 DDR 内存。

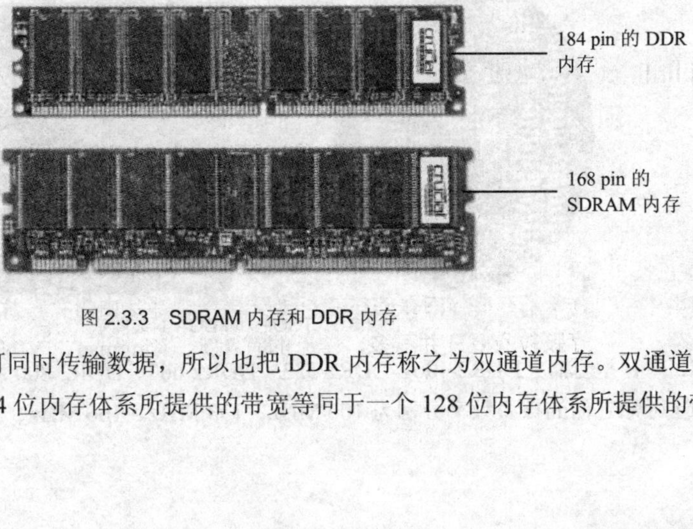


图 2.3.3　SDRAM 内存和 DDR 内存

因为 DDR 上、下行均可同时传输数据，所以也把 DDR 内存称之为双通道内存。双通道 DDR 有两个 64 位内存控制器，双 64 位内存体系所提供的带宽等同于一个 128 位内存体系所提供的带宽。双通道体系包含了两个独立的、具备互补性的智能内存控制器，两个内存控制器都能够在彼此间零等待时间的情况下同时运作。但是 DDR 内存的双通道并不是默认开启的，是为了满足超线程 CPU 高达 6.4 Gb/s 的带宽需求而设计的，一般的 PC 中双通道并没有打开，在服务器中通常是启用的，当然需要主板支持才行。

2．DDR2 内存

DDR2 内存（见图 2.3.4）与上一代 DDR 内存技术标准最大的不同就是，虽然同是采用了在时钟的上升/下降同时进行数据传输的基本方式，但 DDR2 内存却拥有两倍于上一代 DDR 内存的预读取能力。同时结构上也与 DDR 不一样，DDR2 是 240 引脚的，而 DDR 内存只有 184 个引脚。

图 2.3.4　DDR2 内存

DDR 内存的核心频率与时钟频率相等，但数据频率为时钟频率的两倍，也就是说在一个时钟周期内必须传输两次数据；而 DDR2 采用“4 bit Prefetch（4 位预取）”机制，核心频率仅为时钟频率的一半，时钟频率只为数据频率的一半，这样即使核心频率只有 200 MHz，DDR2 内存的数据频率也能达到 800 MHz，也就是所谓的 DDR2 800 了。换句话说，DDR2 内存每个时钟能够以 4 倍外部总线的速度读/写数据，并且能够以内部控制总线 4 倍的速度运行。

此外，由于 DDR2 标准规定所有 DDR2 内存均采用 FBGA（Fine-Pitch Ball Grid Array，塑封球栅阵列）封装形式，而不同于目前广泛应用的 TSOP（Thin Small Outline Package，薄型小尺寸封装）/TSOP-II 封装形式，FBGA 封装可以提供更为良好的电气性能与散热性，为 DDR2 内存的稳定工作与未来频率的发展提供了坚实的基础。图 2.3.5 中的左图为 TSOP 封装（针脚外露，是通过引线连接的）内存，而右图为 FBGA 封装内存（看不到引脚，是通过小球点接触连接的）。

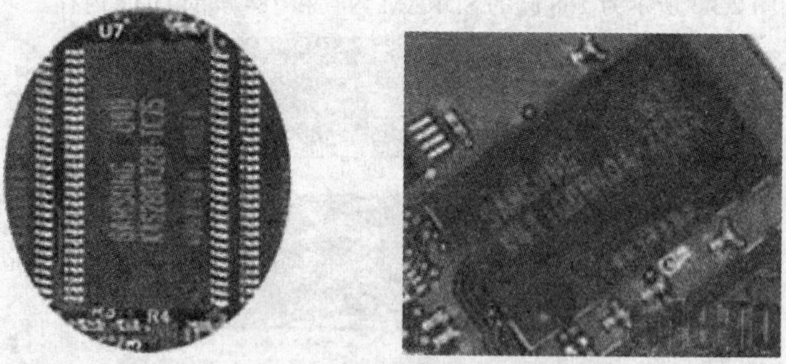

图 2.3.5　TSOP 和 FBGA 封装图示

DDR2 内存型号有：DDR2 400、DDR2 533、DDR2 667、DDR2 800 和 DDR2 1 066。根据以上的 DDR2 特性可知它们的核心频率分别为 100 MHz、133 MHz、166 MHz、200 MHz 和 266 MHz，总线

频率（时钟频率）分别为 200 MHz、266 MHz、333 MHz、400 MHz 和 533 MHz，等效的数据传输频率则分别为 400 MHz、533 MHz、667 MHz、800 MHz 和 1 066 MHz，而对应的内存传输带宽分别为 3.2 Gb/s、4.3 Gb/s、5.3 Gb/s、6.4 Gb/s 和 8.5 Gb/s；按照内存传输带宽它们又分别标注为 PC2-3200，PC2-4300，PC2-5300，PC2-6400 和 PC2-8500。

3．DDR3 内存

DDR3 内存（见图 2.3.6）是 DDR2 标准的改进版，也是采用 240 个引脚结构设计的。与 DDR2 内存相比，DDR3 内存最大的特点就是频率和带宽的提升，数据传输频率从 800 MHz 开始往后一直延深到 2 000 MHz，而 DDR2 内存由于受到工作频率的限制，其数据传输频率限制在 1 066 MHz 之上。但 DDR3 内存提升有效频率的关键依然是通过提高预取设计位数来实现的，这与 DDR2 采用的提升频率的方案是类似的。因为 DDR2 的预取设计位数是 4 bit，也就是说 DRAM 内核的频率只有接口频率的 1/4，所以 DDR2 800 内存的核心工作频率为 200 MHz，而 DDR3 内存的预取设计位数提升至 8 bit，其 DRAM 内核的频率达到了接口频率的 1/8，如此同样运行在 200 MHz 核心工作频率的 DRAM 内存就可以达到 1 600 MHz 的等值频率。

图 2.3.6　DDR2 内存与 DDR3 内存

另外，DDR3 内存在达到高带宽的同时，其功耗反而可以降低，其核心工作电压从 DDR2 的 1.8 V 降至 1.5 V，相关数据预测 DDR3 将比现时 DDR2 节省 30%的功耗。

DDR3 8 bit 芯片采用 78 球 FBGA 封装，16 bit 芯片采用 96 球 FBGA 封装；而 DDR2 则有 60/68/84 球 FBGA 封装 3 种规格。

## 2.3.3　内存的性能指标

内存作为计算机的主要部件，在整机的性能表现中扮演着举足轻重的角色，当 CPU 主频提升到一定范围，并同时执行多个任务的时候，容量大的内存的优势就能表现得淋漓尽致。了解内存的性能指标对任何用户来说都是至关重要的。

1．容量

内存的容量是指内存的总大小，是存储器可以容纳的二进制信息量，单位为兆字节（MB）。目前，常见的 DDR3 内存容量以 2 GB 和 4 GB 居多。

内存的容量不但是影响内存价格的因素，同时也是影响整机系统性能的因素。过去 Windows XP 平台，512 MB 的内存还是主流，1 GB 已经是大容量；但是到了现在，64 位系统开始普及，Windows 7 越来越多人使用，没有 2 GB 左右的内存都不一定能保证操作的流畅度。

2．时钟频率

时钟频率代表了内存所能稳定运行的最大频率，现在的 DDR 内存一般可分为 PC2100，PC2700，PC3000，PC3200 等几种类型。其中 PC2100 表示每秒的数据传输量大约为 2 100 MB，而 PC3200 每秒的数据传输量为 3 200 MB。

3．内存频率与带宽

内存频率是指内存的工作频率，其单位是 MHz（兆赫兹）；内存带宽是指主板北桥芯片中内存控制器与内存之间的数据传输通道的带宽，它由内存工作频率与内存总线的位宽决定。计算公式为：内存带宽=内存工作频率×内存总线位宽÷8，其单位是 Mb/s。

4．RAS/CAS

RAS（Row Address Strobe）即行地址选通信号，CAS（Column Address Strobe）即列地址选通信号。当 CPU 或其他设备访问内存时由上述两种信号来确定内存地址。内存中的数据就好像存储在一个表格中，通过一个行地址与一个列地址就可以锁定数据单元，而 RAS 和 CAS 就是允许按行寻址和按列寻址的关键。

5．CL

CL（CAS Latency）即 CAS 等待时间，是内存性能的一个重要指标。它是指信号需要经过多少时钟周期后才能读写数据，周期越短，证明内存进入工作的速度越快。因此采用 CL=2 时的性能比采用 CL=3 时的性能要好一些。采用较小的 CL 值，会有助于加快内存在相同前端总线频率下的工作速度。

6．存取时间

存取时间是指从 CPU 读取数据到内存送出的时间，它代表了读取数据所延迟的时间，单位为 ns。目前，大多数 SDRAM 芯片的存取时间为 5 ns，6 ns，7 ns，8 ns 或 10 ns，其数值越小说明内存延迟时间越短，速度也就相应越快。

7．奇偶校验

目前，内存的校验方式主要有两种：一种是奇偶校验，另一种是 ECC 校验。在奇偶校验方式中，CPU 在将数据存入内存时会在每个字节中写入一个奇偶位来记录此字节中 1 的奇偶数，这样等到 CPU 从内存读取数据时，就会检测所读数据中的奇偶数和奇偶位的记录是否符合，以此判断数据的正确性。

ECC 类似奇偶校验，只是在一组数据中加入了更多的数据以记录具体是哪一位数据发生错误，如 8 位数据就需要 4 位错误纠正码。校验方式主要用于保证数据的正确读写。

8．封装形式

封装形式也就是内存芯片的引脚形式。目前，市场的封装形式主要有 TSOP，BGA，CSP 3 种，大部分内存采用 BGA 封装方式，这种封装方式使用频率大大提高，散热性能好，可靠性高。

### 2.3.4 内存的选购

在组装计算机时，内存的选购一是要注意主板所支持的内存类型和最大容量，二是要注意单条内存所支持的容量大小。现在较新的计算机主板一般都支持 4 GB，有的甚至高达 16 GB 的内存，单条内存也可以支持 1 GB 甚至更高。

目前，在 PC 机上支持的内存类型主要有 DDR、DDR2、DDR3 这 3 种。

目前的内存容量基本上都是单片 1 GB 或以上，价格也比较便宜。第一版的 DDR 内存现在只有在二手市场上才可以找到，主流应用的是 DDR2 内存，DDR3 内存在新装机市场中占主流份额。在网吧中，一般的客户端建议安装单条 1 GB DDR2 800 型号以上的内存，如果是专用于玩大型游戏的，则建议安装 2 GB（分两条安装，以构成双通道）DDR2 800 以上型号内存。当然，如果主板支持的话，最好安装 DDR3 内存，毕竟现在 DDR3 与 DDR2 内存在价格上基本上没什么区别了。建议不要选择二手的 DDR 或 SDRAM 内存，因为现在某些方面 DDR、DDR3 内存价格已非常低，1 GB 还不到 100 元，性价比远好于 DDR 和 SDRAM 内存。

但在选购内存方面，一定要看对应主板所支持的内存型号，否则到时买回来的内存根本无法安装，或者不能充分发挥内存性能。目前，新型号的计算机主板基本上都支持 DDR 800，如果想要支持最新的 DDR3 内存，则要注意 CPU 和主板芯片组。基于 Nehalem 架构的 Core i7 处理器是 Intel 首款整合了 DDR3 内存控制器的 CPU，而在此之前的 Intel CPU 并不整合内存控制器，因此一些 4 系列主板其实也能支持 DDR3 内存。使用 E5200 和 E7300 这两款处理器的平台完全无法将 DDR3 内存频率提升到 1 333 MHz，在使用 E7300 处理器时，因为 E7 系列处理器的外频为 266 MHz，因此在主板 BIOS 中可以选择的内存频率最高也只是 1 066 MHz。如果要在默认情况下使用 DDR3 1 333MHz，就必须要使用 CPU 外频在 333 MHz 以上的 Intel 处理器，否则就只能通过对 CPU 外频进行超频才能够使用更高频率的 DDR3 内存。

AMD 方面，首次支持 DDR3 内存的是 AM3 版本 Phenom II 处理器。

# 2.4 显　　卡

显卡全称显示接口卡（Video card），是个人电脑最基本组成部分之一，如图 2.4.1 所示。显卡的用途是将计算机系统所需要显示的信息进行转换驱动，并向显示器提供行扫描信号，控制显示器的正确显示，是连接显示器和个人电脑主板的重要元件，是“人机对话”的重要设备之一。显卡作为电脑主机里的一个重要组成部分，承担输出显示图形的任务，对于从事专业图形设计的人来说显卡非常重要。

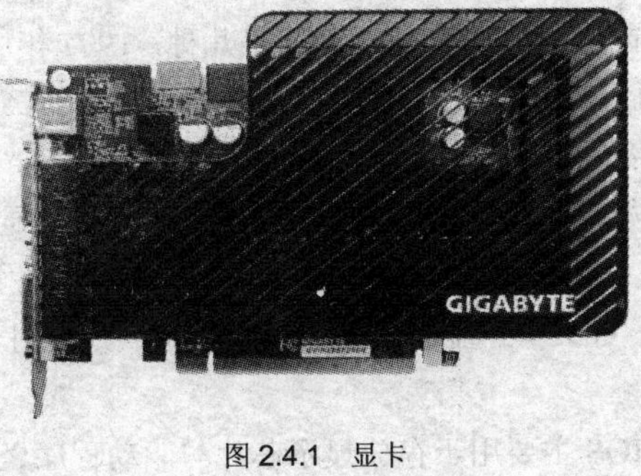


图 2.4.1　显卡

显卡的主要功能是对图形数据进行处理。CPU 处理的是数字信号，显卡承担的工作是后续图形图像的处理、加工以及转换等。

## 2.4.1　显卡的工作原理和结构

### 1．显卡的工作原理

早期的显卡在计算机中只是用来连接显示器，显示器显示的数据都是经过 CPU 处理的，随着大量的 3D 图形软件的应用，计算机需要进行大量的图形处理，这样 CPU 的负担就越来越重。因此，目前的显卡大多采用图形加速卡，其显示芯片可提供图形函数计算，从而减轻了 CPU 的负担。

图形加速卡有它自己的图形函数加速器和显存，这样如果有需要图形处理的数据，CPU 只要发出指令，所有的图形处理工作就由显卡去完成，CPU 就可空出来去执行其他任务，这样就大大提高了计算机的整体性能。

2．显卡的结构

显卡主要由 GPU、显示内存、RAMDAC、VGA BIOS、总线接口、VGA 插头及其他外围元件构成。

（1）GPU（Graphic Processing Unit）。GPU 也称“图形处理器”，GPU 使显卡减少了对 CPU 的依赖，并进行部分原本 CPU 的工作，尤其是在 3D 图形处理时。GPU 所采用的核心技术有硬件 T&L（几何转换和光照处理）、立方环境材质贴图和顶点混合、纹理压缩和凹凸映射贴图、双重纹理 4 像素 256 位渲染引擎等，而硬件 T&L 技术可以说是 GPU 的标志。GPU 的生产主要由 nVIDIA 与 ATI 两家厂商生产。

显示芯片是显卡上最大的芯片，也是显卡最重要的部分（见图 2.4.2），上面标有商标及厂商名称等，一般高档的显卡都装有散热片或散热风扇。

图 2.4.2　显示芯片

（2）显卡总线。早期的显卡总路线有 ISA，PCI 等几种，1997 年 AGP 把显卡从低速的 PCI 解放出来成为显卡的专用总线。短短的几年时间 AGP 从 AGP 1×发展到 AGP 8×，已经达到极限，而拥有更高带宽的 PCI－Express 将成为下一代显卡的标准接口。

（3）显存。显存是显示内存的简称，其主要功能就是暂时储存显示芯片要处理的数据和处理完毕的数据。图形核心的性能越强，需要的显存也就越多。以前的显存主要是 SDRAM，容量也不大。市场上的显卡大部分采用的是 GDDR3 显存，现在最新的显卡则采用了性能更为出色的 GDDR4 或 GDDR5 显存。

（4）显卡 BIOS。显卡 BIOS 主要用于存放显示芯片与驱动程序之间的控制程序，另外还存有显卡的型号、规格、生产厂家及出厂时间等信息，如图 2.4.3 所示。打开计算机时，通过显示 BIOS 内的一段控制程序，将这些信息反馈到屏幕上。早期显示 BIOS 是固化在 ROM 中的，不可以修改，而多数显卡则采用了大容量的 EPROM，即 Flash BIOS，可以通过专用的程序进行改写或升级。

（5）显卡 VGA 插座。VGA 插座是一个有 3 排，每排 5 个插孔，共 15 个插孔的“D”型插座，如图 2.4.4 所示。它是显卡的输出端口，与显示器的“D”型插头相连，用于模拟信号的输出。一些显卡上有两个 VGA 插座，同时可连接两台显示器。

（6）显卡 PCB 板。显卡 PCB 板类似于主板的 PCB 板，就是显卡的电路板，它把显卡上的其他部件连接起来。

图 2.4.3 显卡 BIOS 芯片

图 2.4.4 显卡 VGA 插座

## 2.4.2 显卡的分类

显卡按工作原理分为二维显卡和三维显卡；按总线类型分为 PCI 显卡、AGP 显卡和 PCI－Express 显卡；按与主板的接口类型分为集成显卡和独立显卡。

### 1．按与主板的接口类型分类

（1）集成显卡。集成显卡是将显示芯片、显存及其相关电路都做在主板上，与主板融为一体；集成显卡的显示芯片有单独的，但大部分都集成在主板的北桥芯片中；一些主板集成的显卡也在主板上单独安装了显存，但其容量较小，集成显卡的显示效果与处理性能相对较弱，不能对显卡进行硬件升级，但可以通过 CMOS 调节频率或刷入新 BIOS 文件实现软件升级来挖掘显示芯片的潜能。

集成显卡的优点：功耗低、发热量小，部分集成显卡的性能已经可以媲美入门级的独立显卡，所以不用花费额外的资金购买显卡。

集成显卡的缺点：不能更换新显卡，如果必须要换，就只能和主板、CPU 一次性的换。

（2）独立显卡。独立显卡是指将显示芯片、显存及其相关电路单独做在一块电路板上，自成一体而作为一块独立的板卡存在，它需占用主板的扩展插槽（PCI、AGP 或 PCI-E）。

独立显卡的优点：单独安装有显存，一般不占用系统内存，在技术上也较集成显卡先进得多，比集成显卡能够得到更好的显示效果和性能，容易进行显卡的硬件升级。

独立显卡的缺点：系统功耗有所加大，发热量也较大，需额外花费购买显卡的资金。

### 2．按总线类型分类

（1）PCI 总线的显卡。PCI 总线属于并行总线，总线频率为 33 MHz，总线带宽达到 133 Mb/s，连接在 PCI 总线内所有设备共享该总线的 133 Mb/s 带宽。这种总线状态随着人们对传输速率要求的提高，已经成为系统的性能“瓶颈”。

（2）AGP 总线的显卡。AGP 即“加速图形端口”，实际上也是由 PCI 总线发展而来，使用比 PCI 总线更高的总线频率：66 MHz、133 MHz 甚至更高。虽然目前已经达到 8×接口，总线带宽也提升至较高的 2.1 Gb/s，但实际它依然无法满足顶级 3D 核心的带宽需求，不可避免地成为下一代高性能 3D 核心的性能“瓶颈”。如图 2.4.5 所示为 AGP 总线的显卡。

（3）PCI－Express 总线的显卡。PCI－Express 总线属于串行总线，点对点传输，每个传输通道独享带宽。特别值得一提的是 PCI－Express 总线还支持双向传输模式和数据分路传输模式。其中数据分路传输模式即 PCI－Express 总线的×1，×2，×4，×8，×12，×16 和×32 多通道连接，×1 单向传输带宽即可达到 250 Mb/s，双向传输带宽更可实现 500 Mb/s，绝非 PCI 总线可比。如图 2.4.6 所示为 PCI－Express 总线的显卡。

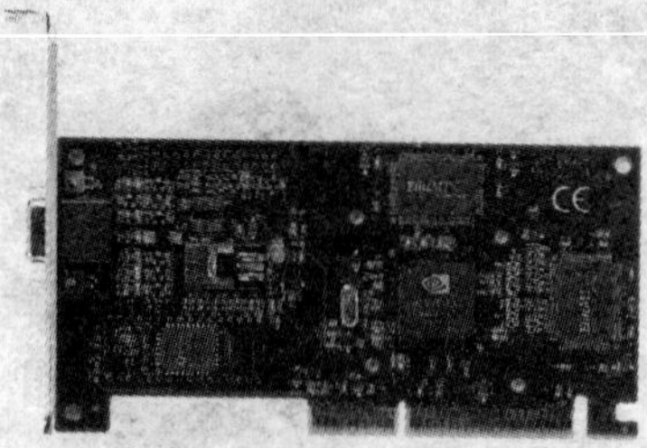

图 2.4.5　AGP 总线的显卡

图 2.4.6　PCI－Express 总线的显卡

## 2.4.3　显卡的主要指标

衡量一个显卡好坏的方法有很多，除了使用测试软件测试比较外，还有很多指标可以供用户比较显卡的性能。

### 1．显示芯片的类型

显卡所支持的各种 3D 特效由显示芯片的性能决定，显示芯片也就相当于 CPU 在电脑中的作用，一块显卡所采用的显示芯片大致决定了这块显卡的档次和基本性能。

目前，主流显卡的显示芯片主要由 nVIDIA 和 ATI 两大厂商制造。其中 nVIDIA 公司的主流显示芯片包括 GeForce 9600、GeForce 9800、GTS250 以及 GTX260 等系列；ATI 公司的主流显示芯片包括 Radeon 4830、Radeon 4850 以及 Radeon 4870 等系列。

### 2．显存容量

显存又被称为帧缓存，用于存储显卡芯片处理过或即将提取的渲染数据。现在主流显卡基本上具备的是 512 MB 容量，一些中高端显卡则配备了 1 GB 的显存容量。

显存与系统内存一样，其容量也是越多越好，因为显存越大，可以存储的图像数据就越多，支持的分辨率与颜色数也就越高，游戏运行起来就更加流畅。

### 3．显存带宽

显存带宽指的是一次可以读入的数据量，即表示显存与显示芯片之间交换数据的速度。带宽越大，显存与显示芯片之间数据的交换就越顺畅，不会造成堵塞。通常说的某个显卡的规格是 512 MB、256 bit，其中 256 bit 指的就是这块显卡的显存带宽。目前，市面上的绝大多数显卡的显存带宽都是 256 bit 或 512 bit。显存带宽的计算公式为：显存带宽＝工作频率×显存位宽/8。

### 4．显存速度

显存的速度以 ns（纳秒）为计算单位，现在常见的显存多在 1 ns 左右，数字越小说明显存的速度越快。

### 5．显存类型

目前，市面上主流显卡的显存类型多为 DDR3 类型，不过已经有不少显卡品牌推出 DDR5 类型的显卡。与 DDR3 相比，DDR5 类型的显卡拥有更高的频率，性能也更加强大。

### 6．显存频率

显存频率是指在默认情况下，显存在显卡上工作时的频率，以 MHz 为单位。显存频率在一定程度上反应了显存的速度。显存频率随显存类型及性能的不同而不同。

显卡厂商在制造显卡时，设定了显存实际工作频率，而实际工作频率不一定等于显存最大频率。如显存最大频率能工作在 4 000 MHz，而制造时显卡工作频率被设定为 3 600 MHz。此时，显存就存在一定的超频空间，这样显卡厂商在销售显卡时，就可以以超频为卖点。

**7．像素填充率**

像素填充率表示图形加速芯片每秒钟能够呈现的像素数量。它的数值与图形加速引擎的时钟频率及渲染通道数量有关。该指标的标准计算单位是兆像素/秒（MPixel/Sec），是显卡在各种分辨率下性能表现的关键参数。该指标数值越高，显卡的性能就越好。

### 2.4.4 多卡互联技术

2005 年，当时的 ATI 和 nVIDIA 分别推出了针对自己产品设计的 CrossFire 技术和 SLI 技术，不过这些技术当时还是属于高端产品的专属技术。如今，无论 CrossFire 还是 SLI 不仅贯穿整条产品线的每个产品，即使像集成显卡这类产品也能够组建 CrossFire 和 SLI，可见多核心并行处理在显卡未来发展中的重要性。

随着技术的成熟和驱动的完善，无论 CrossFire 还是 SLI 均能实现同芯片制造商下不同核心间的多卡互联，同时不同品牌产品间的多卡互联兼容性也得以大大提升。上述两点的改进，可以让用户在未来升级或组建多卡互联时，不必因停产买不到与现有产品相匹配型号而犯愁。如图 2.4.7 所示为显卡的 CrossFireX 接口和 SLI MIO 接口。

图 2.4.7　SLI MIO 接口（上）和 CrossFireX 接口（下）

要组建多卡互联，电脑硬件需要满足以下条件：

（1）主板。主流中端以上产品均以标配双 PCI-Express X16 接口。X58 主板同时实现 CrossFire 和 SLI 的破解技术。支持 CrossFire 和 SLI 多卡互联技术的主板，如图 2.4.8 所示。

（2）显卡：主流产品均能实现多卡互联技术，同时拥有独立数据交换接口，如图 2.4.9 所示。驱动、技术进一步完善，同制造商不同核心、不同品牌照样组建多卡互联。

图 2.4.8　支持多卡互联技术的主板

图 2.4.9　多卡互联

### 2.4.5 显卡的选购

目前，市场上的显卡产品很多，购买显卡时一定要针对自己的经济能力和实际应用进行选购。

（1）搭配原则。一块好的显卡要想发挥出应有的性能，仅靠本身的处理能力显然是不够的，还必须与 CPU、主板提供的显卡插槽标准及显示器配套。

（2）按需选购。在购买显卡时，用户一定要明白自己究竟有什么需求，不同的用途可按不同的档次进行选择，以免造成浪费。对于一般用户，要满足普通家庭的打字、上网、游戏、多媒体等需求，选择一款中低端的显卡即能满足要求；而对于游戏发烧友来说，拥有一款高档次的显卡，才能发挥 3D 游戏的强大功效，经济条件允许的用户可选择 NVIDIA 和 ATI 的高端产品。

（3）合理选择品牌。显卡是目前计算机中最为复杂的部件，市场上的显卡厂家、产品型号令用户目不暇接，往往不同品牌的产品，即使产品规格、型号、图形显示芯片以及功能完全相同，它们的价格也都各不相同。用户选购时应尽量选择一些知名品牌的产品，如丽台、华硕等，也可以考虑一些中小品牌产品，如太阳花、七彩虹等，至于杂牌甚至无品牌产品，尽管便宜，但从用料、做工及产品稳定性等多种因素考虑，不建议用户购买。

## 2.5 声　　卡

声卡是多媒体计算机中最重要的部件之一，它是将声音的模拟信号和数字信号互相转换的硬件电路卡。声卡能把话筒、光盘等输入的声音信号加以转换输出到音箱或者耳机等音响设备，使其发出各种美妙的声音。

### 2.5.1 声卡的结构

声卡主要由 DSP 芯片、功率放大芯片、CD 音频连接器、输入/输出端口、总线接口等组成，如图 2.5.1 所示。

图 2.5.1　声卡

#### 1. 处理芯片

声卡的数字信号处理芯片（Digital Signal Processor）简称 DSP，是声卡的核心部件。它负责将模拟信号转换为数字信号的 A/D 转换和数字信号转换为模拟信号的 D/A 转换。DSP 的功能主要是对声波的取样和回放的控制，处理 MIDI 指令等，有些声卡的 DSP 还具有混响、合声等功能。数字信号处理芯片基本上决定了声卡的性能和档次，通常我们也按照此芯片的型号来命名该声卡。有些声卡上还带有功率放大芯片、波表合成器芯片、混音处理芯片、音色库芯片等。

常用声音芯片有C-Media骅讯电子的CMI-8338和CMI-8738声音芯片，Forte Media公司的FM801

芯片，Creative 创新公司的 EMU 10K1 芯片，雅马哈公司的 YMF-744 和 YMF-724/740 芯片，Aureal 傲锐公司的 Vortex-2AU 8830 芯片，ESS 公司的 ESS Canyon 3D 芯片，如图 2.5.2 所示。

图 2.5.2　声音处理芯片

**2．功率放大芯片**

功率放大芯片用来将 DSP 芯片处理完的信号进行放大并从 Speaker Out 端口输出，在放大声音信号的过程中也同时放大了噪声信号。解决这一问题的办法是将 Line Out 直接连接音响，这样，音质的好坏就取决于 DSP 芯片和所连接的音响设备。

**3．CD 音频连接器**

CD 音频连接器是一个 3 Pin 或 4 Pin 的小插座，位于声卡的中上部，用于和 CD-ROM 相应的端口连接来实现 CD 音频信号的直接播放。

**4．输入/输出端口**

输入/输出端口如图 2.5.3 所示，包括 Line In，Line Out，Mic In，Speaker Out 和 MIDI 及游戏杆接口。

图 2.5.3　输入/输出端口

（1）Line In（线性输入）接口。Line In 接口主要用于声音信号的输入，通过该插孔把磁带等设备的音频输出信号输入到声卡中，经 DSP 处理后存入计算机或者输出。

（2）Line Out（线性输出）接口。Line Out 接口也是用来连接音箱或功放器的接口，其主要功能和 Speaker Out 的作用是一样的，不过 Line Out 输出的音频信号来自 DAC 数模转换器，不经过内置功率放大芯片的放大，用于连接有源音箱。

（3）Mic In（麦克风输入）接口。Mic In 接口用于连接麦克风，将来自麦克风的音频信号输入到声卡中。

（4）Speaker Out（扬声器输出）接口。Speaker Out 接口用于连接音箱或功放器等，负责将声卡产生的模拟音频信号经过声卡内置的功放芯片放大后输出到音箱等音效设备中。

（5）MIDI 及游戏杆接口。一个 15 针的游戏/MIDI 接口，主要用来连接游戏操纵杆、游戏手柄、方向盘等外接游戏控制器，同时也可以用来连接 MIDI 键盘和电子琴等乐器上的 MIDI 接口，实现 MIDI 音乐信号的直接传输。

**5．总线接口**

声卡的总线接口就是其金手指部分，主要用来把声卡插在主板的 PCI 插槽中，以实现供电和数据传输功能，如图 2.5.4 所示。

图 2.5.4 总线接口

## 2.5.2 声卡的工作原理

麦克风和喇叭所用的都是模拟信号，而电脑所能处理的都是数字信号，两者不能混用，声卡的作用就是实现两者的转换。从结构上分，声卡可分为模数转换电路和数模转换电路两部分，模数转换电路负责将麦克风等声音输入设备采到的模拟声音信号转换为电脑能处理的数字信号；而数模转换电路负责将电脑使用的数字声音信号转换为喇叭等设备能使用的模拟信号。

## 2.5.3 声卡的分类

根据接口类型，可以把声卡分为卡式声卡、集成式声卡和外置式声卡 3 种。

### 1. 卡式声卡

卡式声卡是现今市场上的中坚力量，产品涵盖低、中、高各档次，售价从几十元至上千元不等。早期的板卡式产品多为 ISA 接口，由于此接口总线带宽较低、功能单一、占用系统资源过多，目前已被淘汰；PCI 接口则取代了 ISA 接口成为目前的主流，它们拥有更好的性能及兼容性，支持即插即用，安装使用都很方便。

### 2. 集成式声卡

集成式声卡集成在主板上，不需要占用 PCI 插槽，且具有成本低、兼容性好等优点，能够满足普通用户的绝大多数音频需求。目前市场上的很多主板都集成了声卡。由于集成声卡技术的不断进步，原来 PCI 声卡具有的多声道、低 CPU 占有率等优势在集成声卡上也都具有。

集成声卡只是主板的附加功能，完全由主板厂商决定，因此对其选择范围较小。但常见的集成声卡各具特色，根据其采用元件的不同，集成式声卡又有软声卡和硬声卡之分，用户可以根据自己的需求选择。

（1）集成软声卡。集成软声卡仅集成了一块信号采集编码的 Audio Codec 芯片，而省略了 Digital Control 芯片，声音处理工作将由 CPU 来完成，因此集成软声卡对 CPU 的占有率相应较高。不过由于集成软声卡的成本较低，现在很多主板集成的都是软声卡。目前，主要有 Analog Devices 的 AD188x（AD1881，AD1885，AD1886），ALC201/A，VIA VT1616A 等软声卡芯片。

（2）集成硬声卡。集成硬声卡和 PCI 声卡的设计相同，只是将 Digital Control 和 Audio Codec 芯片集成在了主板上，因而对 CPU 的占用率低，但其缺点是音频信号的输出信噪比普遍较低。集成硬声卡的价格较软声卡高。现在主要有创新的 CT5880，C-Media 的 CMI8738 以及 ForteMedia 的 FM801 等几种，还有 YAMAHA 的 YMF740 和 Aureal 的 AU8820，但是比较少见。

3. 外置式声卡

外置式声卡通过USB接口与电脑相连，这使声卡在使用上有了更大的灵活性，可以方便移动，它主要是针对笔记本电脑用户。目前，市场上的外置声卡并不多，常见的有创新的Extigy和Digital Music两款以及MAYA EX、MAYA 5.1 USB等。外置式声卡如图2.5.5所示。

图 2.5.5　外置式声卡

综上所述，在这3种类型的声卡中，集成式声卡由于具有价格低廉、技术成熟的优点而占据了较大的市场份额，在中低端市场较为流行；PCI声卡在设计布线等方面具有优势，且更适于音质的发挥，将继续成为中高端声卡领域的中坚力量；而外置式声卡的优势与成本对于家用电脑来说并不明显，仍是一个填补空缺的边缘产品。

## 2.5.4　声卡的技术指标

声卡的主要技术指标有S/PDIF、采样位数和采样频率、输出信噪比、声源形式、DirectSound 3D、A3D等，下面分别做具体介绍。

1. S/PDIF

S/PDIF是SONY、PHILIPS家用数字音频接口的简称，可以传输PCM流和Dolby Digital、dts这类环绕声压缩音频信号。在多媒体声卡上，S/PDIF分为S/PDIF OUT和S/PDIF IN两种形式。在目前的主流产品中，S/PDIF OUT功能已经非常普及，通常以同轴或者光纤接口的方式做在声卡主卡或者数字子卡上。而S/PDIF IN在声卡中主要功能则是接收来自其他设备的PCM信号，最典型的应用就是CD唱片的数字播放。如果声卡上拥有一个两针的S/PDIF IN插口，那么就可以通过一条两芯的数字CD信号传输线连接到CD-ROM的Audio Digital Out接口。这样当播放CD唱片的时候，CD上的PCM信号就不经过DAC，而直接被输出到声卡上，随后再由声卡进行D/A转换或者通过S/PDIF OUT输出。

2. 采样位数与采样频率

采样位数指的是每个采样点所代表音频信号的幅度。8 bit的位数可以描述256种状态，而16 bit则可以表示65 536种状态。对于同一信号幅度而言，使用16 bit的量化级来描述自然要比使用8 bit来描述精确得多。一般来说采样位数越高，声音就越清晰。

采样频率是指每秒钟对音频信号的采样次数。单位时间内采样次数越多，即采样频率越高，数字信号就越接近原声。采样频率只要达到信号最高频率的两倍，就能精确描述被采样的信号。一般来说，人耳的听力范围在20 Hz～20 kHz之间，因此，只要采样频率达到20 kHz×2=40 kHz时，就可以满足人们的要求。现在大多数声卡的采样频率都已达到44.1或48 kHz，即达到所谓的CD音质水平了。

### 3．输出信噪比

输出信噪比是衡量声卡音质的一个重要因素，单位是分贝。这个数值越大，代表输出时信号中被掺入的噪声越小，音质就越纯净。声卡作为电脑的主要输出音源，对信噪比要求是相对较高的。PCI 声卡一般拥有较高的信噪比（大多数可以达到 90 dB），有的高达 195 dB 以上。较高的信噪比保证了声音输出时的音色更纯，可以将杂音减少到最低限度。而音色的好坏则取决于产品所选用的音效芯片和声卡的做工。

### 4．Wave 音效与 MIDI 音乐

WAVE 音效合成与 MIDI 音乐的合成是声卡最主要的功能。其中 WAVE 音效合成是由声卡的 ADC 模数转换器和 DAC 数模转换器来完成的。模拟音频信号经 ADC 转换后为数字音频后，以文件形式存放在磁盘等介质上，就成为声音文件，通常以.wav 为扩展名。WAVE 音效可以逼真地模拟出自然界的各种声音效果，缺点是 wav 文件需要占用很大的存储空间，所以造就了 MP3 的成长。

MIDI，即乐器数字化接口，是一种用于电脑与电子乐器之间进行数据交换的通信标准。MIDI 文件（以.mid 为文件扩展名）记录了用于合成 MIDI 音乐的各种控制指令。由于 MIDI 文件本身不包含任何数字音频信号，因而所占的存储空间比 wav 文件要小得多。MIDI 文件回放需要通过声卡的 MIDI 合成器合成为不同的声音，而合成的方式有 FM（调频）与 Wave table（波表）两种。目前，中高档声卡大都采用了波表合成技术。

### 5．声源形式

声源形式主要包括单声道、立体声、环绕音效、四声道环绕和杜比多声道环绕音效。

（1）单声道。单声道是原始的录音方式，音源只有一个，固定在两个音箱中间。

（2）立体声。立体声的音源固定在两只喇叭里，通过两个声道的强弱变化来模拟空间效果。

（3）环绕音效。环绕音效的音源不固定，可在人的前方营造出一个环绕音场，使人感觉到音源好像来自喇叭的周围，从而表现出环绕效果。

（4）四声道环绕。四声道的声卡支持 4 个独立的声道，通过 4 个音箱来准确地营造“现场感”。

（5）杜比多声道环绕。在这种配置中，要求 5 个喇叭环绕在听众周围，使声音听起来好像来自“四面八方”。其典型的应用是 DVD 的 AC-3。

### 6．EAX

EAX 是由创新公司在其 SB Live！系列声卡中提出的标准。EAX 的特点是着重对各种声音在不同环境条件下的变化和表现进行渲染，但对声音的定位能力不如 A3D，EAX 建议用户配备四声道环绕音箱系统。现在支持 EAX2 的主要就是 EMU10K1 和 MU10K2 芯片，它们分别为创新著名的 SB Live! 和 Audigy 系列声卡所采用，该芯片同时还支持 A3D1、HRTF 等技术，是目前流行兼容声卡中的精品。

### 7．DirectSound 3D

DirectSound 3D 是用在 Windows 平台下的最大众化的音频数字接口（API），Windows 环境下的 3D 游戏大都支持它。

### 8．A3D 技术

A3D 技术的标准有 A3D 1.0，A3D 2.0 和 A3D 3.0 三种，其中 A3D 3.0 的功能包括声音定位、声波追踪、回声处理、封闭空间音效、杜比数码回放、回声几何运算器等。

### 2.5.5 声卡的选购

选购声卡应遵循下列原则：

（1）按需选购。目前，市场上的声卡品牌众多，而且价格也高低不等，用户在购买时应该先考虑清楚其用途。如果用户只是普通的应用，则一般的声卡就可以；如果想要玩大型3D游戏，则应该选购带3D音效功能的声卡；如果是音乐爱好者，对音质要求很高，就需要购买高端娱乐级声卡。

（2）注意兼容性和驱动问题。目前，声卡与其他配件发生冲突的现象较为常见，如一些采用VIA芯片组的主板和SB Live！容易发生冲突。至于驱动，由于一些小厂不具备独立开发声卡驱动程序的能力，因而这类声卡在更新驱动程序上较缓慢，如果这些型号的声卡停产，声卡的驱动得不到更新，随着Windows系统的升级，声卡将会由于缺少驱动而无法使用。

（3）DSP的选择。DSP是声卡品质的一个主要决定因素，但不能通过其运算速度来作为选购标准，因为不同声卡采用了不同的DSP，如用户偏重于多媒体娱乐，则应该优先考虑创新的声卡；如偏重于音质，由于创新声卡的SRC问题比较严重，则应考虑其他品牌的声卡，如YAMAHA。

（4）声卡的指标。目前常见的指标为24 bit/96 kHz，但最常用的最好CD音源的采样标准为16 bit/44 kHz，可见，高指标的声卡并不能充分发挥其作用。因此，用户应该注意不要过分追求高指标。

## 2.6 机　　箱

机箱（见图2.6.1）被称为计算机的外衣，其主要作用是放置和固定计算机配件，它不仅为计算机的核心运转提供了一个安全稳定的工作环境，还有效地屏蔽了大多数电磁辐射，保护了使用者的身体健康。

图2.6.1 机箱

### 2.6.1 机箱的分类

机箱通常有以下几种分类方法。

#### 1．按结构分类

（1）AT机箱。AT机箱只能与AT结构的主板相搭配，AT机箱属于旧式的机箱布局规范，由于布局位置设计不合理，机箱内部显得比较拥挤，内存条和各种插卡的安装都不够方便，而且在通风散热方面也不理想，所以，这类机箱已基本被淘汰。

（2）ATX机箱。ATX机箱是目前市场上最常见的机箱，它不仅可以支持ATX主板，还可以安装AT主板和Micro ATX主板。ATX机箱在设计上更为合理，散热性也得到了改善。ATX机箱的电源与 AT 机箱使用的电源不一样，AT 电源通过两个插头与主板相连，共 12 针，分别提供 5 V 和 12 V 的电压，而 ATX 电源只须一个电源插头与主板相连，共 20 针，可分别提供 3 V，5 V 和 12 V 的电压。

（3）BTX 机箱。BTX 机箱最让人关注的设计重点就在于对散热方面的改进，CPU、图形卡和内存的位置相比 ATX 架构都完全不同，CPU 的位置完全被移到了机箱的前板，而不是原先的后部位置，这是为了更有效的利用散热设备，提升对机箱内各个设备的散热效能。为此，BTX 架构的设备将会以线性进行配置，并在设计上以降低散热气流的阻抗因素为主；通过从机箱前部向后吸入冷却气流，并顺沿内部线性配置的设备，最后在机箱背部流出。这样设计不仅更利于提高机箱内部的散热效能，而且也可以因此而降低散热设备的风扇转速，保证机箱内部的低噪声环境。

除了位置变换之外，在主板的安装上，BTX 规范也进行了重新规范，其中最重要的是 BTX 机箱拥有可选的 SRM（Support and Retention Module）支撑保持模块，它是机箱底部和主板之间的一个缓冲区，通常使用强度很高的低炭钢材来制造，能够抵抗较强的外来力而不易弯曲，因此可有效防止主板的变形。

**2．按样式分类**

机箱按样式可分为立式和卧式两种，如图 2.6.2 所示。立式机箱内部空间相对较大，而且由于热空气上升、冷空气下降的原理，立式机箱的电源在上方，它的散热比卧式机箱好，添加各种配件时也比较方便。但其体积大，不便于在较为狭窄的环境里使用。卧式机箱无论是在散热还是易用性方面都比立式机箱差，但是它可以放在显示器下面，能够节省不少桌面空间，多被商用电脑所采用。

图 2.6.2　立式机箱和卧式机箱

另外，机箱还有超薄、半高、3/4 高、全高之分。3/4 高和全高机箱拥有 3 个或者 3 个以上的 5.25 英寸驱动器安装槽和 2 个 3.5 寸软盘机槽。超薄机箱主要是一些 AT 机箱，只有一个 3.5 寸软盘机槽和 2 个 5.25 寸驱动器槽。半高机箱主要是 Micro ATX 和 Micro BTX 机箱，它有 2～3 个 5.25 寸驱动器槽。在选择时最好以标准立式 ATX 和 BTX 机箱为准，因为它空间大，安装槽多，扩展性好，通风条件也不错，完全能适应大多数用户的需要。

## 2.6.2　机箱的选购

计算机机箱的好坏在很大程度上影响着整台计算机的工作状态。因为计算机的核心部件都要安装在机箱内，如果机箱出现问题，那么就无法保证机箱内部配件的正常工作，因此，选购一款好的机箱非常必要。下面来介绍应如何选购机箱。

（1）机箱的品牌。现在市场上的机箱品种繁多，但不同商家的机箱在质量上有很大的差异，因此，在选购时应尽量选择市场上的主流机箱，这样无论从质量还是售后服务等方面都有保证。目前，市场上的品牌机箱以世纪之星、爱国者、金河田、华硕、七喜等为优。

（2）机箱的内部结构设计。一台好的机箱应在其内部设计上具备以下几个方面的特点：一是机箱应有足够的扩展槽位，保证有足够大的扩展空间，便于用户以后升级；二是机箱内部应保留足够大的空间，以利于机箱的散热，同时也便于安装和拆卸；三是机箱风扇的位置应设计合理，并留有预留风扇位置，整个设计所形成的气流方向要有利于散热。

（3）机箱的选材与做工。一个机箱的选材可分为框架外壳的选材和面板的选材。优质机箱面板常用的材料为ABS或HiPS工程塑料，长期使用后不易变色、变形，擦拭的时候也比较方便。而劣质机箱一般采用普通塑料，时间一长机箱前面板会发黄，拆卸的过程中容易发生断裂开缝现象。

机箱框架部分采用的钢材一般是由硬度比较高的优质材料折成角钢形状或条形，外壳部分的钢材厚度应该达到1 mm以上，这些钢板都应该是经过冷锻压处理过的SECC镀锌钢板，采用这种材料制成的机箱电磁屏蔽性好、抗辐射、硬度大、弹性强、耐冲击腐蚀、不容易生锈。除选材外，机箱的做工也十分重要。对于机箱的做工，要求箱体结合紧密，无棱角毛刺，边角采用不划手设计，进行过钝化处理，机箱内部各插卡槽位结合稳固可靠，无松动，且大小尺寸符合标准，以恰好能插入配件为宜。机箱外部烤漆涂层要均匀、黏附力强、不脱落、用指甲刮不出明显的痕迹。

（4）机箱的性能指标。由于电脑运行时会产生大量的电磁辐射，因此，考察机箱的辐射屏蔽性也是选购的一个主要方面。通过查阅机箱的说明书，可以了解机箱是否通过相关的国际防辐射认证。

## 2.7 电　　源

随着计算机功能的不断强大，其部件数量也自然不断增加，这就要求有足够大的电源功率，这样才能确保计算机稳定地工作。电源提供计算机中所有部件所需要的电能，因此，电源质量的好坏将直接影响计算机中各部件的工作性能和使用寿命。

### 2.7.1 电源的工作原理

通常使用的市电都是220 V/50 Hz的交流电，而计算机中各个部件使用的都是低压直流电。电源的作用就是将220 V的交流电转换成计算机所需的低压直流电。它的工作原理是220 V的市电首先经过扼流线圈和电容滤除高频杂波和干扰信号，接下来经过整流和滤波得到高压直流电，然后通过开关电路把高压直流电转成高频脉动直流电，再送高频开关变压器降压，最后滤除高频交流部分，输出相对纯净的低压直流电。如图2.5.1所示的即是电脑电源。

图2.7.1　电源

### 2.7.2 电源的技术参数

一个质量合格的电源应该达到一些重要的指标，这些指标对电源甚至是整个计算机系统来说都非常重要。电源的技术参数主要包括以下几项：

#### 1．电磁干扰

计算机电源在工作时会产生较强的电磁振荡和辐射，从而对外产生电磁干扰，这种干扰一般是用电源外壳和机箱进行屏蔽，但无法完全避免。为了严格限定电磁干扰，国际上制定了 FCCA 和 FCCB 标准，在国内也有国标 A 级（工业级）和国标 B 级（家用电器级）标准，优质的电源都可以达到 B 级标准。

#### 2．电源功率

电源功率是电源最主要的技术指标，一般是指直流电的输出功率，单位是瓦（W）。目前，市场上有 250 W 和 300 W 两种。功率越大，代表可连接的设备越多，计算机的扩充性就越好。

#### 3．过压保护

过压保护的作用是当输出电压值超过额定电压时，迅速关闭电源，停止输出，以防止烧坏供电设备。因为 ATX 电源较传统 AT 电源多了 3.3 V 电压组，有的主板没有稳压组件，直接用 3.3 V 为主板部分设备供电，即便是具有稳压装置的线路，对输入电压也有上限，一旦电压升高，对被供电设备可能会造成严重的物理损伤。

#### 4．电源效率和寿命

电源效率和电源设计线路有密切的关系，高效率的电源可以提高电能的使用效率，在一定程度上可以降低电源的自身功耗和发热量。电源寿命是根据其内部元器件的寿命确定的，一般元器件寿命为 3～5 年，而电源寿命可达（8～10）$\times 10^5$ 小时。

#### 5．电源的安全认证

为了避免因电源质量问题引起的严重事故，电源必须通过各种安全认证才能在市场上销售，因此，电源的标签上都会印有各种国内、国际认证标记。其中，国际上主要有 FCC，UL，CSA，TUV 和 CE 等认证，国内认证为 CCEE 长城认证，如图 2.7.2 所示。符合一定指标的产品在申报认证后才能在包装和产品表面使用认证标记，应该说这些认证具有一定的权威性。

图 2.7.2　电源的安全认证标志

### 2.7.3　电源的分类

PC 电源从规格上主要可以分为 AT 电源、ATX 电源和 Micro ATX 电源 3 类，此外，还有一种新型规范的 BTX 电源，目前不常使用。

#### 1．AT 电源

AT 电源是搭配在 AT 机箱上使用的。AT 电源的输出功率一般在 150～250 W 之间，有 4 路输出（±5 V，±12 V），另外向主板提供一个 PG（接地）信号。输出线为 2 个 6 芯插座和 6 个 4 芯插头，其中 2 个 6 芯插座为主板提供电力。AT 电源采用切断交流电网的方式关机，不能实现软件开关机。随着计算机用电量的加大，AT 电源无法满足需求，因此现在已经基本被淘汰。AT 电源如图 2.7.3 所示。

#### 2．ATX 电源

ATX 电源是搭配在 ATX 机箱上使用的，可提供 250～300 W 的电源功率，是目前流行的计算机电源规格。早期的 ATX 电源是与机箱做在一起销售的，现在随着电源重要性的提高，部分 ATX 电源也开始单独销售。ATX 电源如图 2.7.4 所示。

图 2.7.3　AT 电源

图 2.7.4　ATX 电源

与 AT 电源比较，ATX 电源在外形规格和尺寸方面并没有发生本质上的变化，但在内部结构方面却做了相当大的改动。最明显的就是增加了±3.3 V 的输出电压，+5 V 的输出正电压和一个 PS-ON 信号，并将为主板供电的电源线改为 20 芯的电源输出线。随着 CPU 处理器工作频率不断提高，为了降低 CPU 处理器的功耗，减少发热量，就需要降低芯片的工作电压。从这个意义上讲，电源就需要直接提供一个±3.3 V 的输出电压，+5 V 的输出正电压，只要接通 220 V 交流电就会有电压输出。

#### 3．Micro ATX 电源

Micro ATX 电源是 Intel 公司在 ATX 电源的基础上改进的标准，其主要目的就是降低制作成本。Micro ATX 电源与 ATX 电源相比，最显著的变化就是体积减小、功率降低。ATX 标准电源的体积大约是 150 mm×140 mm×86 mm，而 Micro ATX 电源的体积则是 125 mm×100 mm×63.5 mm。ATX 电源的功率在 200 W 左右，而 Micro ATX 电源的功率更小些，只有 90～150 W。目前，Micro ATX 电源大都在一些品牌机和 OEM 产品中使用，零售市场很难看到，如图 2.7.5 所示。

#### 4．BTX 电源

BTX 电源的主要作用是解决硬件设备的热量问题，使得机箱内部的空气最大程度地得到循环，并通过使用串行设备、PCI-Express 设备等使得用户计算机体积变得更小。BTX 电源包括 ATX 12 V，SFX 12 V，CFX 12 V 和 LFX 12 V 四种类型，其中 ATX 12 V 针对的是标准 BTX 结构的全尺寸塔式机箱，非常方便用户的电脑升级，如图 2.7.6 所示。

图 2.7.5　Micro ATX 电源

图 2.7.6　BTX 电源

### 2.7.4　电源的选购

电源是机箱的心脏，选择一块优质的电源对整个机器的稳定运行至关重要。选购电源时应考虑以下几点。

（1）输出功率。除考虑到系统安全工作外，还要考虑到以后安装第二块硬盘、光驱或其他部件时使用功率的增加，所以最好购买功率在 250 W 以上的电源。

（2）过压保护。在购买电源时应查看电源是否标有双重过压保护功能。

（3）风扇噪声。选购电源时应注意电源盒中的风扇噪声是否过大，电源风扇转动是否稳定。

（4）传导干扰。电磁对电网的干扰对电子设备造成不良影响，也会给人体健康带来危害。国际标准化组织（ISO）和世界上绝大多数国家对电磁干扰和射频干扰都制定了若干标准，标准要求电子设备生产厂商生产的产品，其辐射和传导干扰必须达到一个可以接受的范围。

（5）认证标识。选择电源时还应注意有无国际或国家安全标识，如 CCEE，CE，FCC，TUV，3C 等。因为电源的功率不正常就会给显示器带来故障，如显示的字符出现抖动（显示器自身故障除外），这就是电源功率偏小造成的。如果电脑在增加负载时，电源的滤波电路质量差，就会出现超载的问题。

## 本章小结

本章主要介绍了计算机的核心部件——主机，其中包括 CPU、主板、内存、显卡、声卡、机箱和电源，讲解了它们的结构、分类、性能指标和选购等方面的知识。通过本章的学习，用户对它们的性能有了更进一步的了解，为组装一台计算机选购配件做好准备。

## 操作练习

### 一、填空题

1．CPU 的基本逻辑构成有 3 个部分：________、________和________。这 3 个部分互相协调，进行分析、判断、运算并控制计算机各个部分协调工作。

2．CPU 的主频等于________。

3．SATA 接口也称________接口，由于 SATA 使传输方式变为点对点，故传输速率高。

4．目前，主板都采用________电源，其插座为________孔的长方形双列插座。

5．内存又称为________，按照工作原理可分为________和________两类。

6．显示内存也叫______，是用来暂时存储经过显示芯片处理后的图形数据，其单位为______。

7．显卡按总线类型分为三种：________、________和________。

8．机箱从结构上主要可以分为________、________和________3 种。

### 二、选择题

1．主频、外频和倍频三者的关系为（　）。

（A）外频=主频×倍频　　（B）倍频=外频×主频

（C）主频=外频×倍频　　（D）三者没有关系

2．对 CPU 进行封装主要是为了（　）。

（A）提高 CPU 主频　　（B）使 CPU 运行更稳定

（C）以防止损坏的保护措施　　（D）便于出售

3．具有 168 个金属引脚的内存条是（　）。

（A）SDRAM　　（B）RAM　　（C）DDR SDRAM　　（D）RDRAM

4．除了用工作频率来标示 DDR SDRAM 内存条之外，有时也用带宽来标示。DDR2 667 内存的带宽为 5.3 Gb/s，所以又可以用（　）来进行标示。

（A）PC-1667　　（B）PC2-1667

（C）PC-5300　　（D）PC2-5300

5．（　）决定了计算机可以支持的内存数量、种类、引脚数目。

（A）南桥芯片组　　（B）北桥芯片组

（C）内存芯片　　（D）内存颗粒

6．下列规格的插槽中，（　）只能适用于显卡。

（A）EISA　　（B）ISA　　（C）PCI　　（D）AGP

7．下面（　）不是 SATA 接口的优点。

（A）布线简单　　（B）传输速率高

（C）连接不分主从盘　　（D）不能热拔插

8．集成式声卡和板卡式声卡相比，其特点是（　）。

（A）成本低、兼容性好

（B）集成式声卡在音质和功能上要比板卡式声卡差得多

（C）工作时会占用一部分系统资源

（D）集成式声卡的芯片是由主板厂商决定的，用户的选择范围较小

9．ATX 机箱的特点是（　）。

（A）目前大多数标准的 ATX 机箱都采用立式设计

（B）它一般体积较大，利于各部件的安装和散热

（C）标准的 ATX 立式机箱可以分为全高、3/4 高和半高 3 种类型

（D）ATX 机箱最多有 7 个扩充槽

**三、简答题**

1．CPU 的主要性能指标有哪些？

2．简述主板的组成。

3．常见内存有哪几种类型？

4．选购 CPU、主板和内存时应注意哪些事项？

5．衡量显卡的性能指标主要有哪些？

6．如何选购显卡？

7．用户在选购声卡时要注意哪些问题？

**四、上机操作题**

打开主机箱，观察主板上的各种插槽、芯片、连线及接口，并说明它们的作用。

# 第 3 章　外部存储设备

存储设备是计算机的重要组件之一，对系统的整体功能具有很重要的作用。存储设备主要用来存储各类数据、程序、信息等。存储设备与内存（特指 RAM）是有区别的。计算机断电后，存储在内存中的数据会丢失，而存储设备中的数据则可以保存。在使用计算机时必须保存和备份重要的数据。常用的存储设备有硬盘、光盘以及移动存储设备等。

### 知识要点

- 硬盘
- 固态硬盘
- 光盘驱动器
- 移动存储设备

## 3.1　硬　　盘

硬盘和软盘很相似，它们的工作原理大致相同，不同的是软盘与软盘驱动器是分开的，而硬盘与硬盘驱动器装在一起。另外，在使用时二者的存储速度差异相当大。

### 3.1.1　硬盘的结构

硬盘一般由外壳、盘片、固定盖板、安装螺孔、数据线接口、控制电路板、电源接口等组成，如图 3.1.1 所示。

图 3.1.1　硬盘的结构

（1）外壳。外壳的主要作用是防尘、散热和隔音，由顶盖和底盖组成，顶盖上标注产品型号、产地、设置方法等信息，底盖上容纳硬盘内部的各种组件，如图 3.1.2 所示。

（2）控制电路板。控制电路板由主轴调速电路、磁盘驱动与伺服定位电路、读写电路、控制与接口电路等组成。控制电路板主要控制和协调整个硬盘系统正常工作。ROM 芯片中固化的软件可以实行硬盘的初始化，执行加电和启动主轴电机、初始寻道、定位及故障检测等任务。高速缓存可提高数据传输率，通常为 2 Mb/s。控制电路板可以通过扁平的数据排线与盘体内的主轴电机和磁头组件交换数据，并且通过数据线接口和电源接口与外部配件连接，如图 3.1.3 所示。

图 3.1.2　硬盘的外壳

（3）盘片。盘片是硬盘存储数据的载体，大多数硬盘都采用金属薄膜磁盘，这种金属薄膜较之软盘的不连续颗粒载体具有更高的记录密度，同时还具有高剩磁和高矫顽力的特点，如图 3.1.4 所示。

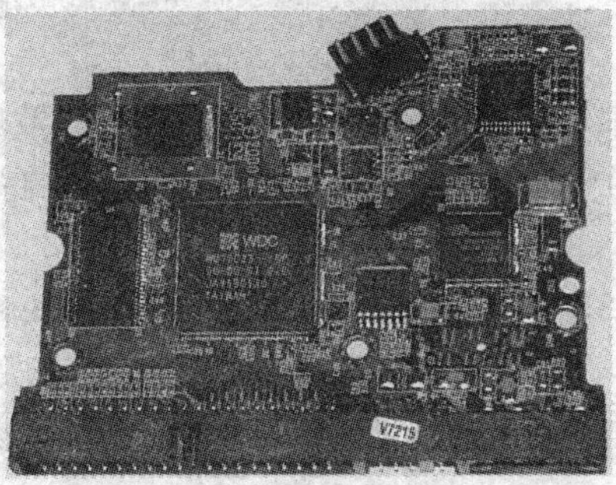


图 3.1.3　控制电路板

图 3.1.4　硬盘的盘片

（4）主轴组件。主轴组件包括主轴轴承和电动机等。硬盘在工作时，通过电动机的转动将用户需要存取的资料所在的扇区带到磁头下方，电动机的转速越快，用户存取数据的时间也就越短。目前，主流硬盘的转速为 5 400 r/min 和 7 200 r/min。随着硬盘转速不断提高，同时带来磨损加剧、温度升高、噪声增大等一系列问题。

（5）磁头组件。磁头组件由读写磁头、传动手臂、传动轴组成。磁头的作用相当于在硬盘盘体上进行读取的“笔尖”，通过全封闭式的磁阻感应读写，并将信息记录在硬盘内部特殊的介质上。

（6）磁头驱动机构。磁头驱动机构由电磁圈电动机、磁头驱动小车、防震动装置构成。高精度的轻型磁头驱动机构能够对磁头进行正确的驱动和定位，并能在很短的时间内精确定位系统指令的磁道。硬盘的寻道是靠移动磁头来完成的，而移动磁头则需要磁头驱动机构才能实现。

### 3.1.2　硬盘的基本工作原理

整个硬盘系统由硬盘驱动器、硬盘适配器及连接电缆组成。硬盘驱动器通电正常工作后，利用控制电路中的单片机初始化模块进行初始化工作，此时磁头置于盘片中心位置。初始化完成后，主轴电动机将启动并以高速旋转，装载磁头的悬臂机构移动，将浮动磁头置于盘片表面的 00 道，处于等待指令的启动状态。接口电路接收到主机系统传来的指令信号后，通过前置放大控制电路，驱动音圈电动机发出磁信号，根据感应阻值变化的磁头对盘片数据信息进行正确定位，并将接收后的数据信息解码，通过放大控制电路传输到接口电路，反馈给主机系统完成指令操作。硬盘断电时，在力矩反弹的作用下，浮动磁头驻留到盘面中心。

### 3.1.3 硬盘的主/从盘跳线

主板上一般只有两个 IDE 接口，用 IDE 数据线与硬盘连接。一根连接线有 3 个接口，其中一个接主板的 IDE 接口，另外两个则可以接两个 IDE 设备，包括硬盘、光驱、刻录机等。在同一根数据线上如果接两个 IDE 设备，必须将其中一个设置为主盘（Master），另一个设为从盘（Slave），以免硬件冲突。一般来说，硬盘默认的跳线设置为主硬盘。

不同的硬盘主/从盘的跳线设置方法不同，跳线设置有 3 种模式，即单机（Spare）、主动（Master）和从动（Slave）。在设置跳线时，只需要用镊子将跳线帽夹出，并重新安插在正确的位置，依据硬盘说明书的具体设置进行操作即可。

### 3.1.4 硬盘接口类型

硬盘接口是硬盘与主机系统间的连接部件，作用是在硬盘缓存和主机内存之间传输数据。不同的硬盘接口决定着硬盘与计算机之间的连接速度，在整个系统中，硬盘接口的优劣直接影响着程序运行快慢和系统性能好坏。

从整体的角度考虑，硬盘接口类型分为 IDE，SCSI，光纤通道，SATA 和 SATA II 5 种。IDE 接口硬盘多用于家用产品中，也有一部分应用于服务器。SCSI 接口的硬盘则主要应用于服务器市场，而光纤通道只用在高端服务器上，价格昂贵。SATA 是种新生的硬盘接口类型，在家用市场中有着广泛的前景。

#### 1. IDE 硬盘

IDE 的英文全称为 Integrated Drive Electronics，即“电子集成驱动器”，它的本意是指把“硬盘控制器”与“盘体”集成在一起的硬盘驱动器。把盘体与控制器集成在一起的做法减少了硬盘接口的电缆数目与长度，数据传输的可靠性得到了增强。硬盘制造起来也变得更容易，因为硬盘生产厂商不用再担心自己的硬盘是否与其他厂商生产的控制器兼容。对用户而言，硬盘安装起来也更为方便。IDE 这一接口技术从诞生至今就一直在不断发展，性能也不断地提高，其拥有的价格低廉、兼容性强的特点，为其造就了其他类型硬盘无法替代的地位。

IDE 代表着硬盘的一种类型，但在实际的应用中，人们也习惯用 IDE 来称呼最早出现的 IDE 类型硬盘 ATA-1，这种类型的接口随着接口技术的发展已经被淘汰了，而其后发展分支出更多类型的硬盘接口，比如 ATA，Ultra ATA，DMA，Ultra DMA 等接口都属于 IDE 硬盘。如图 3.1.5 所示为一款 IDE 硬盘。

图 3.1.5 IDE 硬盘

#### 2. SCSI 硬盘

SCSI 的英文全称为“Small Computer System Interface”（小型计算机系统接口），是同 IDE（ATA）完全不同的接口。IDE 接口是普通 PC 的标准接口，而 SCSI 并不是专门为硬盘设计的接口，它是一种广泛应用于小型机上的高速数据传输技术。SCSI 接口具有应用范围广、多任务、带宽大、CPU 占用率低以及热插拔等优点，但较高的价格使得它很难如 IDE 硬盘般普及，因此，SCSI 硬盘主要应用于中、高端服务器和高档工作站中。目前，SCSI 硬盘接口有 3 种，分别是 50 针、68 针和 80 针。常见的硬盘型号上标有“N，W，SCA”，就是表示接口针数的。N 即窄口（Narrow），50 针；W 即宽口（Wide），68 针；SCA 即单接头（Single Connector Attachment），80 针。其中，80 针的 SCSI 硬盘一般支持热插拔。如图 3.1.6 所示为一款 SCSI 硬盘。

图 3.1.6　SCSI 硬盘

### 3．光纤通道

光纤通道的英文是 Fibre Channel，如图 3.1.7 所示。和 SCIS 接口一样，光纤通道最初也不是为硬盘设计开发的接口技术，而是专门为网络系统设计的，但随着存储系统对速度的需求，才逐渐应用到硬盘系统中。光纤通道硬盘是为提高多硬盘存储系统的速度和灵活性才开发的，它的出现大大提高了多硬盘系统的通信速度。光纤通道的主要特性有热插拔性、高速带宽、远程连接、连接设备数量大等。光纤通道是为类似于服务器这样的多硬盘系统环境而设计的，能满足高端工作站、服务器、海量存储子网络、外设间通过集线器、交换机和点对点连接进行双向、串行数据通信等系统对高数据传输率的要求。

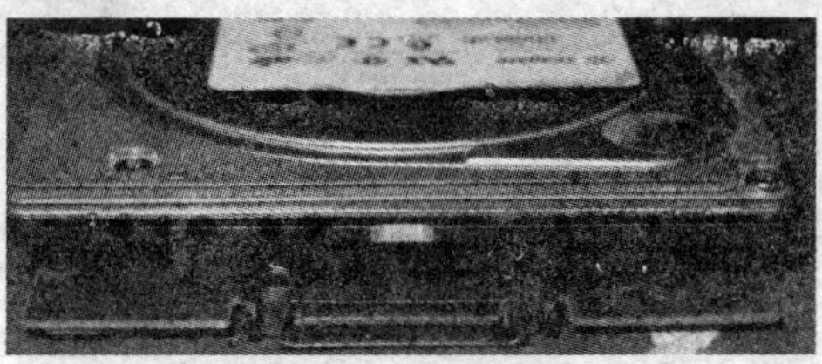

图 3.1.7　光纤通道

### 4．SATA 硬盘

使用 SATA（Serial ATA）口的硬盘又叫串口硬盘，是未来 PC 机硬盘的趋势。2001 年，由 Intel，APT，Dell，IBM，希捷，迈拓这几大厂商组成的 Serial ATA 委员会正式确立了 Serial ATA 1.0 规范。Serial ATA 采用串行连接方式，串行 ATA 总线使用嵌入式时钟信号，具备了更强的纠错能力，与以往相比其最大的区别在于能对传输指令（不仅仅是数据）进行检查，如果发现错误会自动矫正，这在很大程度上提高了数据传输的可靠性。串行接口还具有结构简单、支持热插拔的优点。如图 3.1.8 所示为 SATA 硬盘。

图 3.1.8　SATA 硬盘

相对于并行 ATA 来说，SATA 具有非常多的优势。首先，SATA 以连续串行的方式传送数据，一次只会传送 1 位数据。这样能减少 SATA 接口的针脚数目，使连接电缆数目变少，效率也会更高。实际上，SATA 仅用 4 支针脚就能完成所有的工作，分别用于连接电缆、连接地线、发送数据和接收数据，同时这样的架构还能降低系统能耗和减小系统复杂性。其次，SATA 的起点更高、发展潜力更大，SATA 1.0 定义的数据传输率可达 150 Mb/s，这比目前最新的并行 ATA（即 ATA/133）所能达到 133 Mb/s 的最高数据传输率还高，而在 SATA 2.0 的数据传输率将达到 300 Mb/s，最终 SATA 将实现 600 Mb/s 的最高数据传输率。

#### 5. SATA II 硬盘

SATA II 是在 SATA 的基础上发展起来的，其主要特征是外部传输率从 SATA 的 1.5 Gb/s（1 500 Mb/s）进一步提高到了 3 Gb/s，此外还具有 NCQ（Native Command Queuing，原生命令队列）、端口多路器（Port Multiplier）、交错启动（Staggered Spin-up）等一系列的技术特征。单纯的外部传输率达到 3 Gb/s 并不是真正的 SATA II，如图 3.1.9 所示。

SATA II 的关键技术就是 3 Gb/s 的外部传输率和 NCQ 技术。NCQ 技术可以对硬盘的指令执行顺序进行优化，避免像传统硬盘那样机械地按照接收指令的先后顺序移动磁头读写硬盘的不同位置。与此相反，它会在接收命令后对其进行排序，排序后的磁头将以高效率的顺序进行寻址，从而避免磁头反复移动带来的损耗，延长硬盘寿命。另外，并非所有的 SATA 硬盘都可以使用 NCQ 技术，除了硬盘本身要支持 NCQ 之外，也要求主板芯片组的 SATA 控制器支持 NCQ。此外，NCQ 技术不支持 FAT 文件系统，只支持 NTFS 文件系统。

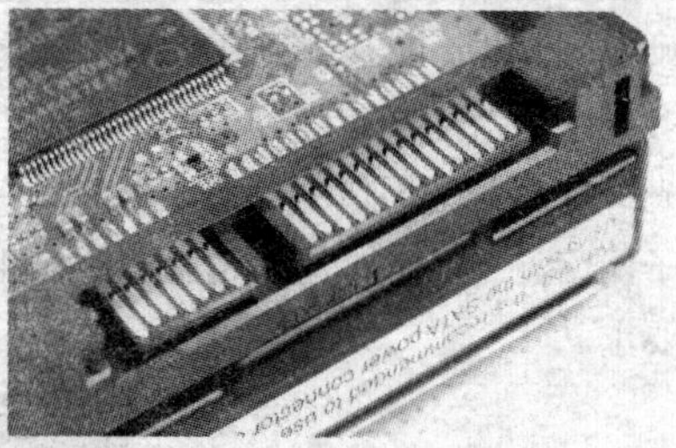

图 3.1.9　SATA II 硬盘

SATA 硬盘在设置 RAID 模式时，一般都要安装主板芯片组厂商所提供的驱动，但也有少数较老的 SATA RAID 控制器在打了最新补丁的某些版本的 Windows XP 系统里不用加载驱动就可以组建 RAID。

### 3.1.5　硬盘的技术指标

对于硬盘来说，容量和速度是用户最关心的两大指标，此外，硬盘的重要技术指标还包括硬盘的缓存、寻道时间、传输率等。

#### 1. 硬盘容量

硬盘是计算机中存储数据的重要部件，其容量就决定着个人电脑的数据存储量大小，这也就是用户购买硬盘首先要注意的参数。

硬盘的容量是以兆和千兆为单位的，早期的硬盘容量较低，大多以兆为单位，随着硬盘技术的飞速发展，数百千兆容量的硬盘也已进入到家庭用户。一般的硬盘的容量有 80 GB，100 GB，120 GB，160 GB，200 GB 等，有的甚至达到 1TB（1 000 GB），和 2 TB。目前的主流硬盘容量为 500GB～2 TB。影响硬盘容量的因素有单碟容量和碟片数量。许多人发现，在操作系统当中硬盘的容量与官方标称的容量不符，都要少于标称容量，容量越大则这个差异越大。标称 40GB 的硬盘在操作系统中显示只有 38 GB；80 GB 的硬盘只有 75 GB；而 120 GB 的硬盘则只有 112 GB。这并不是厂商或经销商以次充好欺骗消费者，而是因硬盘厂商对容量的计算方法和操作系统的计算方法有所不同而造成的，即采用了不同的单位转换关系造成的。

在计算机中，1 GB=1 024 MB，而硬盘厂家通常是按照 1 GB=1 000 MB 进行换算的。在计算机中采用的是二进制，这样在操作系统中对容量的计算是以每 1 024 为一进制的，每 1 024 字节为 1 KB，每 1 024 KB 为 1 MB，每 1 024 MB 为 1GB，每 1 024 GB 为 1 TB；而硬盘厂商在计算容量方面是以每 1 000 为一进制的，每 1 000 字节为 1 KB，每 1 000 KB 为 1 MB，每 1 000 MB 为 1 GB，每 1 000 GB 为 1 TB，这两者进制上的差异就造成了硬盘容量“缩水”。

以 120 GB 的硬盘为例，厂商容量计算方法如下：

120 GB＝120 000 MB＝120 000 000 KB＝120 000 000 000 B

换算成操作系统计算方法如下：

120 000 000 000 B/1 024＝117 187 500 KB/1 024＝114 440 917 968 750 MB/1 024＝112 GB

### 2．转速

转速是硬盘内电机主轴的旋转速度，也就是硬盘盘片在 1 分钟内所能完成的最大转数。转速的快慢是标示硬盘档次的重要参数之一，它是决定硬盘内部传输率的关键因素之一，在很大程度上直接影响到硬盘的速度。硬盘转速以每分钟多少转来表示，即转/每分钟（r/min）。转速值越大，内部传输率就越高，访问时间就越短，硬盘的整体性能也就越好。

家用电脑的普通硬盘的转速一般有 5 400 r/min，7 200 r/min 两种，7 200 r/min 高转速硬盘也是现在台式机用户的首选，而对于笔记本电脑用户则是以 4 200 r/min，5 400 r/min 居多。服务器用户对硬盘性能要求最高，服务器中使用的 SCSI 硬盘转速基本都采用 10 000 r/min，甚至还有 15 000 r/min 的，性能要超出家用产品很多。随着硬盘容量的不断增大，硬盘的转速也在不断提高。然而，转速的提高也带来了磨损加剧、温度升高、噪声增大等一系列负面影响。于是，应用在精密机械工业上的液态轴承马达（Fluid Dynamic Bearing Motors）便被引入到硬盘技术中。液态轴承马达使用的是黏膜液油轴承，以油膜代替滚珠。这样可以避免金属面的直接摩擦，将噪声及温度减至最低。同时油膜可有效吸收震动，使抗震能力得到提高，还可减少磨损，提高寿命。

### 3．硬盘缓存

硬盘的缓存是硬盘与外部总线交换数据的场所。根据写入方式的不同，硬盘的缓存有写通式和回写式两种。写通式在读硬盘数据时，系统先检查请求指令，看看所要的数据是否在缓存中，如果在缓存中，就由缓存送出响应的数据，这个过程称为命中。这样系统就不必访问硬盘中的数据，由于 SDRAM 的速度比磁介质快很多，因此也就加快了数据传输的速度。回写式就是在写入硬盘数据时也在缓存中找，如果找到就由缓存将数据写入盘中。如今多数硬盘都是采用的回写式，大大提高了性能。

### 4．数据传输率

硬盘的数据传输率（Data Transfer Rate）是指硬盘读写数据的速度，单位为兆字节每秒（Mb/s）。硬盘数据传输率又包括了内部数据传输率和外部数据传输率。

内部传输率（Internal Transfer Rate）也称为持续传输率，它反映了硬盘缓冲区未用时的性能。内部传输率主要依赖于硬盘的旋转速度。外部传输率（External Transfer Rate）也称为突发数据传输率或接口传输率，它标称的是系统总线与硬盘缓冲区之间的数据传输率，外部数据传输率与硬盘接口类型和硬盘缓存的大小有关。目前，Fast ATA 接口硬盘的最大外部传输率为 16.6 Mb/s，而 Ultra ATA 接口的硬盘则达到 33.2 Mb/s。

### 5．平均故障间隔时间

平均故障间隔时间（MTBF）是指硬盘从开始运行到出现故障的最长时间。一般硬盘的 MTBF 至少为 30 000～40 000 时。可以大致上认为 MTBF 达到 30 000 时的硬盘实际使用寿命在 3 年以上，而

MTBF达到50 000小时的硬盘可以用到5年以上。

### 6．硬盘磁头

硬盘磁头是硬盘读取数据的关键部件，它的主要作用就是将存储在硬盘盘片上的磁信息转化为电信号向外传输，而它的工作原理则是利用特殊材料的电阻值会随着磁场变化的原理来读写盘片上的数据，磁头的好坏在很大程度上决定着硬盘盘片的存储密度。目前，比较常用的是GMR（Giant Magneto Resistive）巨磁阻磁头，GMR磁头使用了磁阻效应更好的材料和多层薄膜结构，这比以前的传统磁头和MR磁阻磁头更为敏感，相对的磁场变化能引起来更大的电阻值变化，从而实现更高的存储密度。

硬盘的磁头数取决于硬盘中的碟片数，盘片正反两面都存储着数据，所以一张盘片对应两个磁头才能正常工作。比如总容量80 GB的硬盘，采用单碟容量80 GB的盘片，那只有一张盘片，该盘片正反面都有数据，则对应两个磁头；而同样总容量120 GB的硬盘，采用两张盘片，则只有3个磁头，其中一张盘片的一面没有磁头。

## 3.1.6 硬盘的选购

在选购硬盘时，一般要注意以下几点：

### 1．硬盘的转速

目前，市场上的硬盘主要有5 400 r/min和7 200 r/min两种转速的产品。其中，转速为5 400 r/min已经逐渐退出市场，转速为7 200 r/min的硬盘成为真正的主流，性能比5 400 r/min要好很多。但也有少数低端产品如希捷UX、西部数据EB系列等仍然是5 400 r/min的，所以购买硬盘建议大家选择转速为7 200 r/min的硬盘。

### 2．硬盘的容量

目前，常见的硬盘容量主要有500 GB，1 TB，1.5 TB，2 TB，3 TB等，其中500 GB和1 TB的产品性价比相对较高，用户可以根据自己的需求进行选择。对一般用户来说，500 GB的产品已经够用，对于一些专业设计人员来说可能需要1 TB或者更大容量的硬盘。现在最大硬盘容量已经突破3 TB，1 TB容量变为主流产品，受到很多装机用户的青睐。

### 3．硬盘的缓存容量

大容量高速缓存对硬盘性能会有明显提高，如果将有8 MB缓存的硬盘再组建RAID 0或RAID 1，还可以获得更好的性能。缓存比较大的高性能硬盘对架设服务器或者进行视频制作的用户非常有用。目前，采用8 MB缓存的硬盘产品主要有希捷7 200.7 Plus系列、西部数据JB系列和SATA硬盘。对于一般用户来说，2 MB缓存的硬盘就已经足够用了。

### 4．硬盘的发热量与噪声

在选购硬盘时，要注意硬盘的发热量和噪声的大小，硬盘的发热量和噪声越小越好。在目前主流硬盘市场上，三星硬盘和日立硬盘新推出的7 K250系列硬盘发热量和噪声比较小，硬盘的总体性能比较高。

### 5．硬盘的质保

硬盘由于读写操作比较频繁，因此其保修问题非常重要，建议用户在选购硬盘时一定要通过正规的渠道去购买，选择希捷、迈拓等口碑较好的品牌，这样才能保障自己的权益。

# 3.2　固 态 硬 盘

固态硬盘（Solid State Disk 或 Solid State Drive）也称为电子硬盘或者固态电子盘，是由控制单元和固态存储单元（DRAM 或 FLASH 芯片）组成的硬盘，如图 3.2.1 所示。固态硬盘的接口规范和定义、功能及使用方法与普通硬盘相同，产品外形和尺寸也与普通硬盘一致。由于固态硬盘没有普通硬盘的旋转介质，因而抗震性极佳，且固态硬盘成本较高，正在逐渐向 DIY 市场普及。目前，它广泛应用于军事、车载、视频监控、网络终端、电力、医疗、航空、导航设备等领域。

图 3.2.1　固态硬盘

由于固态硬盘技术与传统硬盘技术不同，所以产生了不少新兴的存储器厂商。厂商只须购买 NAND 存储器，再配合适当的控制芯片，就可以制造固态硬盘了。目前，新一代的固态硬盘普遍采用 SATA-2 接口。

## 3.2.1　固态硬盘的分类

固态硬盘的存储介质分为两种，一种是采用闪存（FLASH 芯片）作为存储介质，另外一种是采用 DRAM 作为存储介质。

基于闪存的固态硬盘（IDE FLASH DISK，Serial ATA Flash Disk）：采用 FLASH 芯片作为存储介质，这也是我们通常所说的 SSD。它的外观可以被制作成多种样式，例如，笔记本硬盘、微硬盘、存储卡、U 盘等。这种 SSD 固态硬盘最大的优点就是可以移动，而且数据保护不受电源控制，能适应于各种环境，但是使用年限不高，适合于个人用户使用。在基于闪存的固态硬盘中，存储单元又分为两类：SLC（Single Layer Cell，单层单元）和 MLC（Multi-Level Cell，多层单元）。SLC 的特点是成本高、容量小，但是速度快，而 MLC 的特点是容量大、成本低，但是速度慢。MLC 的每个单元是 2bit 的，相对 SLC 来说整整多了一倍。不过，由于每个 MLC 存储单元中存放的信息较多，结构相对复杂，出错的概率会增加，必须进行错误修正，从而导致其性能大幅落后于结构简单的 SLC 闪存。此外，SLC 闪存的优点是复写次数高达 100 000 次，比 MLC 闪存高 10 倍。此外，为了保证 MLC 的寿命，控制芯片都要进行校验和智能磨损平衡技术算法，使得每个存储单元的写入次数可以平均分摊，达到 100 万时故障间隔时间。

基于 DRAM 的固态硬盘：采用 DRAM 作为存储介质，目前应用范围较窄。它仿效传统硬盘的设计，可被绝大部分操作系统的文件系统工具进行卷设置和管理，并须提供工业标准的 PCI 和 FC 接口用于连接主机或者服务器。应用方式可分为 SSD 硬盘和 SSD 硬盘阵列两种。它是一种高性能的存储器，而且使用寿命很长，美中不足的是需要独立电源来保护数据安全。

### 3.2.2 固态硬盘的优缺点

固态硬盘与普通硬盘比较，拥有以下优点：

（1）启动快，没有电机加速旋转的过程。

（2）不用磁头，快速随机读取，读延迟极小。根据相关测试：两台电脑在同样配置下，搭载固态硬盘的笔记本从开机到出现桌面一共只用了 18 s，而搭载传统硬盘的笔记本总共用了 31 s，两者有将近一半的时间差距。

（3）相对固定的读取时间。固态硬盘由于寻址时间与数据存储位置无关，因此磁盘碎片不会影响读取时间。

（4）基于 DRAM 的固态硬盘写入速度极快。

（5）无噪声。因为没有机械马达和风扇，固态硬盘工作时噪声值为 0 dB。某些高端或大容量产品装有风扇，因此仍会产生噪声。

（6）低容量的基于闪存的固态硬盘在工作状态下能耗和发热量较低，但高端或大容量产品能耗会较高。

（7）稳定性好。内部不存在任何机械活动部件，不会发生机械故障，也不怕碰撞、冲击、振动。这样即使在高速移动甚至伴随翻转倾斜的情况下也不会影响到正常使用，而且在笔记本电脑发生意外掉落或与硬物碰撞时能够将数据丢失的可能性降到最低。

（8）工作温度范围大。典型的硬盘驱动器只能在 5～55℃范围内工作。而大多数固态硬盘可在−10～70℃工作，一些工业级的固态硬盘还可在−40～85℃，甚至更大的温度范围下工作。

（9）体积小、重量轻。这一优势随容量增大而逐渐减弱，直至 256 GB，固态硬盘仍比相同容量的普通硬盘轻。

固态硬盘与普通硬盘比较，拥有以下缺点：

（1）成本高。每单位容量价格是传统硬盘的 5～10 倍（基于闪存），甚至 200～300 倍（基于 DRAM）。

（2）容量低。目前，固态硬盘最大容量远低于传统硬盘。传统硬盘的容量仍在迅速增长，据称 IBM 已测试过 4 TB 的传统硬盘。

（3）稳定性差。由于不像传统硬盘那样密封于真空中，固态硬盘更易受到某些外界因素的不良影响。如断电（基于 DRAM 的固态硬盘尤甚）、磁场干扰、静电等。

（4）写入寿命有限（基于闪存）。一般闪存写入寿命为 1～10 万次，特制的可达 100～500 万次，然而整台计算机寿命期内文件系统的某些部分（如文件分配表）的写入次数仍将超过这一极限。特制的文件系统或者固件可以分担写入的位置，使固态硬盘的整体寿命达到 20 年以上。

（5）数据损坏后难以恢复。一旦硬件发生损坏，如果是传统的磁盘或者磁带存储方式，通过数据恢复也许还能挽救一部分数据。但是如果是固态存储，一但芯片发生损坏，要想在碎成几瓣或者被电流击穿的芯片中找回数据几乎是不可能的。

（6）电池航程短。根据实际测试，使用固态硬盘的笔记本电脑在空闲或低负荷运行下，电池航程短于使用 5 400 r/min 的 2.5 英寸传统硬盘。

（7）基于 DRAM 的固态硬盘在任何时候的能耗都高于传统硬盘，尤其是关闭时仍需供电，否则数据丢失。

（8）使用范围有限。据用户反映，使用 MLC 的固态硬盘在 Windows XP 系统下运行会出现假死现象。这是由于 Windows XP 系统的文件系统机制不适于固态硬盘。而 Windows 7 系统则为固态硬盘进行了优化，禁用了 SuperFetch，ReadyBoost 以及启动和程序预取等传统硬盘机制，可以更好地发挥固态硬盘的性能。

### 3.2.3　固态硬盘的安全性

与传统的硬盘驱动器相比，固态硬盘驱动器可能会提供更好的数据安全性，但是专家表示，它并没有完全的清除数据，而且对来自高输出型灯如紫外线激光器的物理攻击的抵御能力较弱。删除固态硬盘驱动器上的数据要比删除硬盘驱动器上的数据容易。数据被存储在固态硬盘驱动器的电子管上，消除电子管，数据就会被冲刷掉。而在硬盘驱动器上，为了防止数据被读取，数据不得不被覆盖或者是遭受物理损坏。从快速的角度来看，数据冲刷有其自身的优势，但是从另一个角度来看，固态硬盘驱动器上的数据往往比较随意，很容易丢失。

尽管固态硬盘驱动器相对来说成本较高，但还是广受欢迎，特别是在便携式计算机上，因为它们具备电源消耗低，数据访问速度快的特点。专家表示，随着固态硬盘驱动器技术的使用越来越广泛，并且渗透到其他手持设备如智能手机领域之后，在固态硬盘驱动器上保护数据的安全会成为一个更受关注的问题。

## 3.3　光盘驱动器

光盘驱动器就是我们平常所说的光驱，是一种读取光盘信息的设备。因为光盘存储容量大，价格便宜，保存时间长，适宜保存大量的数据，如声音、图像、动画、视频信息、电影等多媒体信息，所以光驱是多媒体电脑不可缺少的硬件配置。

### 3.3.1　光驱的分类

按照不同的分类标准，光驱可以分为不同的种类。

**1．按接口分类**

按照光盘驱动器与计算机主板的连接接口，可以将光盘驱动器分为以下 3 种：

（1）IDE 光驱。IDE 光驱是目前市场上最为常见的光驱，它通过数据线与主板上的 IDE 接口相连接，IDE 接口的光驱价格便宜，适合普通电脑用户选用，但其数据传输率较低。

（2）SCSI 光驱。SCSI 光驱是指采用专门的 SCSI 接口卡与电脑相连接的光驱。这种接口具有速度快、数据传输效率高的特点，当然其价格也较高，主要应用于工作站、服务器上。

（3）USB 光驱。USB 光驱使用最为简便，支持即插即用功能，安装时不需要关掉计算机电源，只要直接与 USB 接口连接，计算机就能自动识别这种光驱。

**2．按所能读取的光盘类型分类**

光驱按所能读取的光盘类型分为 CD/VCD 光驱和 DVD 光驱两大类。一般 DVD 光驱既可以读取 DVD 光盘，也可以读取 CD/VCD 光盘，但 CD/VCD 光驱只能读取 CD/VCD 光盘，而不能读 DVD 光盘。

**3．按读写方式分类**

光驱按读写方式又可分为只读光驱和可读写光驱。可读写光驱又称为刻录机，它既可以读取光盘上的数据也可以将数据写入光盘，当然，这张光盘应该是一张可写入光盘。只读光驱只有读取光盘上数据的功能，而没有将数据写入光盘的功能。

**4．按数据传输率分类**

光驱按其数据传输率分为 24 倍速、40 倍速、48 倍速、52 倍速、56 倍速光驱等。只读光驱只有读取速度，而可读写光驱有读取速度和刻录速度，并且读取速度和刻录速度往往不同，一般刻录速度小于读取速度，已保证数据能稳定地写入光盘。

## 3.3.2 光驱的工作原理

一台普通的光驱主要由以下几大部分构成：主体支架、光盘托架、激光头组件、电路控制板。其中，激光头组件最为重要，称得上是光驱的“心脏”。下面来看看激光头组件的原理：

通常所说的激光头，实际上是光驱中的一个组件，具有主轴电机、伺服电机、激光头和机械运动部件等结构。而激光头则是由一组透镜和光电二极管组成。在激光头中，有一个设计非常巧妙的平面反射棱镜。当光驱在读盘时，从光电二极管发出的电信号经过转换，变成激光束，再由平面棱镜反射到光盘上。由于光盘是以凹凸不平的小坑代表“0”和“1”来记录数据的，因此它们接受激光束时所反射的光也有强弱之分，这时反射回来的光再经过平面棱镜的折射，由光电二极管变成电信号，经过控制电路的电平转换，变成只含“0”“1”信号的数字信号，计算机就能够读出光盘中的内容了。

## 3.3.3 光驱的倍速

通常我们是以多少倍速来描述光驱速度的，下面简要介绍。

**1．CD 刻录速度**

CD 刻录速度是指该光储产品所支持的最大的 CD-R 刻录倍速。目前，市场主流内置式 CD-RW 产品最大能达到的是 52 倍速的刻录速度，还有部分 40X、48X 的产品，在实际工作中受主机性能等因素的影响，三者刻录速度上的差异并不悬殊。52X 基本已经接近 CD-RW 刻录机的极限，很难再有所提升。外置式的 CD-RW 刻录机市场上的产品速度差异较大，有 8X，24X，40X，48X 和 52X 等，一般外形尺寸小巧，着重强调便携性的产品刻录速度一般是较低的水平。而体积相对较为笨重的外置式 CD-RW 刻录机基本都保持较高的刻录速度，甚至与内置式持平。

**2．DVD 刻录速度**

目前，市场中的 DVD 刻录机能达到的最高刻录速度为 8X，较多的产品还只能达到 2～4X 的刻录速度，每秒数据传输量为 2.76～5.52 MB，刻录一张 4.7 GB 的 DVD 盘片需要大约 15～27 分钟的时间；而采用 8X 刻录则只需要 7～8 分钟，只比刻录一张 CD-R 的速度慢一点，但考虑到其刻录的数据量，8X 的刻录速度已达到了很高的程度。DVD 刻录速度是购买 DVD 刻录机的首要因素，如果在资金充足的情况下，尽可能选择高倍速的 DVD 刻录机。

**3．CD 读取速度**

最大 CD 读取速度是指光存储产品在读取 CD-ROM 光盘时，所能达到最大光驱倍速。因为是针对 CD-ROM 光盘，因此该速度是以 CD-ROM 倍速来标称，不是采用 DVD-ROM 的倍速标称。目前，CD-ROM 所能达到的最大 CD 读取速度是 56X；DVD-ROM 读取 CD-ROM 速度方面要略低一点，达到 52X 的产品还比较少，大部分为 48X；COMBO 产品基本都达到了 52X。

#### 4．DVD 读取速度

最大 DVD 读取速度是指光存储产品在读取 DVD-ROM 光盘时，所能达到最大光驱倍速。该速度是以 DVD-ROM 倍速来定义的。目前，DVD-ROM 驱动器的所能达到的最大 DVD 读取速度是 16X；DVD 刻录机所能达到的最大 DVD 读取速度是 12X；目前商场中，COMBO 产品所支持的最大 DVD 读取速度主要有 8X 速和 16X 两种。

#### 5．CD 复写速度

CD 复写速度是指刻录机在刻录 CD-RW 光盘，在光盘上存储有数据时，对其进行数据擦除并刻录新数据的最大刻录速度。较快的 CD-RW 刻录机在对 CD-RW 光盘复写操作时可以达到 32X，虽然 DVD 刻录机也支持对 CD-RW 光盘的写入，但一般 CD 复写速度要略低于 CD-RW 刻录机，只有个别的产品才能达到 32X 的复写速度。COMBO 产品在 CD-RW 复写方面表现也不错，现在市面上的产品基本都能达到 24X 的水平，部分产品也到到了 32 倍速。

#### 6．DVD 复写速度

DVD 复写速度是指 DVD 刻录机在刻录相应规格的 DVD 刻录光盘，在光盘上存储有数据时，对其进行数据擦除并刻录新数据的最大刻录速度。目前，各种制式的 DVD 刻录机中最大能达到的最大 DVD 复写速度为 4X，也就是每秒约 5.4 Mb/s 的速度。

### 3.3.4　光驱的结构

CD-ROM 通常称为光驱，光驱的结构可以分为外部结构和内部结构，组成 CD-ROM 的外部组件在外观上可以看得见，而内部组件必须要拆卸光驱后才能看到。

#### 1．CD-ROM 的前面板

CD-ROM 的控制面板外观如图 3.3.1 所示。

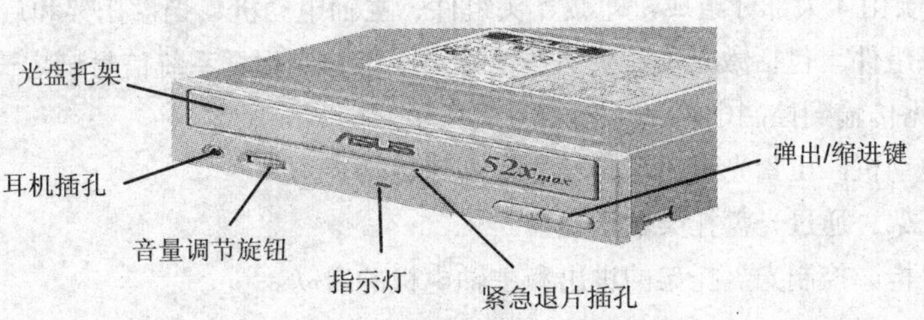


图 3.3.1　CD-ROM 的控制面板

（1）耳机插孔。如今的光驱都自带了简单的音频解码器，将音乐 CD 放入光驱之后，用户可以通过光驱的解码系统来听音乐 CD，耳机插孔可以用来连接耳机。

（2）音量调节旋钮。音量调节旋钮用来调节播放声音的音量大小。

（3）指示灯。当 CD-ROM 处于工作状态时，指示灯亮，表示它正在读取数据；反之，则指示灯不亮。

（4）紧急退片插孔。在光驱无法正常弹出光盘时，可以先关闭计算机，然后用一根较细的针插入插孔来弹出托架，取出光盘。

（5）弹出/缩进键。当要将托盘弹出或放入光盘后使托盘收回时须按下此按钮。如果 CD-ROM 中有正在播放的 CD，按下此按钮可停止 CD 的播放。

（6）光盘托架。光盘托架用来放置和输送光盘。

**2．CD-ROM 的背面接口**

光驱的背面结构如图 3.3.2 所示。CD-ROM 的后面板从左到右有音频输出接口、跳线设定装置、数据线接口和电源接口。

图 3.3.2　CD-ROM 的背面

（1）模拟音频输出接口。模拟音频输出接口是一个 4 针的接口，将音频线的一端插入该接口，另一端与声卡连接，当播放 Audio CD 时声音将从声卡输出，但不适用于 VCD 及多媒体光盘，目前该接口已不再使用。

（2）主/从盘跳线。当主板上的 IDE1 和 IDE2 分别用来连接硬盘和光驱时，可以通过主/从盘跳线来将其中一个设置为主盘，另一个设置为从盘；如果想在主板上的一个 IDE 接口上同时连接光驱和刻录机，也可以通过主/从盘跳线来将其中一个设备设置为主盘，另一个设置为从盘。

（3）数据线接口。该接口是一个 40 针的接口，用来将光驱和主板相连接。

（4）电源接口。电源接口是一个 4 针的接口，用于与主机的电源相连接。

**3．CD-ROM 的内部结构**

CD-ROM 主要由 4 大部分组成，即激光头组件、主轴电动机、光盘托架和启动机构。

（1）激光头组件。包括激光头、聚焦透镜等组成部分，根据系统信号确定读取光盘数据，并通过数据电缆将数据传输到控制电路。

（2）主轴电动机。压紧光盘后，带动光盘高速旋转。

（3）光盘托架。通过光盘托架输送光盘。

（4）启动机构。控制光盘托架的进出和主轴电机的启动。

## 3.3.5　DVD 光驱

DVD（Digital Versatile Disc）光驱是指用来读取 DVD 光盘的设备，可以同时兼容 DVD-ROM，DVD-VIDEO，DVD-R，CD-ROM 等多种格式。

**1．DVD 光驱的分类**

DVD 光驱有许多种，最常见的有 DVD-Video，DVD-ROM，DVD-R，DVD-RW，DVD-RAM 等。

其中 DVD-Video 是家庭中常使用的，就是我们常说的 DVD 影碟机，是影视娱乐方面的产品，而其他的都是应用于计算机领域的产品。下面对它们分别进行简单介绍。

（1）DVD-ROM。DVD-ROM 已经是计算机的标准配件了，它不仅具备了 CD-ROM 的各种功能，而且还能读取容量更大的 DVD 光盘。通过它不仅可以在计算机上实现大容量的存取，还能欣赏高质量的电影，如图 3.3.3 所示的为 DVD-ROM 光驱。

主流的 DVD-ROM 的最大数据传输速率约为 20 Mb/s，目前的产品大都采用的是 ATA 33 规范，但这种接口的光驱不足之处是 CPU 占用率较高，如果在读盘时进行其他工作就会影响计算机的工作效率。还有一种使用 SCSI 接口的光驱，它对 CPU 的占用率较低，但价格很昂贵。

（2）DVD-R 和 DVD-RW。DVD-R 和 DVD-RW 都是可以写入数据的 DVD 光驱，它们都可以对光盘进行读取。不同的是 DVD-R 只能对一张 DVD-R 光盘写入一次，而 DVD-RW 可以对一张 DVD-RW 光盘进行多次写入，通常称它为可擦写式的 DVD 驱动器。如图 3.3.4 所示的为 DVD-RW 刻录机。

图 3.3.3　DVD-ROM 光驱

图 3.3.4　DVD-RW 刻录机

目前，DVD-RW 刻录机的速度正在不断提高，4 倍速 DVD-RW 的出现大大缓解了刻录时间长的问题，用它刻录 4.7 GB 的 DVD 磁片只需要 15～20 分钟。

### 2．DVD 光驱的性能指标

（1）速度。DVD 光驱的倍速指的是读取 DVD 光盘时的数据传输速率，标注是 8 倍速的 DVD 在读 CD 盘片时可能会达到 40 倍速。因此，对普通计算机用户而言，不用追求太高的速度。DVD-ROM 驱动器与 CD-ROM 驱动器对于读盘速度的定义有所不同，1X DVD-ROM 驱动器数据读取速度为 1.38 Mb/s，而 1X CD-ROM 驱动器为 150 Kb/s，前者相当于后者的 9 倍。

（2）多种格式的支持。DVD 光驱除了能够兼容 DVD-ROM，DVD-VIDEO，DVD-R，CD-ROM 等常见格式外，还应当支持 CD-R/RW，CD-I，VIDEO-CD，CD-G 等格式，支持的格式越多越好。

（3）DVD 光驱的接口方式。DVD 光驱也分为 IDE 接口和 SCSI 接口两种。当然也有少量的外置并口、串口和 USB 接口的产品。SCSI 接口的 DVD 光驱性能稳定，数据传输速率高。IDE 接口的 DVD 光驱连接更为方便，价格也更便宜。目前国内的主流 DVD 光驱大多采用了 IDE 接口设计结构，其价格便宜，安装容易，性能也不错，如果能支持 UDMA 技术，CPU 占用率还会更低。

（4）缓存和寻道时间。DVD 光驱的数据缓存容量的大小直接影响着它的整体性能，缓存越大，命中率就越高。寻道时间反映了驱动器接收指令到达指定的位置读出数据的快慢，寻道越快，单位数据读取的时间就越短。

（5）光头技术。DVD-ROM 光驱有单激光头和双激光头两种。其中单激光头产品又可分为单头单眼，如 Panasonic 的产品；单头双波长，如 Pioneer（先锋）的 DVD-ROM 光驱；单头双眼，如 Toshiba（东芝）的 DVD-ROM 光驱；双激光头，又叫独立双镜头技术，SONY（索尼）的 DVD-ROM 光驱大多采用这种技术。

1）单头单眼的 DVD-ROM 光驱，采用单激光头单聚焦镜双聚焦点方案，激光头内部结构十分复杂。这种工作方式的读盘精度虽然没有双头双波长的 DVD-ROM 光驱高，但价格便宜，而且由于没有机械传动，故机械故障少，读盘速度很快。

2）单头双波长的 DVD-ROM 光驱，采用单激光头双波长激光束系统，用同一个激光头读取 DVD 和 CD 光盘信号，也就是在一个激光头内安装两个不同的激光发生器。在保持单头单眼方案原有优势的基础上更加提高了读盘性能和读盘速度。

另外，还有采用一个激光头两组聚焦镜的单头双眼 DVD-ROM 光驱，通过它读取信号的质量较高，但由于要转换聚焦镜，读盘速度相对较慢。双激光头的 DVD-ROM 光驱则采用两个完全独立的激光头分别读取 DVD 和 CD 光盘，拥有两套完全独立的聚焦镜。由于双激光头的 DVD-ROM 光驱伺服机构读盘时有一个切换过程，因此读盘时间比单激光头要长，这种光驱价格也较高。

（6）进片方式。DVD 光驱的进片方式主要有两种：托盘式和吸盘式。

托盘式是目前广泛采用的一种 DVD 光驱装入方式，使用时先按下出盘键让光驱伸出托盘，将盘片放在托盘上面送入机器。这种设计方式结构简单，故障率低，属于主流产品。吸盘式是先锋公司独创的一种光驱装入方式。采用该技术的光驱口有一个夹缝，使用时将光盘塞入夹缝即可，按下退出键又可将光盘退出。吸盘式光驱由于性能独特，防尘效果较好，因而受到不少 DIYer 的欢迎。

这两种进片方式各有利弊，前者设计简单，安全性能高，使用起来比较方便；后者前卫有个性，光驱的安装自由度大，但同时也有卡碟的隐患。因此，选购时应该权衡利弊，认真取舍。

### 3.3.6 刻录机

伴随着数据存储要求的提高，硬盘空间的占用也越来越严重，备份的压力越来越大。同时，随着多媒体技术的发展，个人影音节目制作也越来越普及，作品的制作、复制、分发也就成了越来越多的计算机用户迫切需要解决的问题。光盘刻录产品以大容量、低成本、易保存的优势和较高的性价比逐渐成为外存储设备的选购焦点。

#### 1. CD-R/RW 刻录机

由于 CD-R/RW 刻录机具有大容量（640 MB）、每兆字节成本极低、记录介质在几乎所有 PC 机上都可用（CD-ROM 驱动器已成为个人电脑的标准配置）、记录可靠（盘片理论上可保存 100 年以上）等明显的优点，因此已成为可移动存储设备的首选，CD-RW 刻录机如图 3.3.5 所示。

CD-R/RW 刻录机和 CD-ROM 的性能类似，其主要性能指标有以下几点。

图 3.3.5　CD-RW 刻录机

（1）读写速度。对于刻录机来说，其标称速率有 3 个：写/复写/读，如“52X24X52X”表示刻录 CD-R 的速度为 52X，复写 CD-RW 的速率为 24X，读取 CD-ROM 的速率为 52X。

刻录速度是指刻录机向 CD-R 写入数据时所能达到的最大倍速，目前，市面上常见的刻录机主要有 48X 和 52X。复写（先擦后写）速度是指刻录机向 CD-RW 上写入数据时所能达到的最大倍速，目前，市面上常见的刻录机主要为 24X 和 32X。读盘速度就是作为 CD-ROM 驱动器使用的速度。一般在刻录机的面板上都标注有这 3 项指标。

（2）防欠载技术。防欠载技术也就是常说的防刻死技术。为了解决高速刻录时的缓存欠载问题，三洋、理光以及飞利浦分别推出 Burn-Proof，Just-link 和 Seamaless-Link 技术。这 3 种技术的使用可以使计算机系统在刻录时随时监视刻录机缓存内的数据堆积情况，动态调节数据输入和刻录。

（3）兼容性。刻录机的兼容性表现在刻录盘片和刻录方式两个方面。CD-R 由于介质层涂料的不同分金盘、绿盘、蓝盘等。性能好的刻录机能够支持各种格式的光盘和多种刻录方式。

2. DVD 刻录机

和 CD-R/RW 刻录机相比，DVD 刻录机所采用的载体数据存储容量更大，能够充分满足人们对于海量数据存储的需求，而且 DVD 刻录机不仅可以用来刻录 DVD 光盘，而且还可以用来刻录普通的 CD-R/RW 光盘。此外，DVD 刻录机本身还具备 CD-ROM 和 DVD-ROM 的功能。因此，DVD 刻录机取代 CD-R/RW 而成为光存储技术的主流产品。刻录机的格式目前主要有 DVD-RAM，DVD-R/RW，DVD+R/RW 3 种。其中后两种又有可重复擦写的 RW 与一次性写入的 R 之分，所以市场上常见的 DVD 刻录盘片共有 5 种。

3. 光雕刻录机

2005 年底，市场出现了支持光雕技术的 DVD 刻录机。LightScribe（光雕）是由美国 HP 公司开发的一种光盘标签制作技术，通过激光蚀刻直接将标签刻录在光盘上。制作专业外观的光盘很简单，将数据刻录到光盘上，翻转光盘，然后将标签刻录到光盘上。刻录标签所用的光驱与刻录数据的相同。支持 LightScribe 的 DVD 光驱使用激光将图像刻录到 LightScribe 光盘标签面的涂层上。LightScribe 标签方法不会出现墨迹被抹掉、标签发生卷曲、黏合剂失去黏性等问题。

目前，主流的内置 DVD 刻录机均开始采用 LightScribe 光雕功能，而与普通刻录机的价差也越来越小，一些光雕机甚至比高端的全兼容 DVD 刻录机还要便宜，这对于选择光雕机的朋友应该是个不小的诱惑。加上光雕盘片价格的不断下调和光雕速度的提升，光雕刻录机的普及速度也将大大加快。

## 3.3.7 蓝光光驱和 COMBO 光驱

蓝光是目前光存储业界新一代 DVD 光盘技术标准之一，不但可应用于录制、擦写或播放高清影像，同时也可应用于存储容量更为巨大的数字信息。

蓝光 DVD 目前有 3 种类型：只读蓝光驱动器（BD-ROM）、蓝光刻录机（BD-RW）和蓝光 Combo（BD-ROM+DVD-RW）。

内置式蓝光 DVD 的接口采用 IDE 接口或 SATA 接口，蓝光 DVD 的外观如图 3.3.6 所示。

图 3.3.6 蓝光 DVD 的正反面

蓝光光盘的直径为 12 cm，和普通光盘（CD）及数码光盘（DVD）的尺寸一样，如图 3.3.7 所示。这种光盘利用 400 nm 蓝色激光在单面单层光盘上可以录制、播放长达 27 GB 的视频数据，比现有的 DVD 的容量大 5 倍以上（DVD 的容量一般为 4.7 GB），采用 MPEG－2 压缩技术，可录制 13 小时普通电视节目或 2 小时高清晰度电视节目。

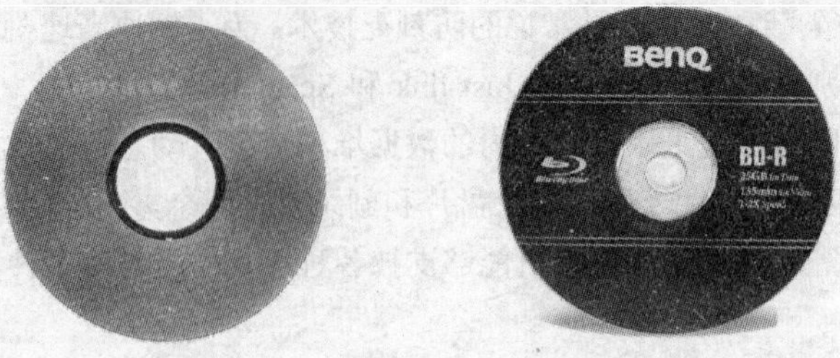


图 3.3.7　蓝光光盘

Combo（康宝）驱动器是集 DVD-ROM 驱动器和 CD-RW 驱动器于一身的光盘驱动器。现在 Combo 驱动器基本上都是内置式，并且都采用 IDE 接口。Combo 驱动器的外观与 CD-ROM 驱动器相同，如图 3.3.8 所示。

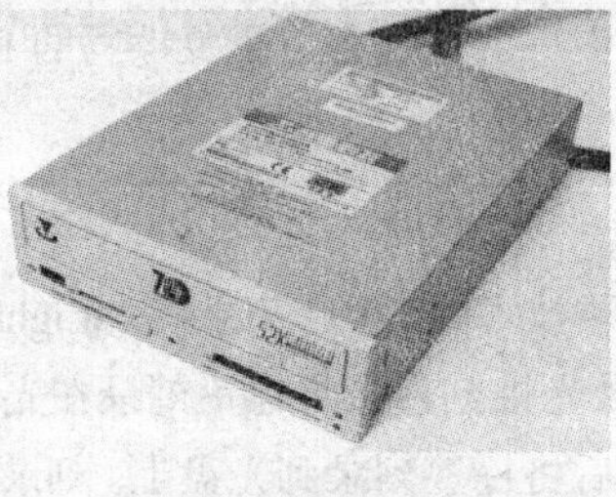

图 3.3.8　Combo 驱动器

## 3.3.8　光驱的选购

下面分别介绍如何选购 CD-ROM 光驱和 DVD-ROM 光驱。

### 1．选购 CD-ROM 光驱

（1）数据传输速度。数据传输速度是光驱最基本的性能指标，单位为 Kb/s，即光驱在 1 s 内读取的最大数据量。光驱标识上的“倍速”是指光驱的传输速度。倍速是光盘驱动器的一个数据传输标准，一倍速的传输速度为 150 Kb/s，即每秒钟能读或写的数据量为 150 KB。光驱传输速度须以此为基准，如两倍速为 300 Kb/s，四倍速为 600 Kb/s，依此类推。目前市场上的 CD-ROM 光驱的倍速一般都为 52X。

（2）平均寻道时间。平均寻道时间指的是光驱的激光头从原来的位置移到要求的位置所需的时间，光驱的读取时间一般小于 25 ms。

（3）防震技术。光驱在读盘过程中，因为各种原因会发生震动而影响激光头的光束聚集，从而影响光驱的读盘效果。目前，开发出的防震技术有自动平衡防震、双动态抗震悬吊系统、惰性吸震等。

（4）稳定性与结构。光驱的稳定性也是标志光驱性能的一项重要指标，光驱连续长时间工作时，它的温升、平均无故障时间、使用寿命等都与光驱的结构有着密不可分的关系。常见的光驱进盘方式有两种：一种是普遍采用的托盘方式；另一种是以先锋为代表的吸盘方式。CD-ROM 驱动器的激光头和透镜上的积灰会影响驱动器的读盘性能，采用吸盘方式可以更有效地减少外界灰尘进入光驱内部。在机芯结构方面，常见的光驱都是金属外壳塑料机芯，市场上也有金属机芯的产品，价格上与塑料机芯产品基本相当。区别两种机芯只要用手掂一下分量就知道了。理论上金属机芯坚固性和可靠性都优于塑料机芯，稳定性自然更胜一筹。

（5）纠错能力。CD-ROM 光驱采用的纠错技术主要有数据伺服控制、自动调速纠错、人工智能纠错、智能变动纠错。另外，有的厂商在以上 4 种纠错技术的基础上研制开发了自己独有的纠错技术，如台电的 F/W 增强纠错，源兴的 Smart 智能纠错技术等。

（6）品牌与售后服务。品牌往往标志着一个产品的质量和售后服务，在市场上，Acer、华硕、源兴、飞利浦、索尼等都是知名品牌。由于 CD-ROM 结构大致相同，很容易使仿冒产品从各个渠道进入零售市场，用户在选择时难辨真伪。售后服务无非就是质保期长短的问题，现在不同品牌光驱产品的保修期有三个月到一年不等，保修期的长短从一方面也体现出厂家对自己产品的信心。

#### 2. 选购 DVD -ROM 光驱

DVD-ROM 已经是电脑的标准配件，它除了具备 CD-ROM 的全部功能，还可读取容量更大的 DVD 盘片。通过 DVD-ROM 可以在电脑上欣赏高质量电影或进行大容量数据存储。下面具体了解一下选购 DVD 光驱时应注意的几点事项。

（1）接口类型、速度指标。主流 DVD-ROM 的最大传输率约为 20 Mb/s，目前产品大多数都采用了 ATA 33 规范，可以满足日常生活的需求，但 CPU 占用率较高，影响电脑的工作效率，在读取盘片的同时进行其他工作，就容易出现短暂的停顿甚至死机等状况。

（2）特色技术、品牌品质。DVD-ROM 的一大用途是欣赏 DVD 影碟，其纠错能力直接影响影碟播放是否流畅。目前，很多产品都具备相关的纠错技术，这对于提升光驱的读盘能力具有积极意义，用户在选购的时候要留意。目前，主流产品的缓存为 512 KB，也有采用 2 MB 的产品，建议选择大缓存的产品。光驱品牌众多，大品牌的如 SONY、明基、三星和华硕等。其产品品质值得信赖，售后服务也有保障，而且这些产品与其他品牌的价格也相差不大。

## 3.4　移动存储设备

随着计算机技术的不断发展，数据存储的需求不断增加，用户对于可靠的低成本存储解决方案的需求也在不断增加，特别是在灵活性、性能、数据备份和信息共享方面。这就使移动存储设备在数据备份、存储和交换等各方面的作用日渐显现出来。

### 3.4.1　U 盘

U 盘全称“USB 闪存盘”，英文名称为“USB flash disk”。它是一个 USB 接口的无须物理驱动器的微型高容量移动存储设备，可以通过 USB 接口与计算机连接，实现即插即用。如图 3.4.1 所示的为几款 U 盘。

U 盘最大的优点就是便于携带、存储容量大、价格便宜、性能可靠。U 盘体积很小，仅大拇指般大小，重量极轻，一般在 15 g 左右，特别适合随身携带。目前，比较流行的 U 盘容量有 4 GB，8 GB，16 GB，32 GB 等。U 盘中无任何机械式装置，抗震性能极强。另外，U 盘还具有防潮、防磁以及耐高、低温等特性，安全可靠性很好。

U 盘由两部分组成，即硬件部分和软件部分。其中核心硬件包括 Flash 存储芯片和控制芯片，除此之外还有 USB 端口、PCB 板、外壳、电容、电阻以及 LED 等，如图 3.4.2 所示。软件部分包括嵌入式软件和应用软件。嵌入式软件是 U 盘技术的核心，它嵌入在控制芯片中，直接决定了 U 盘能否支持双启动功能，能否支持 USB 2.0 标准协议等。因此，U 盘的品质首先取决于控制芯片中嵌入式软件的功能。

图 3.4.1　U 盘

图 3.4.2　U 盘的内部结构

U 盘在 Windows 2000/XP 等操作系统中都不需要安装驱动程序，而是使用操作系统本身自带的驱动程序（USB Mass Storage 类设备驱动程序），省去了用户安装驱动程序的麻烦。而 Windows 98 操作系统由于不自带 USB Mass Storage 类设备的驱动程序，因此用户在 Windows 98 操作系统中使用 U 盘要手动安装驱动程序。

用户在使用 U 盘时应注意以下几点：

（1）在退出 U 盘的操作时，系统有时会提示："现在无法停止'通用卷'设备，请稍候再停止该设备"。一般出现这种情况是由于 U 盘中有文件或应用程序处于打开状态，这时只需要将所有与 U 盘有关的程序和窗口关闭即可。另一种原因是 U 盘正在与内存进行数据交换操作，也就是说文件还没有传输完，遇到这种情况就需要等待数据处理完毕后再进行退出 U 盘的操作。

（2）在公共电脑上使用 U 盘时，如果只需要将 U 盘中的信息拷贝到电脑中或只打开 U 盘中的文件，那么最好将 U 盘上的只读锁打开，这样就可以有效地阻止病毒的感染了。

（3）U 盘在频繁使用后插头会磨损，造成与电脑接触不良。当 U 盘插到电脑上而系统没有反应时，可以尝试将 U 盘插到其他 USB 接口中。另外要注意，一些兼容机有时会因为连线或者是机箱本身设计问题导致前置 USB 接口不起作用，这时可以将 U 盘连接到机箱后主板自带的 USB 接口。

## 3.4.2　移动硬盘

虽然 U 盘具有体积小、安全性高等诸多优点，但由于其使用成本较高的闪存芯片作为存储媒体，因此只适用于少量数据的存储，对于用户存储容量越来越大的需求显得力不从心。移动硬盘很好地解决了这个问题，它在兼顾便携性的同时又满足了大容量数据移动存储的要求，并以体积小，传输速度快，具有抗震功能，稳定性、安全性较好成为移动存储的首选，如图 3.4.3 所示。

由于价格因素决定着主流移动硬盘，所以，目前市场上绝大多数的移动硬盘都是以标准硬盘为基础，只有很少部分是以微型硬盘（1.8 英寸硬盘等）为基础的。

由于采用硬盘为存储介质，因此移动硬盘中数据的读写模式与标准 IDE 硬盘是相同的。移动硬盘多采用 USB，IEEE 1394 等传输速度较快的接口，可以以较高的速度与主机进行数据传输。

图 3.4.3　移动硬盘

### 1. 移动硬盘的特点

（1）传输速度快。由于移动硬盘大多采用 USB，IEEE 1394 接口，所以能提供较高的数据传输速度。不过移动硬盘的数据传输速度还在一定程度上受到接口速度的限制，尤其在 USB 1.1 接口规范的产品上，在传输较大数据量时，传输速度相对较慢，而 USB 2.0 和 IEEE 1394 接口就相对快一些。

（2）存储容量大。相对于 U 盘来说，移动硬盘可以提供相当大的存储容量，是一种具有较高性价比的移动存储产品。目前，市场上的移动硬盘容量主要有 320 GB，500 GB，1 TB 等，一定程度上满足了用户的各种需求。

（3）便携性好。现在的计算机主板基本上都集成了 USB 功能，通常可以提供 2～8 个 USB 接口，一些显示器也会提供 USB 转接器，USB 接口已成为个人计算机的必备接口。USB 设备在大多数版本的 Windows 操作系统中都可以不需要安装驱动程序，具有真正的“即插即用”特性，使用起来灵活方便。移动硬盘由于采用了 USB 接口，因此具有使用简单、携带方便的优点。

（4）可靠性高。数据安全一直是移动存储用户最为关心的问题，也是人们衡量该类产品性能好坏的一个重要标准。移动硬盘以高速、大容量、轻巧便捷等优点赢得广大用户的青睐，而更大的优点还在于其存储数据的安全可靠性。

**2．移动硬盘的选购**

由于移动硬盘的诸多优点，使其逐渐成为计算机用户青睐的产品。在购买移动硬盘时通常需要从以下几个方面考虑：

（1）通用方面。USB 2.0 接口移动硬盘标称传输速率为 480 Mb/s，1394 火线接口的移动硬盘标称传输速率为 400 Mb/s，大大超越了 USB 1.x 接口的移动硬盘，但 1394 火线接口的移动硬盘要用到 1394 硬件接口卡这种专业传输扩充通道，这对移动硬盘的通用性就大打折扣了。厂商为了使 1394 火线接口移动硬盘能够普及，采用了 1394 火线接口和 USB 1.x 接口共存的办法，延展了 1394 火线接口移动硬盘的使用范围。用户在购买移动硬盘时是选择 USB 2.0 接口还是 1394 火线接口，要根据自己的实际需求来决定。

（2）速度以及稳定性方面。尽管 USB 2.0 接口和 1394 火线接口在标称上有很高的数据传输速度，但实际使用时其速率达不到标称数值，可以采用软件进行测试或者在相同配置的计算机上进行数据传输测试，观察哪种接口的移动硬盘实际传输速度和稳定性好一些。另外，在移动硬盘使用过程中，用手拿起左右轻轻转几下，看其是否因角度的不同而影响传输的稳定，这也是对移动硬盘抗震性的检验。

（3）安全性方面。安全性包含数据的加密，保证个人数据不会被其他人看到。另外，安全性方面还包括外界对移动硬盘的物理性伤害，因为移动硬盘的本身移动特性决定了它在使用过程中必须能够承受住一些恶劣的环境，以确保数据不丢失。这其中包括耐高温，在相对高温下硬盘能稳定地工作；防磁，有磁铁的干扰时能够正常使用；抗摔，移动硬盘不像 IDE 硬盘，做到抗震就可以了，它必须能够做到意外的坠落（一般是在 1～1.5 m）而不损伤硬盘。同时还能够防潮、防静电、耐低温，这样才是质量比较好的移动硬盘。

（4）容量方面。目前，主流移动硬盘的容量有 320 GB，500 GB，1 TB 等，购买移动硬盘时根据自己的实际需要进行选购相应容量的移动硬盘，容量小了不够用，容量大了造成资源的浪费。

（5）携带方面。移动硬盘一般比以 FLASH 闪存芯片为存储介质的 U 盘大，因为它的内部构造一般都是一块笔记本硬盘加一个集成电路板，所以在重量和体积方面都比 U 盘大。

## 3.5　上机实战——用 U 盘传送文件

平时用 U 盘传送文件时，要做到能及时查毒、杀毒，再进行文件的传送。

**操作步骤**

（1）在电脑的 USB 接口插入 U 盘。

（2）如果安装了杀毒软件，这时会弹出扫描提示框，如图 3.5.1 所示。

（3）单击扫描按钮则开始扫描 U 盘，扫描结束后，在屏幕的右下角出现如图 3.5.2 所示的提示框。

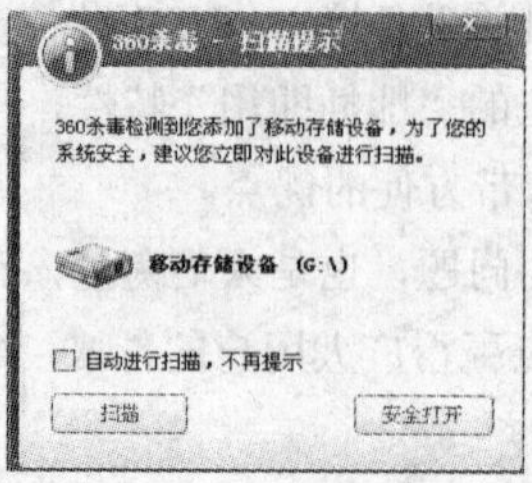


图 3.5.1　扫描提示框

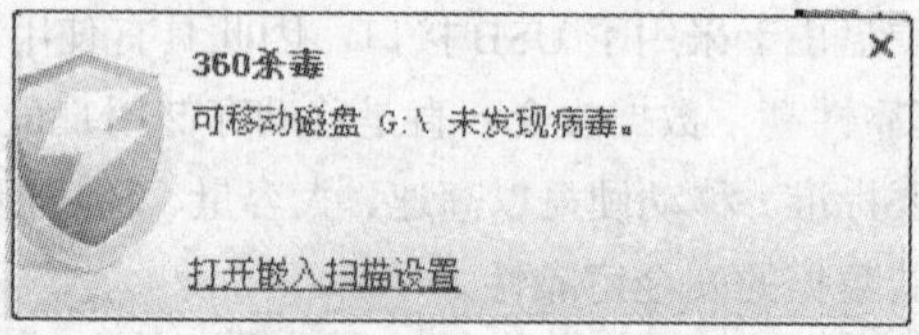


图 3.5.2　扫描结束提示框

（4）打开“我的电脑”窗口，在磁盘列表中双击可移动磁盘图标，打开 U 盘的窗口，可浏览 U 盘的内容，从中选择需要的文件，单击鼠标右键，在弹出的快捷菜单中选择复制(C)命令，如图 3.5.3 所示。

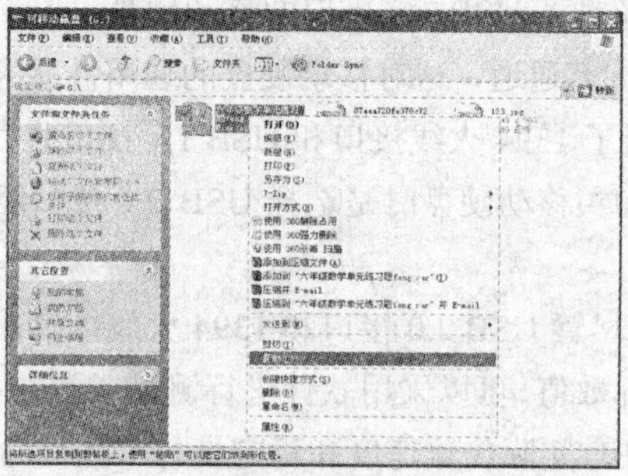

图 3.5.3　浏览 U 盘内容并复制文件

（5）单击工具栏中的“向上”按钮，进入我的电脑窗口，打开 E 盘，在右边窗格空白处单击鼠标右键，在弹出的快捷菜单中选择粘贴(P)命令即可。

（6）文件传送完成后，单击任务栏中的“安全删除硬件”按钮，这时弹出安全删除硬件对话框，如图 3.5.4 所示。

（7）单击停止(S)按钮，弹出停用硬件设备对话框，如图 3.5.5 所示。

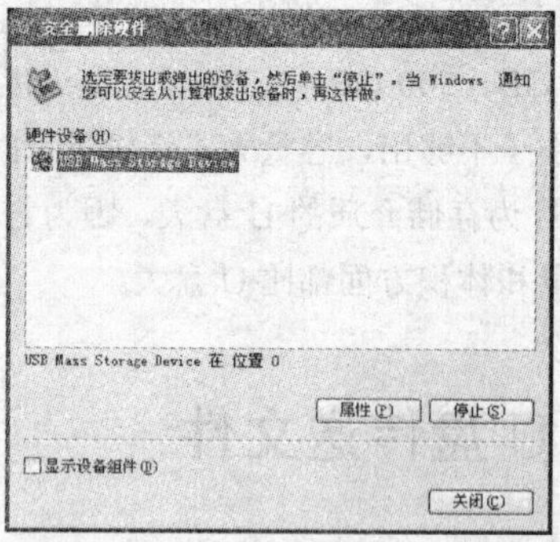


图 3.5.4　“安全删除硬件”对话框

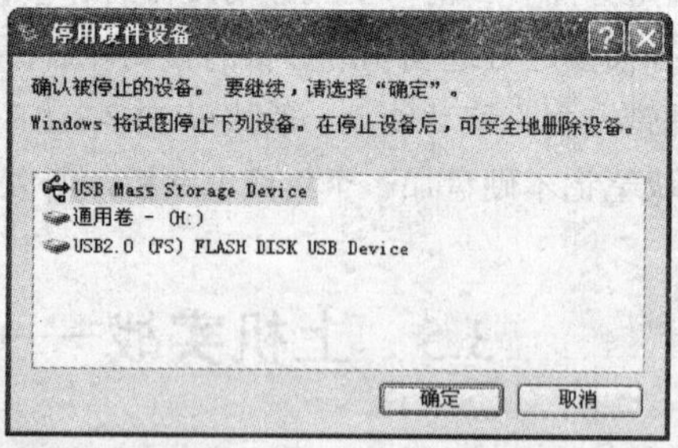


图 3.5.5　“停用硬件设备”对话框

（8）单击确定按钮，返回到安全删除硬件对话框中。

（9）单击关闭(C)按钮，这时系统提示已经安全移除硬件，这样就可以拔下电脑上的 U 盘了。

# 本章小结

本章主要介绍了硬盘和光盘驱动器的结构、工作原理、接口类型、技术指标及选购等知识。通过本章的学习，使用户了解它们的性能，从而掌握选购的方法。此外，文中还介绍了固态硬盘、蓝光光驱、光雕刻录机等内容，作为市场的新一代产品，有必要了解它们。最后介绍了移动存储器，用户应掌握它们的使用和选购方法。

# 操作练习

## 一、填空题

1．硬盘按接口可以分为 4 大类：________接口硬盘、________接口硬盘、________接口硬盘和________。其中________接口是目前流行的硬盘接口，在家用电脑市场中有着广泛的用途。

2．一般来讲，主板有 2 个 IDE 接口，每个 IDE 接口可以连接一个________盘和一个________盘。

3．如果一个硬盘的容量是 120 GB，而单碟容量是 80 GB，则这个硬盘有________张盘片，________个磁头。

4．U 盘是一种新型的移动存储设备，也称为________或________，可用于存储任何数据文件或在计算机之间方便地进行文件交换。

5．移动硬盘采用________为存储介质，因此移动硬盘中数据的读写模式与标准 IDE 硬盘是相同的。

6．目前，市场上 CD-R/RW 刻录机的缓存容量最大为________。

7．DVD 单面单层光盘的容量为________，双面双层光盘的容量已达到________。

8．DVD-R 和 DVD-RW 都可以多次对光盘进行读取，不同的是 DVD-R 只能对一张 DVD-R 盘片写入________次，而 DVD-RW 可以对一张 DVD-RW 盘片进行________次写入。

## 二、选择题

1．硬盘的数据传输率是衡量硬盘速度的一个重要参数，它是指计算机从硬盘中准确找到相应数据并传送到内存的速率，它分为内部和外部传输率，其内部传输率是指（　）。

（A）硬盘的高速缓存到内存　　（B）CPU 到 Cache

（C）内存到 CPU　　（D）硬盘的磁头到硬盘的高速缓存

2．硬盘与计算机主机之间的接口正走向标准化，目前常用的硬盘接口不包括（　）。

（A）IDE　　（B）SCSI

（C）PCI　　（D）SATA

3．下面关于 U 盘的叙述中不正确的是（　）。

（A）不需要物理驱动器，也不需要外接电源，可热插拔

（B）体积小，重量轻，可抗震防潮，特别适合随身携带

（C）U 盘使用完毕后，可以将其直接从 USB 接口中拔下来

（D）U 盘在处于只读状态时，可以有效地阻止病毒的感染

4．下面属于移动硬盘的特点的是（　）。

（A）存储容量大　　（B）传输速度快
（C）便携性好　　（D）可靠性高

5. DVD+RW 刻录机可以读取的盘片有（　）。
（A）CD-ROM　　（B）DVD-R
（C）DVD-RW　　（D）DVD-ROM

6. 关于 COMBO 光驱的说法，（　）是正确的。
（A）可以读取 DVD 光盘　　（B）不能刻录 DVD 光盘
（C）可以刻录 CD 光盘　　（D）不能读取 CD 光盘

**三、简答题**

1. 简述硬盘的结构和工作原理。
2. 如何选购硬盘？
3. 怎样选购一款合适的移动存储设备？
4. 简述光驱的结构。
5. 怎样选购一款合适的光驱？

**四、上机操作题**

1. 打开硬盘外壳，观察硬盘的内部结构。
2. 练习用 U 盘传送数据信息。
3. 使用刻录机刻录数据光盘和制作音乐光盘。

# 第4章　输入设备

输入设备是向计算机输入信息的设备，是人与计算机对话的重要工具。通过输入设备，人们可以向计算机传递信息和发布命令。目前，常用的输入设备有键盘、鼠标、扫描仪及写字板等，本章将对其进行详细介绍。

知识要点

- 键盘
- 鼠标
- 扫描仪
- 手写板

## 4.1　键　　盘

键盘是计算机中最常见且最重要的输入设备，主要用于输入数据、文本、程序或命令，另外，有很多软件都使用键盘进行操作。虽然鼠标和手写输入应用越来越广泛，但在文字输入领域，键盘依旧有着不可动摇的地位。

### 4.1.1　键盘的分类

键盘的分类方法很多，下面是按照几种不同方式的分类。

**1．按键盘开关接触方式分类**

键盘按其开关接触方式可以分为机械式键盘和电容式键盘。机械式键盘相当于“开关”，当键盘按下时，金属片接通通电，从而传送给计算机信息。由于机械式键盘借助金属片的闭合和分离产生电信号，因此这种开关的通断是比较可靠的，但是由于机械式键盘容易磨损而造成接触不良，因此使用寿命一般比较短。

电容式键盘是一种无触点开关，开关内由固定电极组成可变电容，当对键盘进行操作时，就会带动活动电极动作，从而引起电容量的变化，依次来辨别开关的状态。由于电容式键盘在工作时只是利用电容极板间的距离发生变化产生信号，因此这种键盘比较耐用。早期的键盘都是机械式的，目前已经被电容式键盘所替代。

**2．按连接方式分**

键盘按连接方式可分为有线连接和无线连接。有线连接指用信号线通过插头和计算机连接；无线连接指在键盘和电脑之间没有物理连接的产品，又分为 RF 无线电、红外线、蓝牙 3 种方式。红外线型是通过红外线来传播信号的，这类键盘的方向性要求比较高，尤其是对水平位置比较敏感，使用距离约 50 cm。所以相对于红外线型，RF 无线电键盘即使中间隔着障碍物也能顺利传输信号，使用起来比较灵活，使用距离一般在 2～5 m 之间。而蓝牙技术在最近几年才开始出现，有效使用距离最大可达 10 m。微软新出的无线键盘如图 4.1.1 所示。

图 4.1.1 微软无线键盘

**3．按键盘接口分类**

键盘按其接口不同可以分为 AT 接口键盘、PS/2 接口键盘和 USB 接口键盘 3 类，如图 4.1.2 所示。AT 接口是早期键盘的接口方式，这种接口已被淘汰。PS/2 接口是目前主流键盘接口之一，PS/2 又称“小口”。近年来，USB 接口的键盘也逐渐成为市场主流产品，由于 USB 接口具有热拔插的特点，因此被广泛应用在各种计算机外围设备上。

AT 接口 PS/2 接口 USB 接口

图 4.1.2 键盘接口

**4．按按键数分类**

自从计算机问世以来，键盘经历了从 83 键、84 键、93 键、96 键、101 键、102 键、104 键再到 107 键的过程，但其主要的布局和功能几乎没有什么变化，只是 104 键键盘增加了 Windows 开始菜单键和桌面右键，而 107 键键盘是在 104 键的基础上增加了 Wake Up，Sleep 和 Power 按键。其做工和材质也不断得到提升，键盘的质量和寿命也明显提高。104 键键盘和 107 键键盘分别如图 4.1.3 和图 4.1.4 所示。

图 4.1.3 104 键键盘

图 4.1.4 107 键键盘

**5．按应用范围分类**

键盘按应用范围可分为台式机键盘、笔记本电脑键盘、工控机键盘 3 类。台式机键盘是最常用的键盘；笔记本电脑由于其外形小，键盘尺寸、按键布局与常用台式机键盘都有所不同，键盘的布局一般都是根据笔记本电脑本身的特点专门设计的；工控机由于有专业用途，键盘也做了相应的设计配合。笔记本键盘和工控机键盘分别如图 4.1.5 和图 4.1.6 所示。

图 4.1.5　笔记本键盘

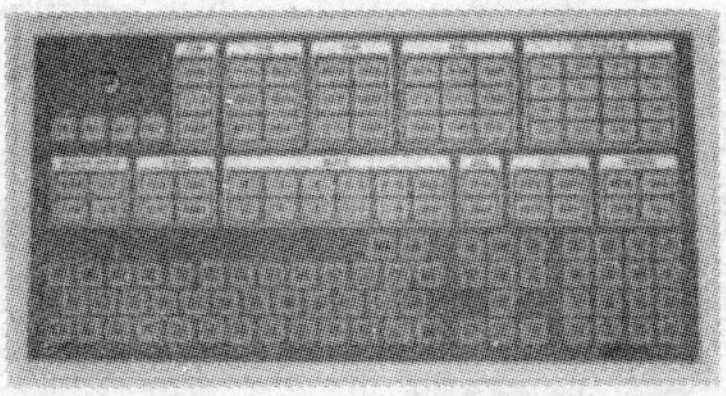

图 4.1.6　工控机键盘

6．按外形分类

键盘按外形可以分为普通键盘、人体工程学键盘等。人体工程学键盘是根据人体生理结构专门设计的键盘，是键盘未来的发展趋势，因为它是本着“以人为本”的思想来设计的，在一定程度上解除了手腕由于长时间悬空而造成的疲劳，使肩颈等部位处于一种比较自然放松的状态，如图 4.1.7 所示。

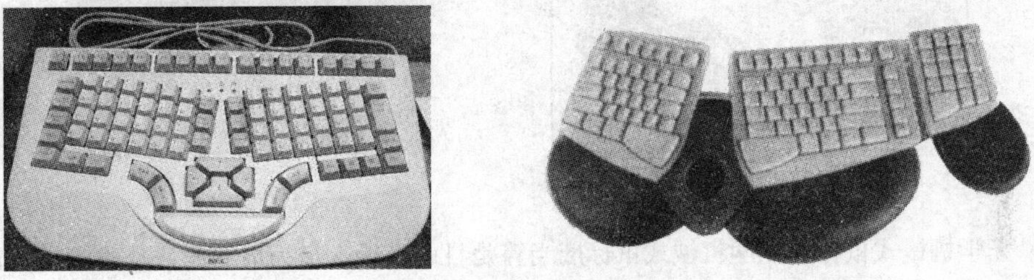

图 4.1.7　人体工程学键盘

### 4.1.2　键盘的选购

目前，市场上键盘的种类繁多，在选购时应该注意以下几点：

（1）操作手感。操作手感直接关系到用户的学习和工作效率，手感好的键盘在一定程度上解除了使用者由于长时间的操作而引起的手疲劳。一般来说，一款好的键盘应该是弹性适中，按键无晃动，按键弹起速度快，灵敏度高，对键盘操作时按键声音小。

（2）接口类型。目前，主流键盘大都为 PS/2 接口和 USB 接口。PS/2 接口的键盘是普遍的，主板上都有支持它的接口；USB 接口的键盘最大的优点就是即插即用，无须装驱动，比较方便。

（3）做工。键盘的成本较低，但并不代表就可以随便应付。好键盘的表面及棱角处理精致细腻，键帽上的字母和符号通常采用激光刻入，手摸上去有凹凸的感觉，选购的时候认真检查键位上所印字迹是否刻上去的，不是那种直接用油墨印上去的。

## 4.2　鼠　　标

鼠标是 1968 年发明的，到现在已经有 40 多年的历史了。鼠标的使用令计算机操作更为简易，而风靡全球的 Windows 操作系统及其相关应用软件的普及也加速了鼠标在个人电脑中的广泛应用。

### 4.2.1　鼠标的分类

鼠标的分类方法很多，一般可按其工作原理、按键数目及接口类型来分类。

1. 按工作原理分类

按照工作原理的不同鼠标可以分为机械鼠标、光电鼠标、光学机电式鼠标、Web 鼠标、无线鼠标、轨迹球鼠标等。

（1）机械鼠标。机械鼠标通过内部橡皮球的滚动带动两侧的转轮来定位，原理简单，成本低。但机械鼠标由于其机械装置容易磨损，因而寿命短、精度差，目前基本已被淘汰。机械鼠标的外形如图 4.2.1 所示。

（2）光电鼠标。光电鼠标通过光的反射来确定鼠标的位置，内部有红外线发射和接收装置，如图 4.2.2 所示。光电式鼠标的优点是精度高，而且由于它完全没有机械运动部分，使用寿命比较长，因而受到一部分人的欢迎。但它必须使用专用的鼠标垫，成本较高，因此现在也有被淘汰的趋势。

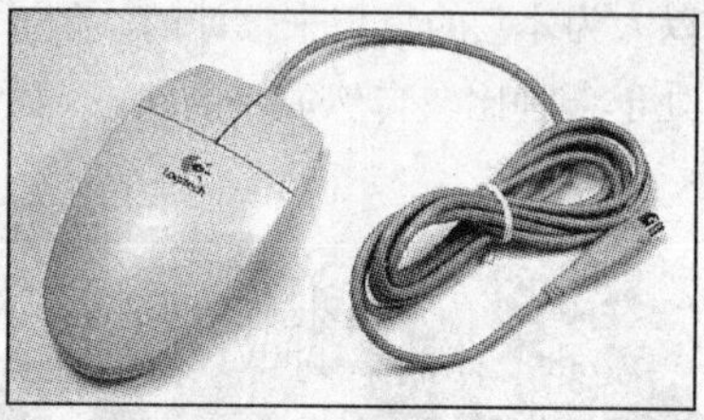

图 4.2.1　机械鼠标

图 4.2.2　光电鼠标

（3）光学机械式鼠标。光学机械式鼠标应当算是目前市场上最为成熟和普及的产品，它结合了机械鼠标和光电鼠标二者的优势，在技术上不断改进，其精度已经达到甚至超过了光电鼠标，成本与机械鼠标相差无几，而寿命却远比机械鼠标长，是现在鼠标市场的主力军，如图 4.2.3 所示。

（4）Web 鼠标。Web 鼠标实际就是加入了滚轮技术的光学机械式鼠标。Web 鼠标都带有一到两个滚轮，有的还有其他功能键。这类鼠标最大的特点是可以方便地滚动屏幕而不必费力地去点击滚动条，其设计宗旨是为了尽可能地减少鼠标的移动和点击以提高操作效率，同时减轻手臂的负担。

（5）无线鼠标。无线鼠标简单说就是无须连线的新型鼠标，它以红外或射频的方式遥控鼠标操作。无线鼠标又可以分为两类：红外无线型鼠标和射频无线型鼠标。红外无线型鼠标要求与红外线接收器对准，中间不能有遮挡物，而射频无线型鼠标则可真正“自由移动”。无线鼠标可以不受鼠标线的束缚，用起来比较方便，而且响应速度比较快，越来越受到广大用户的青睐，如图 4.2.4 所示。

图 4.2.3　光学机械式鼠标

图 4.2.4　无线鼠标

（6）轨迹球鼠标。其工作原理和内部结构其实与普通鼠标类似，只是改变了滚轮的运动方式，其球座固定不动，直接用手拨动轨迹球来控制鼠标箭头的移动。轨迹球外观新颖，可随意放置，用惯后手感也不错。传统的轨迹球一般以机械结构为主，寿命短、精度差，而罗技公司推出的新一代光学轨迹球，采用尖端的神经网络类比模糊技术，使其寿命和精度大大提高，不仅手感舒适，操控简易，而且实现了免维护，如图 4.2.5 所示。

2. 按按键数目分类

鼠标按其按键数目可分为两大类：两键鼠标（MS Mouse）和三键鼠标（PC Mouse）。

大多数鼠标是三键鼠标，两键鼠标比三键鼠标少了一个中键，而苹果机上用的鼠标只有一个按键。目前，市场上常见有两键和三键的鼠标，在鼠标的背面有一个开关，开关的两端写着“2”（MS）或“3”（PC），可以根据个人的使用习惯，选择两键鼠标或三键鼠标。要注意的是，在三键鼠标中又有真三键和假三键之分，真三键鼠标的每一个按键都可以自定义多种功能，而假三键鼠标的中键只是个摆设，两者的成本和售价相差较大，在选购时要注意鉴别。

3. 按接口类型分类

根据接口可以将鼠标分为串行接口、PS/2 接口和 USB 接口鼠标 3 种，如图 4.2.6 所示为 USB 接口鼠标。

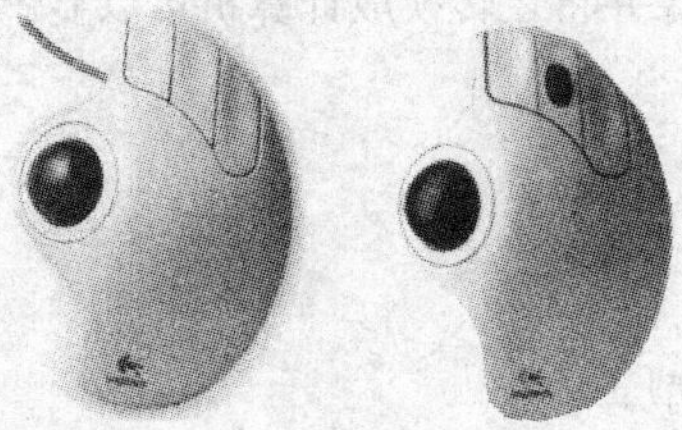

图 4.2.5　轨迹球鼠标

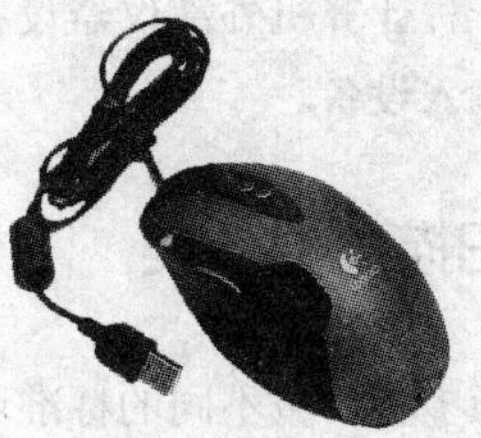

图 4.2.6　USB 接口鼠标

一般使用 AT 结构的计算机都只能通过串行口接鼠标，串行接口鼠标通过串行口与计算机相连，有 9 针和 25 针之分。这种结构现在已经很少见了。

ATX 结构主板上提供了一个标准 PS/2 鼠标接口和 PS/2 键盘接口，从功能来说 PS/2 接口的鼠标和传统的串行接口鼠标没什么区别。PS/2 接口的鼠标精度较高，使用方便，是目前市场的主流产品。值得注意的是，PS/2 接口鼠标不可以带电插拔，而串行接口鼠标则可以。

### 4.2.2　鼠标的选购

市场上有数百种不同品牌的鼠标，选购时应注意以下几个方面：

（1）质量。优质鼠标都通过了国际认证，并有 S/N 号（流水序列号），而劣质鼠标一般没有 S/N 号或使用相同的假 S/N 号。优质鼠标的电路板为多层板，采用全自动波峰焊接，伪劣鼠标一般是单层板，手工焊接。用户选购时，应选择知名品牌（如 IBM、罗技公司等）的产品，这样会有好的质量保证。

（2）分辨率。分辨率是衡量鼠标移动精确度的标准，分为硬件分辨率和软件分辨率，硬件分辨率反映鼠标的实际能力，而软件分辨率是通过软件模拟出一定的效果，其单位都是 d/i。目前，市场上的鼠标分辨率一般在 300～400 d/i。

（3）手感。好的鼠标紧握时能感觉整个手掌和鼠标紧密结合，舒适，按键有弹性，按键时声音清脆，定位准确。对光电鼠标来说，目前，市场上有两种光电板：一种是铝合金光电板，它的反射点密度高，故鼠标移动很有效，不需要手部做大范围移动，长时间使用不会引起手部疲劳；另一种是由纸印刷而成的光电板，相对来说反射点密度低，分辨率低，反射效果差。

（4）接口类型。目前，市场上的鼠标接口有 PS/2 和 USB 两种接口。USB 缺省采样频率是 125 Hz，而 PS/2 在 Windows 9x/Me 系统下缺省采样频率仅仅为 40 Hz，在 Windows NT/2000 下缺省采样频率也只有 60 Hz。虽然可以用 PS/2 RATE 软件进行调节，但大多数人并不知道有这样一个采样频率调节软件，所以最好系统能直接支持。现在的主板大部分都有 USB 接口，而鼠标接口也渐渐向 USB 接口方向发展。

（5）功能。对于普通的用户来说，标准的三键鼠标完全可以应付常规操作，而对于一些专业用户就需要特定的鼠标，例如，利用投影仪讲演的用户可以使用无线鼠标；网络用户可以使用带滚轮键的鼠标。鼠标的软件可以对鼠标的标准功能做进一步的拓展，某些鼠标通过特制的驱动程序可以定义多种功能对参数进行微调，以适合个性化的需求。

# 4.3 扫 描 仪

扫描仪是一种计算机外部仪器设备，通过捕获图像并将之转换成计算机可以显示、编辑、存储和输出的数字化输入设备。

## 4.3.1 扫描仪的分类

扫描仪有很多种，按不同的标准可分成不同的类型。

**1．按扫描对象分类**

按照扫描对象扫描仪可以分为反射式扫描仪（见图 4.3.1）和投射式扫描仪。有些扫描仪既有反射扫描功能，又有投射扫描功能。

**2．按工作原理分类**

按照工作原理扫描仪分为手持式扫描仪、平板式扫描仪和滚筒式扫描仪。

（1）手持式扫描仪产生于 20 世纪 80 年代，是早期广泛使用的扫描仪，这种扫描仪有诸多缺点，例如扫描宽度较小，只有 105 mm，需要手动操作，而且光学分辨率只有 200 d/i，总体扫描效果差。但是它的价格非常便宜，这种扫描仪适合对图像质量要求不高的低端用户使用。

（2）平板式扫描仪又称台式扫描仪，这种扫描仪一般采用 CCD 或 CIS 技术，体积相对比较小，使用方便，扫描图像质量高，而且价格低廉，因此，得到了广泛的应用，已经成为目前家用及办公的主流产品。平板式扫描仪的光学分辨率一般在 300～8 000 d/i 之间，色彩位数在 24～48 位之间，其外观如图 4.3.2 所示。

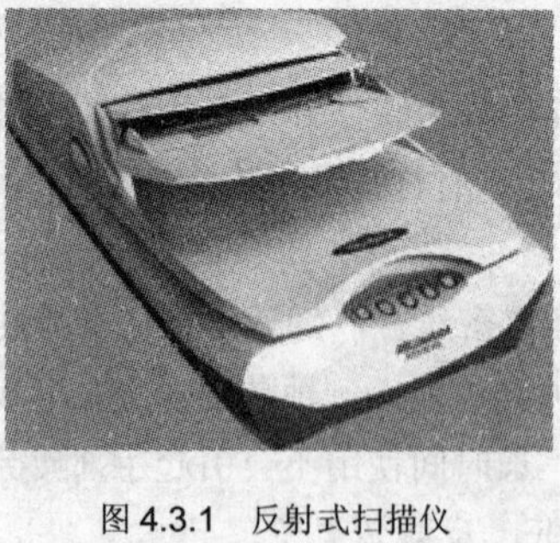

图 4.3.1　反射式扫描仪

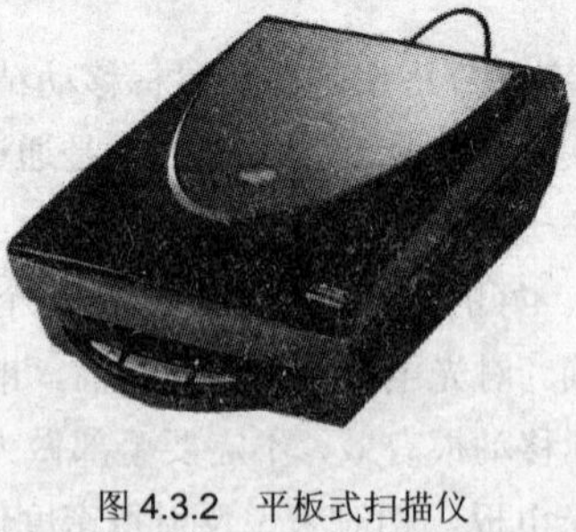

图 4.3.2　平板式扫描仪

（3）滚筒式扫描仪是专业印刷排版领域中应用最广泛的产品，其光学分辨率在 1 000～8 000 d/i 之间，色彩位数在 24～48 位之间。这种扫描仪使用的感光器件是高性能的光电倍增管，不管其灵敏度还是噪声系数等都遥遥领先于其他感光器件，而且输出信号保持高度的线性输出，从而保证了高度的色彩还原能力，如图 4.3.3 所示。

3．按用途分类

按照用途扫描仪可分为适用于各种图稿输入的通用型扫描仪和专门用于特殊图像输入的专用型扫描仪，如条码头读入机、卡片阅读机等。

4．按扫描图像幅面的大小分类

按照扫描图像幅面的大小扫描仪可分为小幅面的手持式扫描仪、中等幅面的台式扫描仪和大幅面的工程扫描仪。如图 4.3.4 所示为大幅面的工程扫描仪。

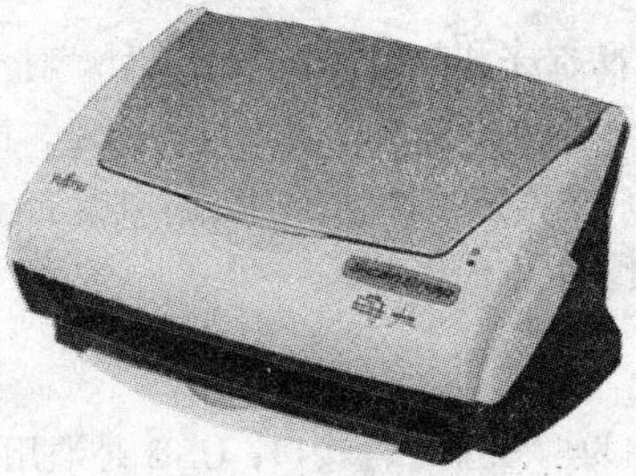

图 4.3.3　滚筒式扫描仪

图 4.3.4　大幅面的工程扫描仪

## 4.3.2　扫描仪的工作原理

扫描仪整体为塑料外壳，由上盖、原稿台、光学成像部分、机械装置、电路板和底座组成。

扫描仪的玻璃平台用于放置被扫描图稿，塑料上盖内侧有一黑色（或白色）的胶垫，其作用是在顶盖放下时压紧被扫描文件。透过扫描仪的玻璃平台可以看到安装在底座上的机械传动机构、扫描头及电路系统。当被扫描的图稿正面向下放置在玻璃平台上开始扫描时，机械传动机构带动扫描头沿扫描仪纵向移动，扫描头上光源发出的光线射向图稿，经图稿反射的光线（光信号）进入光电转换器被转换为电信号，电信号经电路系统处理后送入计算机。扫描仪对原稿进行光学扫描，然后将光学图像传送到光学转换器中变为模拟电信号，然后又将模拟电信号转换为数字电信号，最后输送至计算机。

## 4.3.3　扫描仪的选购

随着计算机的普及，电脑周边设备也越来越多的走进我们的工作、学习和生活中，其中扫描仪以其在图片文本处理等方面比较实用的功能在各个领域中得到广泛应用。下面介绍在扫描仪选购中应注意的几点。

1．性能参数

在选购扫描仪时应注重以下几个参数：

（1）扫描幅画。扫描幅画通常有 A4、A4 加长、A3 等规格，幅面越大，价格越贵。对于一般的用户来说，A4 幅面扫描仪已经足够，而一些专业的用户如广告行业、金融行业，则可以考虑选择 A3 幅面的扫描仪。

（2）光学分辨率。光学分辨率反映扫描图像的清晰程度。分辨率越高，扫描出的图像越清晰。

分辨率常用每英寸长度上的点数 d/i 表示，被称为“最高分辨率”，一般不作为参考指标。目前，市场占有率较高的产品大都定位在 600～1 200 d/i 及更高，建议不要购买 300 d/i 以下的扫描仪。

（3）色彩位数。色彩位数反映对扫描出图像色彩的区分能力。色彩位数越高，扫描出图像色彩越丰富。42 bit（逐渐增多为 48 bit）很多是指输入的颜色位数，但真正输出到电脑时的 bit 数往往不会这么高（一般还是 42 bit），而这才是真正得到的颜色数。

（4）感光元件。感光元件是扫描仪的眼睛，普通扫描仪采用的感光元件有 CCD 和 CIS。CCD 技术是目前平台式扫描仪应用最成熟的，性能优越。CIS 主要优点是成本低，重量轻，厚度薄，便于携带，适合于移动式办公环境。

### 2．配套软件

扫描仪的功能都要通过相应的软件来实现，除驱动程序和扫描操作界面以外，对不熟悉图形处理的用户，建议选择配套提供操作简单的扫描仪。选择不当，掌握操作有一定的困难，最好配套提供较详细的中文使用说明书。OCR 软件的选用对办公用户非常重要，选择时注意其是否能够识别各种印刷体、手写体、表格以及能否识别中英文混排等因素。

### 3．接口

扫描仪的接口分 3 种：EPP、USB、SCSI。EPP 称为增强型并行接口；USB 是通用串行总线接口；SCSI 属于小型计算机标准接口。

目前，主流的接口是 USB，它拥有数据传输较快，支持热插拔功能，可即插即用。SCSI 属于小型计算机标准接口，数据传输速度快，CPU 占用率低，专业用户会选择 SCSI 的扫描仪使用；而 EPP 接口扫描仪则只是旧款的电脑才会使用。

### 4．细看外壳

看到产品实物的时候，检查它的外壳是不是坚固。外壳的强度和刚度对扫描仪的清晰度影响很大，设计良好的外壳只要打开上盖，就可以在扫描仪的内壁上看到一条条明显的加强柱，而且底板不平整，有很多的凹凸。而差的扫描仪只有一层薄薄的塑料壳，强度达不到标准。

### 5．工作噪声

扫描仪在工作的时候会发出噪声，作为用户就要考虑一下，看是否能容忍它的音量。用户选购时可以参考扫描仪说明书上的工作音量，它一般是以 db 作为单位。

### 6．售后服务

选购扫描仪的时候要看一下厂商的售后服务是否有保障，要检查产品包装里面的说明书、保修卡等是否齐全，购买的扫描仪最好是在本地有售后服务中心或者维修点的。

## 4.4 手 写 板

手写绘图设备对计算机来说是一种输入设备，最常见的是手写板，其作用和键盘类似。当然，基本上只局限于输入文字或者绘画，也带有一些鼠标的功能。

在手写板的日常使用上，除用于文字、符号、图形等输入外，还可提供光标定位功能，从而手写板可以同时替代键盘与鼠标，成为一种独立的输入工具，如图 4.4.1 所示。

图 4.4.1　手写板

## 4.4.1　手写板的种类

市场上常见的手写板通常使用 USB 接口与电脑连接，在某些电脑中，出于认证等功能需要，键盘也会附带一块手写板。从单纯的技术上讲，手写板主要有分为电阻压力板、电容板以及电磁压感板等。其中电阻压力板技术最为古老，而电容板由于手写笔无须电源供给，多应用于便携式产品。电磁压感板则是目前最为成熟的技术，已经被市场所认可，应用最为广泛。

在手写笔的设计上，又分为压感和无压感两种类型，有压感的手写板可以感应到手写笔在手写板上的力度，从而产生粗细不同的笔画，这一技术成果被广泛的应用在美术绘画和银行签名等专业领域，成为了不可缺少的工具之一。

## 4.4.2　手写板的功能与结构

手写板一般是使用一只专门的笔，或者用手指在特定的区域内书写文字。手写板通过各种方法将笔或者手指走过的轨迹记录下来，然后识别为文字。对于不喜欢使用键盘或者不习惯使用中文输入法的人来说是非常有用的，因为它不需要学习输入法。手写板还可以用于精确制图，例如可用于电路设计、CAD 设计、图形设计、自由绘画以及文本和数据的输入等。

手写板有的集成在键盘上，有的是单独使用，单独使用的手写板一般使用 USB 接口或者串口。目前手写板种类很多，有兼具手写输入汉字和光标定位功能的，也有专用于屏幕光标精确定位以完成各种绘图功能的。购买时首先要明确手写板的用途。另外，手写板在价格上的差异也很大，从几百元到几千元都有，可根据自己需要和经济情况作相应选择。

## 4.4.3　手写板的选购

作为性能优良的手写板产品，在外形和某些技术指标上有所差异，以下的一些要求是选购手写板应考虑的几点。

（1）手写识别率必须达到 95%以上。如低于这个指标则会使用户在输入时要不断纠错，影响工作效率，同时应具有识别简体和繁体的功能。人工智能学习个人笔迹，有了这一功能会使用户在使用了一个阶段后，手写识别率大大提高，而不用专门花一段时间让手写板熟悉笔迹。全屏连续书写，可与各种文字编辑处理软件配合使用。

（2）连续书写和语意分析功能。它可以自动修正输入的错字，减少电脑辨别中文字的时间，加快输入的速度。

（3）重新分割、合并的功能。在连续书写中文字的时候，因一个中文字往往会由两个独立的字组成，而造成辨别错误，利用这个功能，可快速改变错误的结果。

（4）联想词库建立功能。利用这一功能，用户可自己建立联想词库和常用的语句，在使用时提高输入速度。

（5）多种书写方式共存。手写板能同时识别连笔、草书、逐笔书写，以满足不同用户的需要。

（6）具有支持网络应用的功能。随着 Internet 的发展，网络的应用已越来越广泛，某些手写板能够发送手迹 E-mail，网上笔侃聊天，使网络的应用更加快捷。

在选购时，看技术指标和功能介绍是一个方面，而另一个方面是自己亲手试用一下，体会一下手感和实际的识别率，然后根据自己的实际应用情况选择一款适合自己的产品。

## 4.5 上机实战——安装和设置扫描仪

扫描仪的安装和打印机的安装类似，都是指物理连线和软件驱动的安装，不过，安装好扫描仪后还需对其进行一些简单地设置才能使用。目前，使用的扫描仪大多是 USB 接口的扫描仪，下面就以 USB 接口扫描仪为例来介绍扫描仪的安装。

**操作步骤**

**1．扫描仪的安装**

（1）找到扫描仪的电源接口和 USB 数据接口如图 4.5.1 所示，扫描仪和打印机不同的是扫描仪使用的是直流电，而打印机使用的是交流电，因此扫描仪的电源线上带有一个小型变压器。

（2）找出扫描仪的 USB 连线，将 USB 数据线一端插入扫描仪的 USB 接口，如图 4.5.2 所示，然后将数据线的另一端插入计算机的 USB 接口。

图 4.5.1　扫描仪电源接口和数据接口

图 4.5.2　连接扫描仪数据线

（3）连接扫描仪的电源线，将扫描仪随机附带的变压器接口插入扫描仪电源接口，然后将变压器连接到交流电源上，如图 4.5.3 所示。

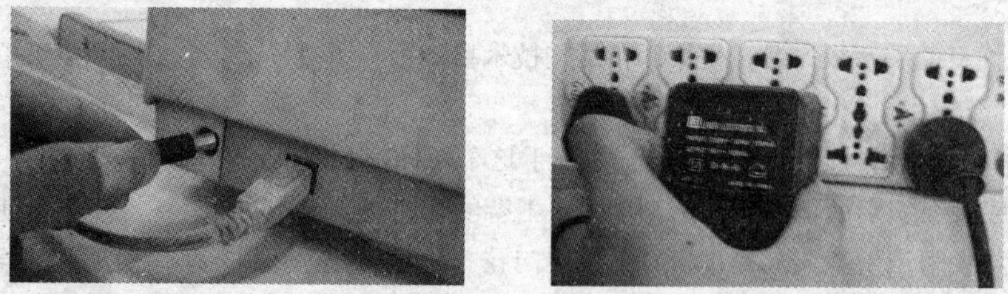

图 4.5.3　连接扫描仪电源线

（4）线路接好后，打开扫描仪电源开关，扫描仪开始自检，自检时扫描仪前面的电源指示灯会不停地闪烁，自检完成后指示灯为持续点亮状态，此时准备接收指令，表示可以启动计算机安装驱动程序了。

（5）取出扫描仪随机附带的驱动程序安装光盘，将此安装光盘插入计算机光驱中，光盘会自动运行，启动安装程序后，可按照“安装向导”的指引一步一步地完成，在此就不做详细介绍了。当扫描仪的硬件安装好以后，扫描仪还不能工作，必须安装其驱动程序。扫描仪驱动程序必须符合 TWAIN 标准。

（6）安装好驱动程序后，还需要安装一些常用的扫描仪软件。一般购买扫描仪时，都会附赠一张扫描仪软件光盘，用户可根据自身情况选择安装。

**2．扫描仪的设置**

安装好扫描仪后，最好对其有关参数进行设置，合理的参数设置会使扫描仪的使用更加方便，同时扫描的效果也会更加逼真。扫描仪的主要设置包括以下几个方面：

（1）色彩位数的选择。不同用途的扫描仪所使用的色彩位数有所不同，设置该值时应遵循以下原则：如果使用扫描仪的目的是为了打印输出，并且打印机为黑白打印机，那么用 256 级灰度扫描就可以了；如果要制作电子相册在显示器上观看，百万色（24 位）就足够了。

（2）分辨率的选择。对于化学方法冲印的彩色照片及实物，其色彩是连续的，选择扫描分辨时只须考虑图片的大小。如果是作为素材扫描，最终是打印输出，那么最好使用扫描仪的最高分辨率，这样做能够尽可能地再现原稿。如果扫描并不需要高精度输出，那么选择 300 d/i 的分辨率基本就可以再现彩色照片的细节。如果扫描只是为了在屏幕上显示或者作网页素材，可根据最终需要图片的大小选择合适的分辨率。

（3）亮度和对比度的调整。扫描仪的驱动程序中关于扫描仪亮度和对比度有一个默认的值，对于一般密度的稿件直接使用默认值即可。如果稿件本身色调过高或过低，可能需要手工调整亮度和对比度的值；如果稿件本身反差太小，扫描结果平淡，可以拖动反差调节滑标，调整反差，也可以重新设定调整密度分布范围。

## 本 章 小 结

本章主要介绍了键盘、鼠标、扫描仪、手写板这 4 种输入设备。键盘和鼠标是经常使用的输入设备，主要介绍了它们的分类以及选购方法。对于扫描仪，希望通过本章相关知识的学习，读者能够更好地分辨扫描仪的性能优劣，从而根据自己的需求选配相应的扫描仪。

## 操 作 练 习

**一、填空题**

1．键盘按接口可以分为________、________和________3 类。

2．人体工程学键盘是键盘未来的发展趋势，因为它是本着“________”的思想来设计的。

3．按照工作原理的不同，可以将鼠标分为________鼠标、________鼠标、________鼠标、无线鼠标、轨迹球鼠标等。

4．色彩位数也称为________，是表示扫描仪所能辨析的色彩范围，单位是________。

5. 手写板除用于文字、符号、图形等输入外，还可提供＿＿＿＿＿功能，从而手写板可以同时替代键盘与鼠标，成为一种独立的输入工具。

## 二、选择题

1. 下列属于鼠标性能指标的有（　）。
   （A）分辨率　　（B）移动速度
   （C）扫描次数　　（D）采样率
2. 扫描仪经常采用的接口有（　）。
   （A）USB　　（B）EPP
   （C）COM　　（D）SCSI
3. 平板式扫描仪的光学分辨率以及色彩位数的范围是（　）。
   （A）分辨率在 50 d/i 到 800 d/i 之间，色彩位数在 24 位到 48 位之间
   （B）分辨率在 500 d/i 到 8 000 d/i 之间，色彩位数在 16 位到 24 位之间
   （C）分辨率在 300 d/i 到 8 000 d/i 之间，色彩位数在 24 位到 48 位之间
   （D）分辨率在 400 d/i 到 6 000 d/i 之间，色彩位数在 16 位到 24 位之间
4. 下面工具中可将文字或图像信息输入到计算机中的是（　）。
   （A）打印机　　（B）扫描仪
   （C）复印机　　（D）传真机

## 三、简答题

1. 简述键盘和鼠标的分类。
2. 简述扫描仪的工作原理。
3. 扫描仪分为哪几类？各有什么特点？
4. 手写板的主要功能是什么？

## 四、上机操作题

1. 用扫描仪扫描彩色图片和黑白文本。
2. 试用手写板输入文字，并绘制一幅简单的图画。

# 第5章 输出设备

人与计算机之所以能够交互，除了输入设备在人与计算机之间起到的数据/指令传导作用外，还有一点就是计算机能够通过输出设备向用户反馈信息。通过不同类型的输出设备，计算机将其内部的二进制信息转换为数字、字符、图形图像、声音等人们所能够识别的媒体信息，为用户正常使用计算机提供了可靠保障。本章将介绍常用的输出设备：显示器、打印机和音箱的相关知识。

### 知识要点

- ✫ 显示器
- ✫ 打印机
- ✫ 音箱

## 5.1 显示器

显示器又叫监视器（Monitor），是计算机的主要输出设备，也是用户与计算机沟通的主要桥梁。在计算机显示系统中，显卡的质量固然重要，但是没有同样好质量的显示器与之匹配，也不可能实现高质量的图像显示画面。通常，显卡的分辨率指标往往高于显示器所能达到的分辨率指标，所以，只有高技术指标的显示器与显卡指标匹配，才能有高性能的显示系统。

### 5.1.1 显示器的分类

显示器按显示原理来分，可分为 CRT 显示器和 LCD 显示器两大类。目前，PC 机上普遍使用的是 LCD 显示器，而 CRT 显示器已被淘汰。

**1．CRT 显示器**

CRT 显示器是一种采用阴极射线管（Cathode Ray Tube）的显示器，如图 5.1.1 所示。阴极射线管主要由电子枪、偏转线圈、荫罩、荧光粉层及玻璃外壳 5 部分组成。

CRT 显示器按其显示屏幕的形状，分为球面显示器、平面直角显示器、柱面显示器和纯平显示器 4 种。

（1）球面显示器。该类型显示器是指显像管的断面是一个球面，这种显像管在水平和垂直方向都是弯曲的，因此图像也随屏幕的形态而弯曲，这是早期 CRT 显示器的代表，后来被平面显示器所取代。

（2）平面直角显示器。该类型显示器的显像管由于采用了扩张型技术，使传统的球面管在水平和垂直方向向外扩张，因此看上去比球面显示器要平坦得多，同时在防止光线的反射和眩光方面也有不少改进。

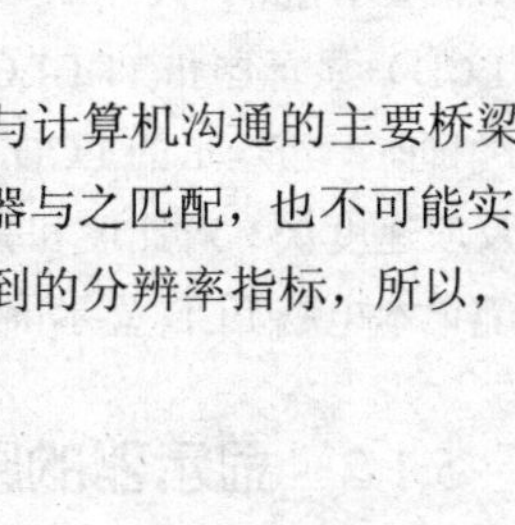

图 5.1.1　CRT 显示器

（3）柱面显示器。该类型显示器的特点是从水平方向看，屏幕呈曲线；从垂直方向看，屏幕呈直线。这类显示器采用了条形荫罩板和带状荧屏技术，透光性好、亮度高、色彩鲜明，适合对色彩表现要求高的情况。

（4）纯平显示器。该类型显示器代表了主流的 CRT 显示器，它在水平和垂直两个方向都做到了平面。纯平显示器具有可视角度大、无坏点、色彩还原度高、色度均匀、可调节的多分辨率模式、响应时间极短等优点。

2. LCD 显示器

LCD（Liquid Crystal Display）显示器是一种采用了液晶控制透光度技术来实现色彩的显示器，如图 5.1.2 所示。

液晶是一种介于固态和液态之间的物质，是具有规则性分子排列的有机化合物，如果把它加热会呈现透明状的液体状态，把它冷却则会出现结晶颗粒的混浊固体状态。正是由于它的这种特性，所以被称之为液晶（Liquid Crystal）。用于液晶显示器的液晶分子结构排列类似细火柴棒，称为 Nematic 液晶，采用此类液晶制造的液晶显示器也就称为 LCD 显示器。

图 5.1.2　LCD 显示器

液晶显示器按液晶面板可分为 TN-LCD（Twisted Nematic-LCD，扭曲向列 LCD）显示器、STN-LCD（Super TN-LCD，超扭曲向列 LCD）显示器、DSTN-LCD（Double layer STN-LCD，双层超扭曲向列 LCD）显示器和 TFT-LCD（Thin Film Transistor-LCD，薄膜晶体管 LCD）显示器 4 种。

目前，市场上的 LCD 液晶显示器主要有两类：DSTN-LCD 和 TFT-LCD，其中 TFT-LCD 具有屏幕反应速度快、对比度和亮度较高、屏幕可视角度大、色彩丰富等特点，是目前桌面型 LCD 显示器和笔记本电脑 LCD 显示屏的主流显示设备。

### 5.1.2　显示器的原理

显示器是一个比较复杂的高科技产品，不同类型的显示器，其显示原理也不尽相同。下面就以常用的 CRT 显示器和 LCD 显示器原理进行简单的介绍。

1. CRT 显示器原理

CRT 显示器的核心部件是 CRT 显像管，其工作原理和电视机的显像管基本相同。CRT 显像管使用电子枪发射高速电子，经过垂直和水平的偏转线圈控制高速电子的偏转角度，最后高速电子击打屏幕上的磷光物质使其发光，通过电压来调节电子束的功率，就会在屏幕上形成明暗不同的光点，从而形成各种图案和文字。

彩色显像管屏幕上的每一个像素点都是由红、绿、蓝三种涂料组合而成，由三束电子束分别激活这三种颜色的磷光涂料，以不同强度的电子束调节三种颜色的明暗程度就可得到所需的颜色，这基本类似于绘画时的调色过程。倘若电子束瞄准得不够精确，就可能会打到邻近的磷光涂层，这样产生的颜色就会不正确或有轻微的重像。

2. LCD 显示器原理

LCD 显示器的结构比较简单，内部由液晶面板和电路板构成，外部主要由控制按钮和信号接口组成。

（1）液晶面板。液晶面板是 LCD 显示器最重要的组成部分，主要由偏光板、玻璃、配向膜、彩色滤光片、TFT、液晶、背光板等通过框胶、铁质边框、保护膜、金属外壳封装在一起构成。

（2）电路板。主控电路板是 LCD 显示器中最大的电路板，主要负责处理显卡输入的显示信号。

（3）信号接口。信号接口主要有 DVI 和 D-SUB 两种，DVI 是数字信号接口，可以直接接收数字信号；D-SUB 是模拟信号接口，通过 D-SUB 输入的模拟信号，必须被转换成数字信号后才能使用。

（4）控制按钮。控制按钮主要用来调节显示器的显示属性，如亮度、对比度等。

从液晶显示器的结构来看，采用的 LCD 显示屏都是由不同部分组成的分层结构。LCD 由两块玻璃板构成，厚约 1 mm，其间又包含液晶材料。因为液晶材料本身并不发光，所以在显示屏两边都设有作为光源的灯管，而在液晶显示屏背面有一块背光板（或称匀光板）和反光膜，背光板是由荧光物质组成的，可以发射光线，其作用主要是提供均匀的背景光源。

背光板发出的光线在穿过第一层偏振过滤层之后进入液晶层。液晶层中的液晶都被包含在细小的单元格结构中，一个或多个单元格构成屏幕上的一个像素。在玻璃板与液晶材料之间是透明的电极，电极分为行和列，在行与列的交叉点上，通过改变电压而改变液晶的旋光状态，液晶材料的作用类似于一个个小的光阀。在液晶材料周边是控制电路部分和驱动电路部分。当 LCD 中的电极产生电场时，液晶分子就会产生扭曲，从而将穿越其中的光线进行有规则的折射，然后经过第二层过滤层的过滤在屏幕上显示出来。

### 5.1.3　显示器的选购

下面对显示器的参数简要进行介绍，为用户购买显示器提供参考。

#### 1．信号反应时间

信号反应时间的长短决定了显示画面是否可以流畅地显示，如玩 3D 游戏或看影碟时是否出现严重的“重影”或“扫尾”现象。该指标通常以平均信号反应时间和上升信号反应时间两种（如 50 ms/25 ms），前者为整体信号反应时间。用户在选择产品时应以平均信号反应时间为参考值。在选购中低档 LCD 显示器时平均信号反应时间至少应要求在 50～60 ms 以下。

#### 2．可视角度

受工作原理的限制，LCD 显示器从不同角度观看屏幕图像时，图像的清晰度、色彩和亮度效果会大相径庭。可视角度分为水平可视角度和垂直可视角度，其中水平可视角度对用户的意义很大，购买产品时，至少应保证水平可视角度在 120° 以上。

#### 3．对比度

LCD 显示器的对比度是指屏幕图像最亮的白色区域与次暗的黑色区域之间相除后，得出的不同亮度级别。对比度越高意味着所能呈现的色彩层次越丰富。随着 LCD 技术的不断成熟，这一指标即使是中低档产品一般也可达到 250:1，而一些高端产品甚至还能达到 400:1。

#### 4．亮度

亮度值越高，意味着可看到更加亮丽的画面、更清晰的图像。在 LCD 显示器中亮度是用 $cd/m^2$ 衡量，意思是每平方米的烛光亮度。选择时应将此参数值定在至少 200 $cd/m^2$，能达到 250 $cd/m^2$ 更理想。此外，对比度和亮度这两个指标对 LCD 显示器的影响是相互关联的，因此选择的时候应尽量平衡考虑这两个指标。

#### 5. 环保认证

尽管LCD显示器与CRT显示器相比，在环保和保护用户健康方面已有相当的提高，但在选购产品时仍需留意产品是否通过相关的环保认证，一般而言LCD产品均应当通过TCO\'99认证，至少也应通过TCO\'95认证。

#### 6. 专业应用

产品设计的提高和技术的成熟，使LCD正步入专业广告设计和CAD/CAM等行业领域。由于专业用户的工作需要，对显示器的表现力要求近乎苛求，因此，在选购液晶显示器时要优先考虑主要性能指标和实际显示效果，在此基础上再考虑价格。

## 5.2 打 印 机

打印机是计算机系统中重要的一种输出设备。它主要用于打印运算过程、结果及文件，还可以用于打印统计图表和描绘图形。随着计算机技术的发展，对打印机等外设提出了更高的要求，如高速度、低噪声、高分辨率、输出图形图像化和彩色化等。为满足这样的要求，相继出现了喷墨打印机、激光打印机等领导打印机潮流的产品。

### 5.2.1 打印机的分类

打印机种类较多，分类的方式也有多种。

（1）按印字的原理分为击打式打印机和非击打式打印机。击打式打印机利用机械作用印字，如点阵针式打印机；非击打式打印机利用光、电或化学方式印字，如喷墨打印机、激光打印机和热敏式打印机等。

（2）根据打印的颜色可分为单色打印机和彩色打印机。单色打印机只能在打印纸上打印出黑色图文；彩色打印机通过专门的色彩控制电路和部件能实现彩色图文的输出。

（3）根据打印的幅面可以分为窄幅打印机（只能打印 A4 纸以下幅面）和宽幅打印机（可打印A4纸以上的幅面）。

下面来分别介绍点阵针式打印机、喷墨打印机和激光打印机。

### 5.2.2 点阵针式打印机

在众多种类的打印机中，点阵针式打印机由于结构简单、价格适中、技术成熟、具有中等程度的分辨率和打印速度以及形式多样、适用面广而得到大多数用户的青睐。尤其是点阵针式打印机在打印汉字方面更有着其他类型的打印机不可比拟的优点。

#### 1. 点阵针式打印机的工作原理

点阵针式打印机是利用直径为0.2～0.3 mm的打印针通过打印头中的电磁铁吸合或释放来驱动打印针向前击打色带，将墨点印在打印纸上而完成打印动作的，通过对色点排列形式的组合控制，实现对规定字符、汉字和图形的打印。所以，点阵针式打印机实际上是一个机电一体化系统，如图 5.2.1 所示。

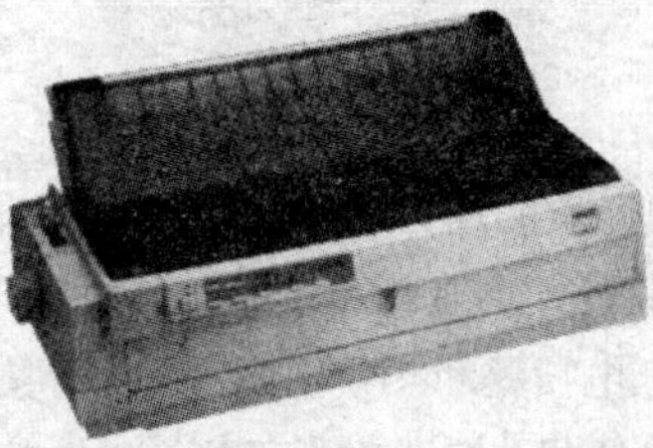
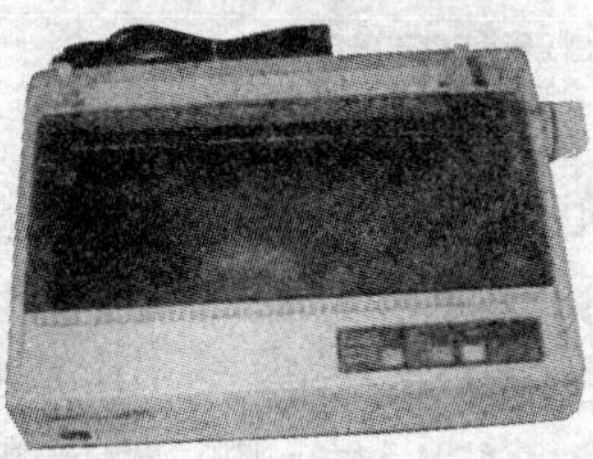

图 5.2.1　点阵针式打印机

**2. 点阵针式打印机的组成**

点阵针式打印机由两大部分组成：机械部分和电气控制部分。机械部分主要完成打印头横向左右移动、打印纸纵向移动以及打印色带循环移动等任务；电气控制部分主要完成从计算机接收传送来的打印数据和控制信息，将计算机传送来的 ASCII 码形式的数据转换成打印数据，控制打印针动作，并按照打印格式的要求控制字车步进电机和输纸步进电机动作，对打印机的工作状态进行实时监测。

**3. 点阵针式打印机的特点**

点阵针式打印机的成本较低，它不但具有打印复写纸、蜡纸以及大幅面打印的独特功能，而且具有结构简单、使用灵活、分辨率比较高的特点，是一种性价比较高的打印机。除此之外，点阵针式打印机性能可靠，价格低廉，能够使用普通纸张，耗材便宜，降低了用户的使用成本，而且能够打印多层压感纸，可同时得到多件副本以提高打印效率。现在的点阵针式打印机通常都是 24 针，可以通过调整打印机与纸张的间距来适应打印纸的厚度，并且可以通过改变打印机的力度调节打印的清晰度。因为特定色带的颜色是固定的，所以点阵针式打印机都是单色的，而且还有打印速度慢、噪声大等缺点，再加上喷墨打印机和激光打印机的出现，点阵针式打印机现主要用于票据打印等一些专用的行业，在普通打印行业里已经被淘汰。

**4. 针式打印机的选购**

选购针式打印机时可以从以下几个方面考虑。

（1）了解需要应用的领域，不同的应用领域需要选购不同的针式打印机。针式打印机已经分为通用针式打印机和专用针式打印机两大类。通用针式打印机就是最为常见的滚筒式打印机，而专用打印机则是指有专门用途的平推式打印机，如存折打印机、票据打印机等。

（2）考虑它的可靠性。在打印头寿命方面，好的针式打印机一般采用全新高密度、高耐磨打印头，这种打印头结构设计紧凑，并加强了散热功能，能造就高拷贝能力和长寿命，好的打印头的使用寿命可高达 4 亿次/针，而整机平均无故障时间高，也代表着打印机的可靠性高，好的针式打印机的整机平均无故障时间一般可达 10 000 时。

（3）检查性能指标。一般在打印票据或报表的时候，票据或报表往往需要一式数份，同时要打印多联，需要拷贝能力强的针式打印机。在一些窗口行业，打印业务高强度、高负荷，打印速度高的打印机就能提升工作效率，用户应根据实际的应用情况进行选择。

（4）耐用性。针式打印机的使用寿命是所有用户都非常关心的问题，色带的寿命也是用户应考虑的因素，大容量、长寿命色带能够大大降低耗材费用。影响色带寿命的原因有色带芯的质量、色带盒的大小、色带的长短等。打印头的长寿命可以避免了更多的再投资，从而能降低总体运营成本。

（5）售后服务。除去产品的品质和价格问题，厂家的售前、售中、售后服务质量，往往关系到设备能否长期良好地运行，因此这也是选购时应着重考虑的一项指标。

### 5.2.3 喷墨打印机

喷墨打印机具有更为灵活的纸张处理能力，在打印介质的选择上，喷墨打印机也具有一定的优势：既可以使用信封、信纸等普通介质，也可以使用各种胶片、照片纸、卷纸、T 恤转印纸等特殊介质。

目前，喷墨打印机按打印头的工作方式可以分为压电喷墨和热喷墨两大类型；按照喷墨的材料性质可以分为水质材料、固态油墨和液态油墨等类型的打印机；按照色彩可分为黑白喷墨打印机和彩色喷墨打印机，如图 5.2.2 所示。

图 5.2.2 喷墨打印机

#### 1．喷墨打印机的工作原理

压电喷墨技术是将许多小的压电陶瓷放置到喷墨打印机的打印头喷嘴附近，利用它在电压作用下会发生形变的原理，使喷嘴中的墨汁喷出，在输出介质表面形成图案。用压电喷墨技术制作的喷墨打印头成本比较高，所以为了降低用户的使用成本，一般都将打印喷头和墨盒做成分离的结构，更换墨水时不必更换打印头。该种打印头对墨滴的控制力强，容易实现高精度的打印，缺点是喷头堵塞的更换成本非常昂贵。

热喷墨技术的工作原理是通过喷墨打印头（喷墨室的硅基底）上的电加热元件（通常是热电阻），在 3 μs 内急速加热到 300℃，使喷嘴底部的液态油墨汽化并形成气泡，该蒸气膜将墨水和加热元件隔离，避免将喷嘴内全部墨水加热。加热信号消失后，加热陶瓷表面开始降温，但残留余热仍促使气泡在 8 μs 内迅速膨胀到最大，由此产生的压力压迫一定量的墨滴克服表面张力快速挤压出喷嘴。随着温度继续下降，气泡开始呈收缩状态。喷嘴前端的墨滴因挤压而喷出，后端因墨水的收缩使墨滴开始分离，气泡消失后墨水滴与喷嘴内的墨水就完全分开，从而完成一个喷墨的过程。

喷到纸上墨水的多少可通过改变加热元件的温度来控制，最终达到打印图像的目的。当然，以上只是一种“慢镜头”似的划分，实际打印喷头加热喷射墨水的过程是相当高速的。从加热到气泡的形成一直到消失，准备下次喷射的整个循环只耗时 140～200μs。用这种技术制作的喷头工艺比较成熟，成本也很低廉，但由于喷头中的电极始终受电解和腐蚀的影响，对使用寿命会有不少影响，因此采用这种技术的打印喷头通常都与墨盒做在一起，更换墨盒时即同时更新打印喷头。

#### 2．喷墨打印机的性能指标

喷墨打印机的性能指标有以下几方面：

（1）分辨率。喷墨打印机的分辨率是指打印机每平方英寸内可打印的点数，单位为点/英寸，即 d/i。它是衡量打印机质量的基本指标。由于一般彩色喷墨打印机的黑白打印分辨率与彩色打印分辨率有可能会不同，因此购买时一定要注意看商家标注的是哪种分辨率，一般至少在 360 d/i 以上。

（2）打印速度。打印速度是指打印机每分钟可以打印的页数，单位为 P/min。

（3）色彩调和能力。传统的喷墨打印机在打印彩色照片时遇到过渡色，就会在三种基本颜色的组合中选取一种接近的组合来打印，但即使加上黑色，这种组合一般也不会超过 16 种，对色阶的表达能力不是很好。

早期的喷墨打印机采用了调整喷点疏密程度的方法来表达色阶，但由于彩色分辨率太低，调整疏密程度的结果是过渡色效果很差，看上去会有很多斑点。现在的彩色喷墨打印机一方面通过提高打印机分辨率来使打印出来的点变细，另一方面通过改进色彩调和能力来增强打印效果，常见的有：增加色彩数量、改变喷出墨滴的大小、降低墨盒的基本色彩浓度等方法。目前，通常是采用五色的彩色墨盒，加上原来的黑色墨盒，形成六色打印。

（4）墨盒类型。大部分喷墨打印机使用黑、青、洋红、黄四色墨盒，高档一些的喷墨打印机提供黑、青、洋红、黄、淡青、淡洋红六色墨盒。

（5）介质类型。喷墨打印机所能打印的介质类型一般为：普通纸、喷墨纸、光面照片纸、高光照相胶片、光面卡片纸、透明胶片等。

**3．喷墨打印机的选购**

喷墨打印机的选购主要是耗材选购，所以在选购喷墨打印机时应注意以下两方面：

（1）墨水。这是打印机用得最快和换得最多的耗材，对于普通用户，每两个月换一次墨水是正常的。目前喷墨打印机能使用的墨水种类繁多，购买时应根据需要来选择墨水。合格的喷墨打印机墨水具有超小的分子量、渗透率适中、一定的黏比性、化学输墨主动性及精密的化学合成顺序密码，只有达到上述条件，墨水才能在喷头上顺利地受控喷打，才能保证打印精度。如果墨水的化学成分不对，加注后新墨水会与原残留墨水起化学反应生成胶状物或结晶物，这种故障几乎会使喷头报废，因此购买墨水最好还是根据打印机厂商的提示选择原厂墨水。

（2）打印材质。高品质的打印材质才能发挥高分辨率喷墨打印机的潜力。打印材质一般有普通打印纸、高分辨率纸、光面纸、胶片等多种。普通打印纸的表面有一层很薄的涂层，两面均可打印，其打印效果比使用复印纸要好一些，是喷墨打印机专用介质中最便宜的，适用于对质量要求不高的文档打印和简单的图形打印。高分辨率纸的涂层比普通打印纸要厚一些，表面更加平整，可用来打印图文并茂的报告和简单的图像，但却不能达到照片品质的输出效果。光面纸的涂层较厚，其表面非常光滑且有光泽，使用光面纸打印出来的图像色彩准确生动，饱和度高，其照片输出效果比高分辨率纸要好得多。胶片有光面胶片和透明胶片两种：光面胶片是一种带有白色涂层的塑料胶片，它的表面更加平滑光亮，其打印效果非常优秀，是最适合打印照片的介质，但缺点是价格昂贵，打印成本太高；透明胶片是一种特殊的透明塑料胶片，可用来制作彩色幻灯片或透明覆盖层，打印出来的图表和图形比较精美。

目前，彩色喷墨打印机已经发展到了相当成熟的阶段，尤其是当今数码相机的普及，数码照片的输出对彩色喷墨的打印效果提出了更高的要求。

### 5.2.4 激光打印机

激光打印机是目前打印机中最高端的产品，其技术原型来自复印机，它提供了更高质量、更快速、更低成本的打印方式，如图 5.2.3 所示。

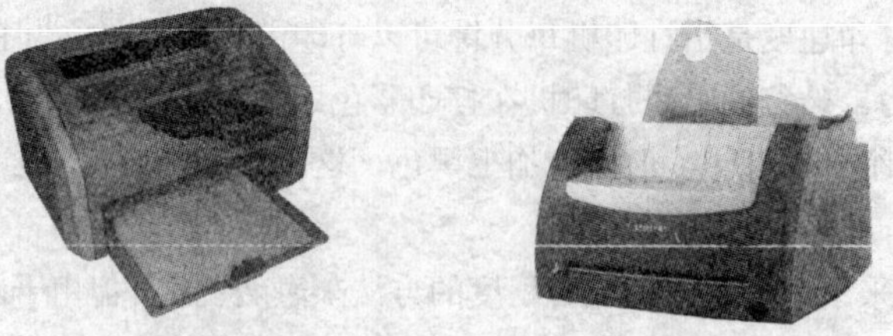

图 5.2.3 激光打印机

1. 激光打印机的工作原理

激光打印机的打印原理是利用光栅图像处理器产生要打印页面的位图，然后将其转换为电信号为一系列的脉冲送往激光发射器，在这一系列脉冲的控制下，激光被有规律的放出。与此同时，反射光束被接收的感光鼓所感光。激光发射时就产生一个点，激光不发射时就是空白，这样就在接收器上印出一行点来。然后接收器转动一小段固定的距离继续重复上述操作。当纸张经过感光鼓时，鼓上的着色剂就会转移到纸上，印成了页面的位图。最后当纸张经过一对加热辊后，着色剂被加热熔化，固定在了纸上，就完成打印的全过程，这整个过程准确而且高效。虽然激光打印机的价格要比喷墨打印机贵的多，但从单页的打印成本上讲，激光打印机则要便宜很多。而彩色激光打印机的价位很高，几乎都要在万元上下，应用范围较窄，很难被普通用户接受。

2. 激光打印机的分类

激光打印机按其色彩可分为黑白激光打印机和彩色激光打印机。

（1）黑白激光打印机。当用户发送打印指令后，打印机由“充电”开始，先在感光鼓行充上负电荷或正电荷，然后再将打印机处理器处理好的影像资料透过光束照射到感光鼓上，形成静电潜像，接着让碳粉匣中的碳粉带电，此时感光鼓上的静电潜像表面经过碳粉匣时就会吸附带电的碳粉，并显像出图文影像。然后让打印机进纸匣牵进来的纸面带相反的正电荷或负电荷，这样由于异性相吸的缘故就可把碳粉吸附到纸张上。接下来以高温高压的方式，将碳粉固定到纸上。最后除去静电潜像，使感光鼓表面的电位恢复到初始状态，等待下一次打印动作。

（2）彩色激光打印机。彩色激光打印机原理与黑白激光打印机原理相同，只是黑白激光打印机使用黑色粉末来打印，彩色激光打印机使用青、品红、黄、黑四种粉末各自打印一次，依靠颜色混色就形成了丰富的色彩。

3. 激光打印机的性能指标

激光打印机的性能指标主要有以下几个方面：

（1）分辨率。用每英寸打印的点数表示，单位为 d/i。它是衡量打印机打印精度的主要参数之一，该值越大表明打印机的打印精度越高。

（2）最大打印幅面。指激光打印机所能打印的最大纸张幅面，幅面越大打印的范围就越大。通常有 A3，A4，A5 等幅面。

（3）首页输出时间。指在执行打印命令后，多长时间内可以输出打印的第一页内容。一般的激光打印机在 15 s 内就可完成首页的输出工作。

（4）最大打印能力。打印机所能负担的最大打印数量，如果长期超过最大打印数量，打印机的使用寿命就会缩短，以每月最多打印多少页为衡量标准。

（5）介质类型。指打印机所能打印的纸张类型。激光打印机可以处理的介质一般有普通打印纸、信封、投影胶片、明信片等。

**4．激光打印机的选购**

选购激光打印机时应注意以下几点：

（1）打印质量。打印质量是指彩色激光打印机在打印不同对象时所表现出来的效果，是选购彩色打印机最基本也是最重要的因素之一。事实上，打印彩色图像、图形和表格时，对彩色的合理分配是完全不同的，获得品质优良的彩色图像效果不一定能获得引人注目的彩色图形和表格。因此，选购彩色激光打印机时就需要了解设备在彩色输出方面拥有的彩色打印新技术和软件功能有多少，以及这些新技术与新功能是否能适应自己彩色打印中的需求。

（2）打印速度。激光打印机的打印速度也是以 P/min 为单位，即每分钟打印的页数。打印速度与许多因素有关，如标称的引擎速度、处理器主频、是否配备专用图像处理芯片等。一般用户关心的是引擎速度，也就是 P/min 数值，因此购买时需注意厂商所标称的 P/min 数值，但有些厂家在宣传时所说的最高打印速度一般是指在打印纯文本之类的文件时才可能达到的速度，选购时需要向厂家询问清楚。

（3）打印内存。激光打印机的内存影响到单页打印内存的复杂程度，由于激光打印机需要把从电脑上传过来的数据通过内存作为临时存储点完全读取，而不是像喷墨打印机边读边打印，因此固定的大容量内存是必不可少的。

（4）网络性能。网络性能主要包括网络打印速度、对各种网络设备的支持情况、打印机在网络上的安装难易程度及打印机的网络管理功能。由于激光打印机主要应用于工作组以上的商用办公领域，因此需要打印机能在各种网络中正常使用并支持多种网络操作系统。

# 5.3　多媒体音箱

一款好的声卡能够创造出完美的声音，但这些美妙的声音只有通过优质的多媒体音箱或耳机才能播放出来。多媒体音箱的性能直接关系到声卡输出声音的质量。接下来就详细介绍一下多媒体音箱的一些相关知识。如图 5.3.1 所示为一款多媒体音箱的外形。

## 5.3.1　多媒体音箱的结构

多媒体音箱的结构主要由下列几部分组成：外壳、电源、功放块、滤波电容、喇叭、信号线和分频器。

图 5.3.1　多媒体音箱

（1）外壳。优质多媒体音箱的外壳一般由原木或 5 mm 以上的中密度板做成，一些低档的音箱采用塑料外壳或者使用泡花板材料，只是在其表面贴上了木纹纸或其他的装饰材料。通常音箱的外壳越重，在大音量工作时，发生共振的概率就越小，声音变质的可能性也就越小，因而音质就越好。

（2）电源。大功率的电源可以保证音箱在完全工作时处于不失真状态，一般为功放功率的 1.5 倍。

（3）功放块。大多低档的有源音箱都采用廉价的 TDA2030A 功放块，且功放块没有使用专用的散热器，当长时间工作时会由于散热面积小再加上音箱内部的密闭空间，产生的热量不能得到及时的散发，导致功放块过热而烧毁。如经常会听到音箱在长时间工作后会发出“嗡嗡”的声音。

（4）滤波电容。滤波电容主要用来为电源的交流成分提供回路和为音箱功放提供瞬时的大电流，滤波电容的容量越大，当音箱工作在动态大范围状态时就越不容易出现供电不足，播放出的声音的音质就越好。所以通常情况下，高档的功放都会配备大容量的滤波电容，有些高档功放的电容甚至达到了数万微法。

（5）喇叭。喇叭用来播放出声音，按照喇叭数分为两单元、三单元、四单元等。还有一种将高音喇叭与低音喇叭做成一体，称为同轴单元。

（6）信号线。信号线用来传输电信号，质量好的信号线能够保证电信号在传输过程中不失真，从而播放出优质的音乐。

（7）分频器。分频器的作用就是将人耳能够感知的声音频段，即 20～20 000 Hz 分成多个频段分别传送到对应的喇叭单元。按时频段划分的多少可以分成二分频、三分频等。

### 5.3.2 多媒体音箱的性能指标

一般多媒体音箱常见的性能指标有功率、灵敏度、阻抗、频响范围等。

（1）功率。功率可以分为额定功率和最大功率，单位是 W。用户在选购音箱时需要注意的是该音箱的额定功率，额定功率是音箱正常工作时的功率，是指非线性失真不超过该音箱标准范围的条件下的最大输入功率。

（2）灵敏度。灵敏度是指在音箱上施加 1 W 电压时，在离参考点 1 m 处所产生的声压，单位是 dB（分贝）。音箱的灵敏度越高，在同样的驱动功率下响声就越大。

（3）阻抗。阻抗是指音频信号加在音箱输入端时音箱所呈现出的阻值。常见的有 4 Ω 和 8 Ω，使用时注意要与功放的输出阻抗相匹配。

（4）频响范围。频响范围是指音箱在音频范围内的高低两端下降 3 dB 时的频率重放范围。频响范围越宽其音质就越好。现在的 HI-FI 音箱的高频端已经达到了 30 000 Hz，低频端由于受扬声器口径的限制和箱体容积的限制，只能达到 20 Hz。

（5）信噪比。信噪比是指音箱回放的正常声音信号强度与噪声信号强度的比值。高信噪比有利于多媒体音箱回放的声音清晰、干净、富于层次感，同时，也在很大程度上决定了多媒体音箱的动态范围。信噪比低于 80 dB 的音箱和低于 70 dB 的低音炮建议不要购买。

（6）失真度。失真率是十分重要的一个指标，一般用百分数表示，它直接影响到音质音色的还原程度，为了改善音质，失真度最好保持在 3%～5%之间。失真度越小，表示音箱性能越好，音箱还原的声音就越真实，播放出的声音就越接近原音。

### 5.3.3 音箱的选购

用户在选购音箱时，可以从下面几个方面去考虑。

**1．定位**

目前，市场上的多媒体音箱的价格从几十元到上千元不等，而往往会看到用户用七八百元买的高档声卡却配了一个几十元普通塑料音箱，所以用户首先要注意的就是所选购的音箱要与自己的声卡搭配，否则，就只能造成资源的浪费。其次，要考虑自己所处的环境条件，如果在办公室等需要安静的地方，则选择一个质量较好的耳机会比发声的音箱要好。如果是在学生宿舍，选择一对低中档的木质音箱就足够了。如果是家庭用且有足够大的空间，则应该选择环绕立体声多媒体音箱。最后确定音箱的功率，功率要根据自己的需要而定，并非越大越好，一般在一个 15 $m^2$ 的房间内，选择一台 450 W 的音箱就可以了。

**2．看**

首先要检查一下包装箱，不能有拆过的痕迹；然后看其包装箱内的相关附属配件是否齐全，如音箱连接线、插头、音频连接线与说明书、保修卡等；最后检查其做工，假冒伪劣产品的做工很差，最明显的就是箱体，劣质的箱体大多采用胶合板甚至纸板加工而成。用户还要注意箱体表面有无气泡、突起、脱落、划伤、边缘贴皮粗糙等现象，有无明显的板缝接痕，箱体结合是否紧密整齐，后面板是否固定牢，网罩是否上下自如，细节部位做工是否精良等。

**3．摸**

判断喇叭好坏的最好办法就是摸，先摸一下扬声器的边，一般是越软越好；然后轻轻按扬声器中间部位，按到底再松开，看看深度，一般陷得越深，表明扬声器的冲程越长，长冲程的扬声器可以获得很好的低音效果；最后用手指肚轻轻敲扬声器的纸盆，声音越低沉越好。

**4．听**

选音箱最重要的就是要“耳听为实”，用户在检查完外观后试听一下：先听一下静噪，俗称电流声，就是平时使用时的“嗞嗞”声。检查时将音量调至最小，这种声音越小越好，优秀厂家的产品可做到人耳离开喇叭 10 cm 处就听不到任何噪声。然后选择一两首熟悉的乐曲，细听其音质，一般来说大多数人对中高音的感觉没有低音敏锐，因此除功放的质量和信噪比外，低音喇叭的质量将决定整体的效果，用户最好能带一张自己熟悉、上乘的正版交响乐 CD。

**5．安全性**

电器的安全指标是国家强制实行的，用户要注意其插头、导线、开关等是否安全可靠，是否在电源线及插头上印有长城标记等。

**6．质保**

检查完毕上述方面后，最后要向销售商询问一下其售后服务事宜，购买后应索要发票和填写质保卡，通常有源音箱的保修期至少为一年。

## 5.4 上机实战——打印机的安装

打印机是计算机的输出设备之一，本节主要利用所学的内容，以惠普 HP LaserJet 1020 激光打印机为例，讲解其安装过程。

**操作步骤**

（1）连接电源线。将打印机电源线一端连接到电源插座，另一端连接到打印机，如图 5.4.1 所示。

（2）连接数据线。由于现在大多数打印机的数据线都是 USB 接口，所以连接时不用关闭计算机，可直接插入。将 USB 数据线一端插入计算机 USB 接口，另一端插入打印机，如图 5.4.2 所示。

图 5.4.1　连接电源线

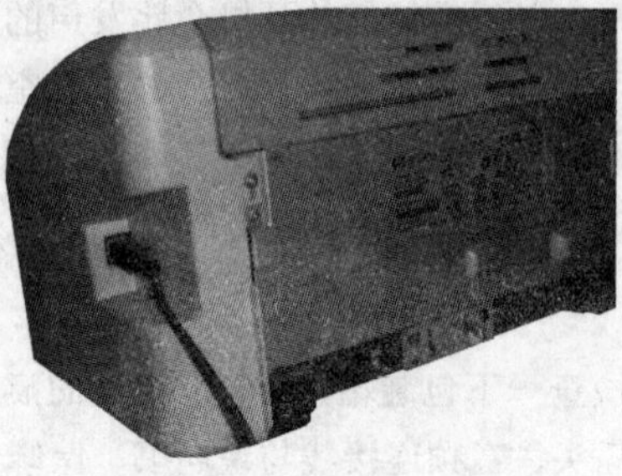

图 5.4.2　连接数据线

（3）电源线和数据线连接好后，先开启插座电源，再开启打印机电源。至此，所有连接完成，如图 5.4.3 所示。

（4）安装打印机驱动程序。将打印机随机附带的驱动光盘放入计算机光驱中，按照安装程序的提示进行安装。安装完成后，系统会自动添加打印机到“打印机和传真”窗口，如图 5.4.4 所示。

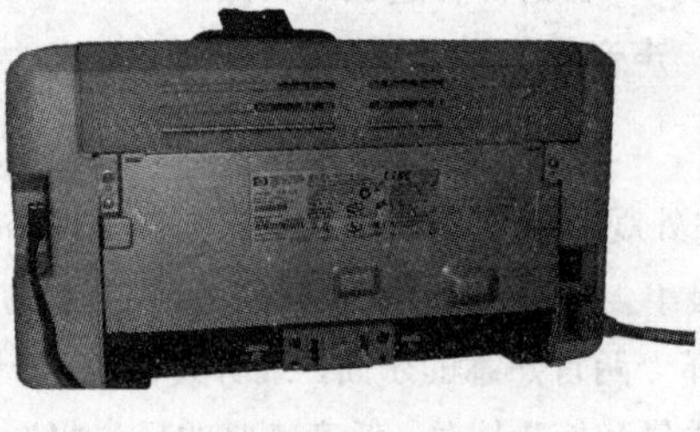

图 5.4.3　完成所有连接

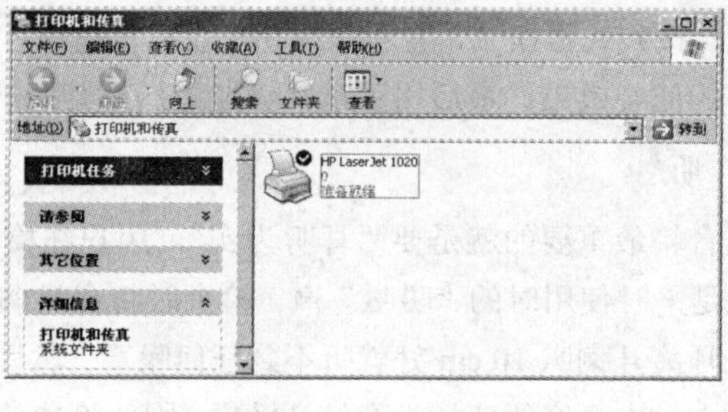


图 5.4.4　“打印机和传真”窗口

（5）在“HP LaserJet 1020”图标上右键单击，弹出快捷菜单，如图 5.4.5 所示。

（6）单击“属性”命令，弹出“HP LaserJet 1020 属性”对话框，如图 5.4.6 所示。

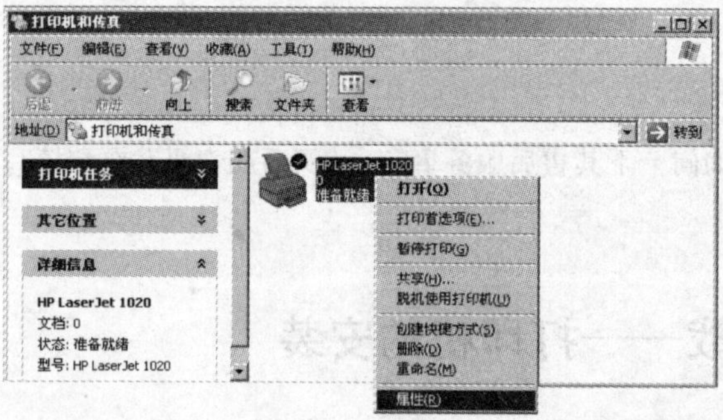


图 5.4.5　快捷菜单

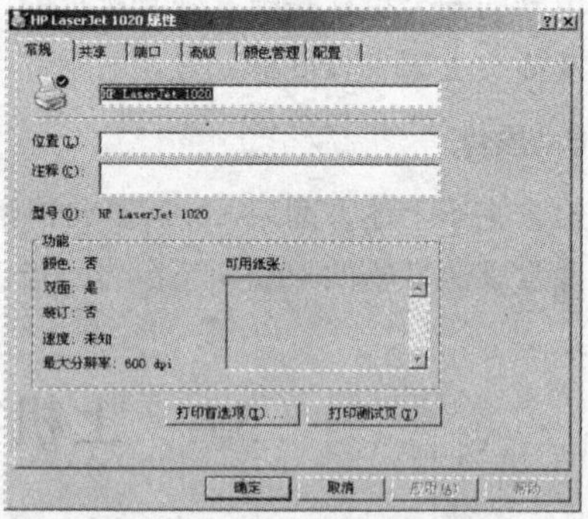


图 5.4.6　“HP LaserJet 1020 属性”对话框

（7）单击“打印测试页”按钮，弹出“打印测试页确认”对话框，如图 5.4.7 所示。

（8）单击“确定”按钮，开始打印，如图 5.4.8 所示。

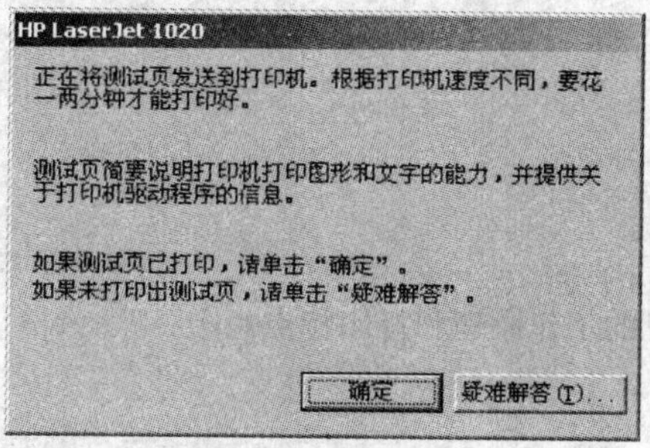


图 5.4.7 "打印测试页确认"对话框

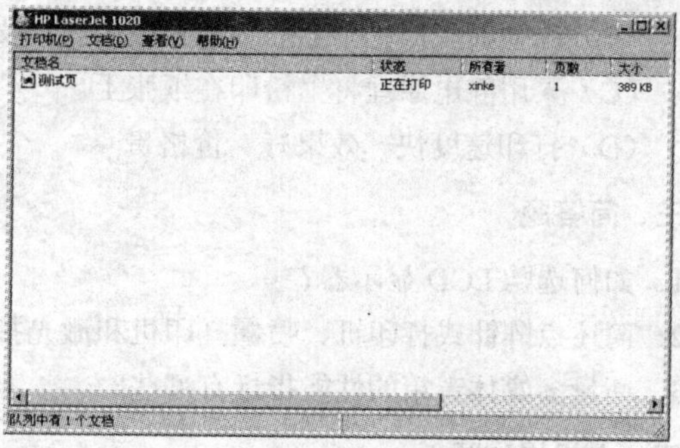


图 5.4.8 打印测试页

**注意**：新买回的打印机第一次安装时，一定要按打印机驱动程序的提示进行校正，以确保打印机打印输出的质量。

# 本 章 小 结

本章主要介绍了显示器、打印机和音箱这几种常用输出设备的工作原理、性能指标及选购等方面的知识。通过本章的学习，用户应具备基本的硬件选购常识，为后面独立组装计算机做准备。

# 操 作 练 习

## 一、填空题

1．显示器按原理分为________显示器和________显示器两大类。

2．LCD 显示器的信号接口主要有________和________两种，其中________是数字信号接口，________是模拟信号接口。

3．1997 年，VESA 组织规定逐行扫描场频以________Hz 为标准场频，才能使眼睛不疲劳。

4．灵敏度是指在音箱上施加________电压时，在离参考点 1 m 处所产生的声压。

## 二、选择题

1．下列技术参数中，与 LCD 显示器有关的是（ ）。

（A）亮度　　（B）对比度

（C）可视角度　　（D）响应时间

2．下面对显示器屏幕刷新率的描述正确的是（ ）。

（A）屏幕刷新率是指每秒钟更新画面的帧数

（B）对于逐行扫描来说，也就是场频

（C）场频太低，屏幕会有闪烁感，眼睛容易疲劳

（D）VESA 组织规定逐行扫描场频以 85 Hz 为标准场频

3．下列关于针式打印机的说法中，正确的是（ ）。

（A）用一排针头把色带上的颜色击打在纸上形成文字或图案

（B）用喷墨头把色带上的颜色喷成图案或文字

（C）采用静电原理将墨粉印在纸张上

（D）打印速度快、效果好、价格贵

## 三、简答题

1. 如何选购 LCD 显示器？
2. 简述点阵针式打印机、喷墨打印机和激光打印机的工作原理和打印特点。
3. 衡量多媒体音箱的性能指标有哪些？

## 四、上机操作题

1. 安装网络打印机并打印测试页。
2. 调整显示器的显示亮度和分辨率。

# 第 6 章　网 络 设 备

网络设备及部件是连接到网络中的物理实体。网络设备的种类繁多，且与日俱增。基本的网络设备有：交换机、路由器、网络接口卡（NIC）和调制解调器等。本章将简要介绍这些网络设备。

## 知识要点

- 网卡
- 双绞线
- 调制解调器
- 局域网交换机
- 宽带路由器
- 无线网络设备

## 6.1　网　卡

网卡是网络接口卡 NIC（Network Interface Card）的简称，起着向网络发送数据、控制数据、接受并转换数据的功能。它安装在网络计算机或服务器的扩展槽中，充当计算机和网络之间的物理接口。

### 6.1.1　网卡的分类

经过数十年的发展，网卡逐渐走向成熟，现在市面上的网卡种类繁多，性能差异也比较大，分类也各不相同。网卡的分类主要有以下几种：

**1．按带宽分类**

网卡按其带宽可分为 10 Mb/s 网卡、10/100 Mb/s 自适应网卡和千兆（1 000 Mb/s）网卡。目前，主要使用的是 10 Mb/s 网卡和 10/100 Mb/s 自适应网卡。千兆网卡主要用于高速服务器，一般家庭暂时用不上。

**2．按总线类型分类**

按照主板上的总线类型，网卡又可以分为 ISA，VESA，EISA，PCI 等接口类型。ISA 网卡在 20 世纪 80 年代和 90 年代前半期流行，由于 ISA 网卡的带宽速度最大只有 11 Mb/s，不能满足现代网络的要求，因此已经被淘汰。目前的主流网卡是 PCI 接口的网卡，32 位 PCI 接口的网卡带宽速度为 133 Mb/s，它比 ISA 网卡的系统资源占用率低。

**3．按端口分类**

按照网卡端口不同，网卡可分为 RJ-45 水晶口、BNC 细缆口、AUI 接口 3 种以及综合了这 3 种插口类型于一身的二合一以及三合一插口等几种。RJ-45 插口是采用 10 Base-T 双绞线的网络接口类型。BNC 接口是采用 10 Base-T 同轴电缆的接口类型，它同带有螺旋凹槽的同轴电缆的金属接头相连。

### 6.1.2 网卡的技术参数

网卡的技术参数有以下几点：

**1．传输速率**

网卡的传输速率是指网卡每秒钟接收或发送数据的能力，单位是 Mb/s（兆位/秒）。由于存在多种规范的以太网，因此，网卡也存在多种传输速率，以适应它所兼容的以太网。目前，网卡在标准以太网中传输速率为 10 Mb/s，在快速以太网中传输速率为 100 Mb/s，在千兆以太网中传输速率为 1 000 Mb/s。

**2．网卡芯片**

如今随着宽带上网的流行，网卡逐渐成为电脑的基本配件之一，板载网卡芯片的主板越来越多。在使用相同网卡芯片的情况下，板载网卡与独立网卡在性能上没有什么差异，而且相对与独立网卡，板载网卡也具有独特的优势。首先是降低了用户的采购成本，例如现在板载千兆网卡的主板越来越多，而购买一块独立的千兆网卡却需要好几百元。其次，可以节约系统扩展资源，不占用独立网卡需要占用的 PCI 插槽或 USB 接口等。再次，能够实现良好的兼容性和稳定性，不容易出现独立网卡与主板兼容不好或与其他设备资源冲突的问题。

板载网卡芯片以速度来分可分为 10/100 Mb/s 自适应网卡和千兆网卡，以网络连接方式来分可分为普通网卡和无线网卡，以芯片类型来分可分为芯片组内置的网卡芯片（某些芯片组的南桥芯片，如 SIS963）和主板所附加的独立网卡芯片（如 Realtek 8139 系列）。部分高档家用主板、服务器主板还提供了双板载网卡。板载网卡芯片主要生产商是英特尔，3Com，Realtek，VIA 和 Marvell 等。

**3．总线方式**

目前，网卡主要有 USB，PCI 两种总线方式，如图 6.1.1 所示。

图 6.1.1　PCI 网卡和 USB 网卡

USB 总线分为 USB 1.1 和 USB 2.0 标准。USB 1.1 标准的传输速率理论值为 12 Mb/s，而 USB 2.0 标准的传输速率为 480 Mb/s。USB 总线的网卡一般是外置式的，这种网卡具有安装方便、不占用计算机扩展槽和热插拔的优点，它主要是为了满足没有内置网卡的笔记本电脑用户。

PCI 总线的网卡分为 PCI2.1 标准和 PCI2.2 标准。PCI2.1 标准的工作频率为 33 MHz，数据传输率为 133 Mb/s。PCI2.2 标准的工作频率为 66 MHz，最大数据传输率为 533 Mb/s。

### 6.1.3 网卡的选购

在组装时是否能正确选用、连接和设置网卡，往往是能否正确连通网络的前提和必要条件。一般来说，在选购网卡时要考虑以下因素：

（1）网络类型。现在比较流行的有以太网，令牌环网，FDDI 网等，选择时应根据网络的类型来选择相对应的网卡。

（2）传输速率。应根据服务器或工作站的带宽需求并结合物理传输介质所能提供的最大传输速率来选择网卡的传输速率。以以太网为例，可选择的速率就有 10 Mb/s，10/100 Mb/s，1 000 Mb/s，甚至 10 Gb/s 等多种，但不是速率越高就越合适。例如，为连接在只具备 100 Mb/s 传输速度的双绞线上的计算机配置 1 000 M 的网卡就是一种浪费，因为其至多也只能实现 100 M 的传输速率。

（3）总线类型。计算机中常见的总线插槽类型有 PCI 和 PCMCIA 等。在服务器上通常使用 PCI 总线的智能型网卡，工作站采用 PCI 总线的普通网卡，笔记本电脑中则使用 PCMCIA 总线的网卡或采用并行接口的便携式网卡。

（4）网卡支持的电缆接口。网卡最终要与网络进行连接，所以就必须有一个接口使网线通过它与其他计算机网络设备连接起来。不同的网络接口适用于不同的网络类型，目前，常见的接口主要有以太网的 RJ-45 接口、细同轴电缆的 BNC 接口和粗同轴电缆的 AUI 接口、FDDI 接口、ATM 接口等。有的网卡为了适用于更广泛的应用环境，提供了两种或多种类型的接口。

1）RJ-45 接口：RJ-45 接口的网卡是应用最广的一种网卡，这主要得益于双绞线以太网应用的普及。RJ-45 接口类似于常见的电话接口 RJ-11，但 RJ-45 是 8 芯线，而电话线的接口是 4 芯的，通常只接 2 芯线（ISDN 的电话线接 4 芯线）。

2）BNC 接口：这种接口的网卡应用于用细同轴电缆为传输介质的以太网或令牌网中，目前这种接口类型的网卡较少见，主要因为用细同轴电缆作为传输介质的网络就比较少。

3）AUI 接口：这种接口类型的网卡应用于以粗同轴电缆为传输介质的以太网或令牌网中，这种接口类型的网卡目前更是很少见。

4）FDDI 接口：这种接口的网卡适用于 FDDI（光纤分布数据接口）网络中，这种网络具有 100 Mb/s 的带宽，但它所使用的传输介质是光纤，所以这种 FDDI 接口网卡的接口也是光纤接口的。随着快速以太网的出现，它的速度优越性已不复存在，但它须采用昂贵的光纤作为传输介质的缺点并没有改变，所以目前也非常少见。

5）ATM 接口：这种接口类型的网卡应用于 ATM（异步传输模式）光纤（或双绞线）网络中。它能提供的物理传输速度达 155 Mb/s。

（5）价格与品牌。在高端市场中，网卡的生产厂家有美国的 3Com，Intel 等，这些厂家所生产的网卡性能比较稳定和可靠，但价格比较高。中低端的网卡一般都是由中国台湾的厂家和大陆的厂家生产的，如 D-LINK，Accton，Topstar，实达等品牌，这类厂家的网卡价格都比较低。

## 6.2 双 绞 线

双绞线（Twisted Pair）是由两条相互绝缘的导线按照一定的规格互相缠绕（一般以顺时针缠绕）在一起而制成的一种通用配线，属于信息通信网络传输介质。双绞线过去主要是用来传输模拟信号的，但现在同样适用于数字信号的传输。

### 6.2.1 双绞线的组成

双绞线一般由两根 22-26 号绝缘铜导线相互缠绕而成，实际使用时，双绞线是由多对双绞线一起包在一个绝缘电缆套管里的，如图 6.2.1 所示。典型的双绞线有四对的，也有更多对双绞线放在一个电缆套管里的。这些称之为双绞线电缆。在双绞线电缆（也称双扭线电缆）内，不同线对具有不同的扭绞长度，一般地说，扭绞长度在 38.1 mm 至 14 cm 内，按逆时针方向扭绞。相临线对的扭绞长度在 12.7 mm 以上，一般扭线越密其抗干扰能力就越强，与其他传输介质相比，双绞线在传输距离，信道宽度和数据传输速度等方面均受到一定限制，但价格较为低廉，所以目前双绞线仍是企业局域网中首选的传输介质。

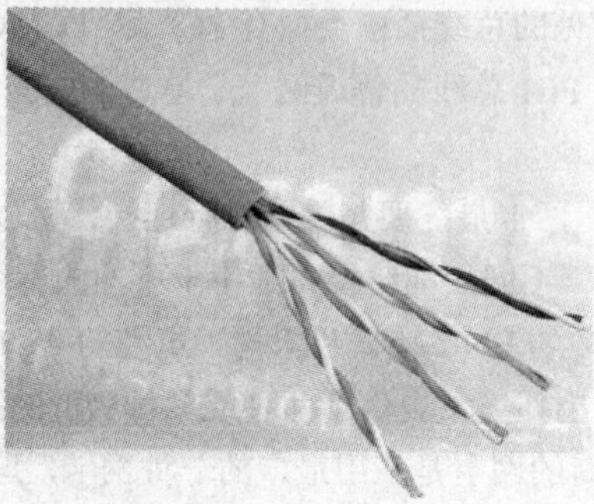

图 6.2.1 双绞线

### 6.2.2 双绞线的分类

目前，双绞线可分为非屏蔽双绞线和屏蔽双绞线。屏蔽双绞线电缆的外层由铝铂包裹，以减小辐射，但并不能完全消除辐射，屏蔽双绞线电缆价格相对较高，安装时要比非屏蔽双绞线电缆困难。

非屏蔽双绞线电缆具有以下优点：

（1）无屏蔽外套，直径小，节省所占用的空间，成本低。

（2）重量轻，易弯曲，易安装。

（3）将串扰减至最小或加以消除。

（4）具有阻燃性。

（5）具有独立性和灵活性，适用于结构化综合布线。

（6）既可以传输模拟信号数据也可以传输数字信号数据。

### 6.2.3 双绞线与 RJ-45 插头的制作

（1）双绞线的制作。双绞线的制作方法比较简单，只要按照以下方法制作就可以了：

标准 568B：白橙 - 1，橙 - 2，白绿 - 3，蓝 - 4，白蓝 - 5，绿 - 6，白棕 - 7，棕 - 8

标准 568A：白绿 - 1，绿 - 2，白橙 - 3，蓝 - 4，白蓝 - 5，橙 - 6，白棕 - 7，棕 - 8

除两台 PC 机之间用交叉线连接之外，一般情况使用的直连线连接。

（2）RJ-45 插头的制作方法。先抽出一小段线，然后把外皮剥除一段，将双绞线反向缠绕开。再根据标准排线，铰齐线头，插入插头，用打线钳夹紧。最后使用测试仪测试。

### 6.2.4 网线的选购

通常是使用的网线都是双绞线，它由 4 对不同颜色的芯线组成，而每两条芯线按照一定的规则缠绕在一起。双绞线分为屏蔽、非屏蔽两类，其中屏蔽双绞线在电磁屏蔽性能方面比非屏蔽双绞线要好，价格也较高。

按照电器性能划分，双绞线可以分为 3 类、4 类、5 类、超 5 类、6 类、7 类等类型。其中，超 5 类非屏蔽双绞线是目前局域网中最常见的双绞线，而 6 类非屏蔽双绞线使用得也越来越多。

在选购优质网线时，应注意以下几点：

（1）网线厚实圆润，颜色鲜亮；手感舒适，外表光滑，感觉相当饱满，而且可以随意弯曲，以方便布线；无刺鼻的异味，或有淡淡的清香味。

（2）采用进口 PVC 材料，质地柔软细腻，在极端环境下表现良好；5 类网线线芯直径 0.5 mm，6 类网线线芯直径为 0.57 mm。

（3）超 5 类与超 6 类网线，多为双层屏蔽，为一层铝镁丝编织网和一层铝箔屏蔽。最高端为 4 层屏蔽，抗信号干扰能力更强，适应力更强。

（4）外皮的颜色及标志，双绞线绝缘皮上应当印有标准、产品类别、线长之类的字样。

## 6.3 调制解调器

Modem，其实是 Modulator（调制器）与 Demodulator（解调器）的简称，中文称为调制解调器（港台地区称为数据机）。跟据 Modem 的谐音，又称之为“猫”。调制，就是把数字信号转换成电话线上传输的模拟信号；解调，即把模拟信号转换成数字信号，合称调制解调器。

调制解调器（Modem）是模拟信号和数字信号的“翻译员”。电子信号分两种，一种是“模拟信号”，另一种是“数字信号”。我们使用的电话线路传输的是模拟信号，而 PC 机之间传输的是数字信号。所以当通过电话线把计算机连入 Internet 时，就必须使用调制解调器来“翻译”两种不同的信号。

### 6.3.1 Modem 的分类

一般来说，根据 Modem 的形态和安装方式，可以将其大致分为以下几类：

（1）外置式 Modem。外置式 Modem 放置于机箱外，通过串行通信口与主机连接，如图 6.3.1 所示。这种 Modem 方便灵巧、易于安装，闪烁的指示灯便于监视 Modem 的工作状况。但外置式 Modem 需要使用额外的电源与电缆。

图 6.3.1 外置式 Modem

（2）内置式 Modem。内置式 Modem 在安装时要拆开机箱，并且要对中断和 COM 口进行设置，安装较为繁琐。这种 Modem 要占用主板上的扩展槽，但无需额外的电源与电缆，且价格比外置式 Modem 要便宜一些。

（3）PCMCIA 插卡式 Modem。插卡式 Modem 主要用于笔记本电脑，体积纤巧。配合移动电话，可方便地实现移动办公。

（4）机架式 Modem。机架式 Modem 相当于把一组 Modem 集中于一个箱体或外壳里，并由统一的电源进行供电。机架式 Modem 主要用于 Internet/Intranet、电信局、校园网、金融机构等网络的中心机房。

（5）USB 接口的调制解调器。USB 技术的出现，给电脑的外围设备提供更快的速度、更简单的连接方法，SHARK 公司率先推出了 USB 接口的 56 K 调制解调器，这个只有传呼机大小的调制解调器却给传统的串口调制解调器带来了挑战。

除以上 5 种常见的 Modem 外，现在还有 ISDN 调制解调器和一种称为 Cable Modem 的调制解调器，另外还有一种 ADSL 调制解调器。Cable Modem 利用有线电视的电缆进行信号传送，不但具有调制解调功能，还集路由器、集线器、桥接器于一身，理论传输速度更可达 10 Mb/s 以上。通过 Cable Modem 上网，每个用户都有独立的 IP 地址，相当于拥有了一条个人专线。目前，深圳有线电视台天威网络公司已推出这种基于有线电视网的 Internet 接入服务，接入速率为 2～10 Mb/s。

## 6.3.2 Modem 的性能指标

普通 Modem 的性能指标影响着网络连接的稳定性，下面讲解普通 Modem 的一些性能指标。

### 1．传输速率

Modem 的速率是指其每秒的传输速率，单位为 bit/s（每秒比特数），表示每秒传输的二进制数据比特数。现在普通的 Modem 传输速率为 56 Kb/s，而 ADSL Modem 传输速率可高达 2 Mb/s 甚至 8 Mb/s。

### 2．支持的传输协议

Modem 支持传输协议越多越好，这样具有更好的兼容性，也能达到最佳的连接状态。V.90/X2 是 Modem 必须支持协议，其他如较新的 V.92 或 K56FIEX 等协议也最好能支持。

### 3．支持的压缩率

为了提高数据传输的速度，Modem 会对数据进行一定程度的压缩，压缩率越高，传输的速度就越快。

### 4．支持的数据和语音功能

通过 Modem 的语音功能可以实现本地远程录音、自动应答、电话留言、语音回放和电话呼叫等功能。计算机在传输数据时，用户还可以与对方通话。另外，几乎所有的 Modem 都支持传真功能，用户可以通过计算机收发传真，对方也可以用计算机或传真机收发传真。

## 6.3.3 ADSL Modem 的工作原理

ADSL 使用普通电话线作为传输介质，因为有很高的带宽而得到迅速发展。和 ISDN 不同，ADSL 是使用了 26 kHz 以上的高频带才提供了非常高的速度，经 ADSL Modem 编码后的信号通过电话线传到电话局后再通过一个信号识别/分离器，如果是语音信号就传到电话交换机上，如果是数字信号就接入 Internet。

ADSL 的核心就是其编码技术，目前，有离散多音复用 DMT 和抑制载波幅度相位 CAP 两种主要方法。两种方法的共同点是 DMT 和 CAP 都使用正交幅度调制。在 CAP 中，数据被调制到单一载波之上；在 DMT 中，数据被调制到多个载波之上，每个载波上的数据使用 QAM 进行调制。两者相比，DMT 技术复杂成本也要稍高一些，但由于 DMT 对线路的依赖性低，并且有很强的抗干扰和自适应能力，已被定为标准。它使用的是 0～4 Kb/s 频带传输电话音频，用 26 Kb～1.1 Mb/s 频带传送数据，并把它以 4 KB 的宽度分为 25 个上行子通道和 249 个下行子通道。由于 ADSL 使用了调制技术，即采用频分多路复用（FDM）技术或回波消除技术实现在电话线上分隔有效带宽，从而产生多路信道，使频带得到复用，因此可用带宽大大增加。

ADSL 可以与普通电话共存于一条电话线上，实现在同一铜线上分别传送数据和语音信号，数据信号并不通过电话交换机设备，所以上网不需要交纳电话费，并且个人用户都具有一个静态 IP 地址，局域网用户具有 4 个静态 IP 地址，提供 WWW、FTP、E-mail 等服务。

ADSL 上传速率可以到达 640 Kb/s 甚至 1 Mb/s，下载速率为 1～8 Mb/s，有效距离为 3～5 km；它可以根据双绞铜线质量的优劣和传输距离的远近动态地调整用户的访问速度，满足全屏动态图像多媒体用户的要求。由于 ADSL 比普通 Modem 要快 200 倍以上，使 ADSL 成为用于网上高速冲浪、视频点播（IAV）、远程局域网络（LAN）访问的理想技术。

### 6.3.4 ADSL Modem 的选购

随着宽带的日益普及，家庭中使用宽带网络的用户越来越多，特别是在下载软件和玩网络游戏时，更少不了它。在目前的几种宽带接入方式中，由电信支持的 ADSL 宽带接入方式应用的最为广泛，下面就简要介绍 ADSL Modem 的选购方法。

**1. 选择接口**

现在 ADSL Modem 的接口方式主要有以太网、USB 和 PCI 三种。USB、PCI 适用于家庭用户，性价比好、小巧、方便、实用。外置型以太网接口的 ADSL Modem 更适用于企业和办公室的局域网，它可以带多台机器进行上网。有的以太网接口的 ADSL Modem 同时具有桥接和路由的功能，这样就可以省掉一个路由器。外置型以太网接口带路由功能的 ADSL Modem 支持 DHCP、NAT、RIP 等功能，还有自己的 IP POOL（IP 池），可以给局域网内的用户自动分配 IP，方便网络的搭建，从而给企业节约成本。

**2. 安装软件**

虽然中国电信大力推广 ADSL，而且 ADSL 在装配和使用上也都很方便，但这并不等于说 ADSL 在推广中就毫无障碍了，它的设置还是比较复杂，因此厂商提供安装软件的好坏将决定用户是否能够顺利地安装上 ADSL Modem。

**3. 是否附带分离器**

由于 ADSL 使用的信道与普通 Modem 不同，利用电话介质但不占用电话线，因此需要一个分离器。有的厂家为了追求低价，就将分离器单独拿出来卖，这样 ADSL Modem 就会相对便宜。

分离器的作用：分离器由低通滤波器和高通滤波器组成的。它接在申请了 ADSL 业务的普通的电话线的用户端，这样就能分离在 4 kHz 以下的普通电话信号和 ADSL 需要的高频带数字信号。

**4. 支持何种协议**

ADSL Modem 上网拨号方式有三种：专线方式（静态 IP）、PPPOA、PPPOE。一般普通用户，多是 PPPOA、PPPOE 虚拟拨号的方式来上网。现在一般的 ADSL Modem 厂家只给 PPPOA 的外置拨号软件，而没有 PPPOE 的软件，这给一些局域网用户带来了许多麻烦。

**5．售后服务和技术支持**

售后服务和技术支持由生产厂商提供是最保险的，如全向、实达这样的国内 Modem 厂商服务做得比较好，也更为本地化。对于安装和调试较普通 Modem 复杂得多的 ADSL Modem 来说，完备的售后服务和专业的技术支持则显得尤为重要。

# 6.4 局域网交换机

广义的交换机（switch）就是一种在通信系统中完成信息交换功能的设备，如图 6.4.1 所示。交换机拥有一条很高带宽的背部总线和内部交换矩阵。交换机所有的端口都挂接在这条背部总线上，控制电路收到数据包以后，处理端口会查找内存中的地址对照表以确定目的 MAC（网卡的硬件地址）的 NIC（网卡）挂接在哪个端口上，通过内部交换矩阵迅速将数据包传送到目的端口，目的 MAC 若不存在才广播到所有的端口，接收端口回应后交换机会“学习”新的地址，并把它添加入内部 MAC 地址表中。使用交换机也可以把网络“分段”，通过对照 MAC 地址表，交换机只允许必要的网络流量通过交换机。通过交换机的过滤和转发，可以有效地隔离广播风暴，减少误包和错包的出现，避免共享冲突。

图 6.4.1 交换机

## 6.4.1 交换机与集线器的区别

从 OSI 体系结构来看，集线器属于 OSI 的第一层物理层设备，而交换机属于 OSI 的第二层数据链路层设备。这就意味着集线器只是对数据的传输起到同步、放大和整形的作用，对数据传输中的短帧、碎片等无法有效处理，不能保证数据传输的完整性和正确性；而交换机不但可以对数据的传输做到同步、放大和整形，而且可以过滤短帧、碎片等。

从工作方式来看，集线器是一种广播模式，也就是说集线器的某个端口工作的时候其他所有端口都有可能收听到信息，容易产生广播风暴。当网络较大的时候网络性能会受到很大的影响，那么用什么方法避免这种现象的发生呢？交换机就能够起到这种作用，当交换机工作的时候只有发出请求的端口和目的端口之间相互响应而不影响其他端口，因此交换机就能够隔离冲突域和有效地抑制广播风暴的产生。

从带宽来看，集线器不管有多少个端口，所有端口都共享一条带宽，在同一时刻只能有两个端口传送数据，其他端口只能等待；同时集线器只能工作在半双工模式下。而对于交换机而言，每个端口都有一条独占的带宽，当两个端口工作时并不影响其他端口的工作，同时交换机不但可以工作在半双工模式下也可以工作在全双工模式下。

### 6.4.2 交换机的功能

交换机的主要功能包括物理编址、网络拓扑结构、错误校验、帧序列以及流量控制。目前，交换机还具备了一些新的功能，如对 VLAN（虚拟局域网）的支持、对链路汇聚的支持，甚至有的还具有防火墙的功能。

交换机除了能够连接同种类型的网络之外，还可以在不同类型的网络（如以太网和快速以太网）之间起到互连作用。如今许多交换机都提供支持快速以太网或 FDDI 等的高速连接端口，用于连接网络中的其他交换机或者为带宽占用量大的关键服务器提供附加带宽。

### 6.4.3 选购局域网交换机

在电子商务高速发展的今天，中小企业、普通办公室使用局域网交换机组建企业网络正在成为现实，其原因就是由于局域网交换机具有安装简单快速、网络适应能力强、性能良好、可伸缩性强、管理方便和维护简单等许多优点。然而，许多用户在选购局域网交换机时，往往过多地依赖于系统集成商，甚至仅仅根据厂商所推荐的解决方案作为标准。因此，用户只有学会自主选择，才能真正获得价廉物美的网络产品。

#### 1．外型尺寸

如果网络较大，或已完成楼宇级的综合布线，工程要求网络设备上机架集中管理，应选架式交换机。否则，选用固定配置式交换机具有更高的性能价格比。

#### 2．可管理性

对于局域网交换机来说（特别是一些大型交换机），在运行和管理方面所付出的代价，同样远远超过购买成本。基于这方面考虑，局域网交换机的可管理性（流量管理、带宽分配、配置和操作的难易程序）已开始成为评定交换机的另一个关键因素。

#### 3．端口带宽及类型

选择什么类型的交换机，用户应首先根据自己组网带宽需要决定，再从交换机端口带宽设计方面来考虑。从端口带宽的配置来看，目前，市场上主要有以下 3 类：

（1）n*10 M+m*100 M 低速端口专用型：一般骨干网的传输速率为 100 Mb/s 全双工，分支速率为 10 Mb/s。从技术角度看，这类配置的局域网交换机严格限制了网络的升级，用户无法实现高速多媒体网络，因此国内外厂商已基本停止生产这种产品。

（2）n*10 M/100 M 端口自适应型：目前，这种交换机是市场上主流产品，因为它们有自动协商功能（Auto Negotiation），能够检测出其下传设备的带宽是 100 M 还是 10 M，是全双工还是半双工。当网卡与交换机相联时，如果网卡支持全双工，这条链路可以收发各占 100 M，实现 200 M 的带宽，同样的情况可能出现在交换机到交换机的连接中，应用环境非常宽松。

（3）n*100 M+m*100 M 高速端口专用型：与第一类交换机配置方式相似，所不同的是不仅带宽要多几个数量级，而且端口类型也完全不同。采用这种配置方案的交换机，是当前高速网络和光纤网络接入方案中的重要设备，可彻底解决网络服务器之间的瓶颈问题，如：3Com 公司的 3C39024（1*1000SX+24*10/100BaseTX），3C39036（1*1000SX+36*10/100BaseTX）千兆位上传至服务器，解决了服务器到服务器的瓶颈问题，但成本要远远高于前两类产品。

**4．第三层交换机功能**

第三层交换功能最明显的特点就是交换机提供 VLAN，而划分 VLan 是为了屏蔽广播数据包，及网络安全与网络控制管理方面的需要。但是，这种能够满足 VLan 之间高速通信需求且价格较高的第三层局域网交换机，对于中小型局域系统并没有多少价值。因为 VLan 划分对于独立性极高的中小企业网络来讲，其网络内部的安全性和可管理性基本上没有什么意义。中小型局域网完全可以采用技术成熟、种类较多、性能稳定且价格低廉的第二层交换机来完成。

# 6.5　宽带路由器

宽带路由器是近几年来新兴的一种网络产品，它伴随着宽带的普及应运而生。宽带路由器集成了路由器、防火墙、带宽控制和管理等功能，具备快速转发能力，灵活的网络管理和丰富的网络状态等特点。多数宽带路由器针对中国宽带应用优化设计，可满足不同的网络流量环境，具备满足良好的电网适应性和网络兼容性。多数宽带路由器采用高度集成设计，集成 10/100 Mb/s 宽带以太网 WAN 接口、并内置多口 10/100 Mb/s 自适应交换机，方便多台机器连接内部网络与 Internet，如图 6.5.1 所示。

图 6.5.1　路由器

宽带路由器市场已日渐火爆起来，越来越多的用户开始使用宽带路由器实现多台电脑共享网上资源。但目前宽带路由器品牌很多，性能和质量参差不齐，用户在购买产品时，也往往只是看重价格，对于宽带路由器所具有的功能、性能并不十分了解。那么，如何选择一款适合自己的宽带路由器应从以下几点考虑。

**1．弄清需求最重要**

目前，由于应用环境、应用需求等的不同，不同的用户对宽带路由器有不同的要求。如 SOHO 用户希望简单、稳定、快捷；而一些至今尚未建立自己内部局域网的中小企业等用户，则迫切需要一种技术成熟安全、组网简单方便、成本低廉的宽带接入方式。

用户在选择宽带路由器之前，必须弄清楚几个方面：一是终端接入的数量、接入的类型或环境，如 xDSL、Cable Modem、FTTH 或无线接入等；二是应用业务类型，如数据、VoIP、视频或混合应用等；三是对安全的要求，如地址过滤、VPN 等；四是对路由器数据转发速率的要求。另外，对路由器摆放或安装的位置、环境也都要十分清楚。

**2．熟悉宽带路由器硬件**

路由器作为一种网络连接设备，一个作用是连通不同的网络，另一个作用是选择信息传送的线路。选择通畅快捷的近路，能大大提高通信速度，减轻网络系统通信负荷，节约网络系统资源，提高网络系统畅通率。宽带路由器的吞吐量、交换速度及响应时间是 3 个最为重要的参数。

宽带路由器的主要硬件部分包括处理器、内存、闪存、广域网接口和局域网接口，其中，最直接看到的是一个广域网接口（与宽带网入口连接）和 4 个具有集线器和交换机功能的接口，其中处理器的型号和频率、内存与闪存的大小是决定宽带路由器档次的关键。宽带路由器的处理器一般是 x86、ARM7、ARM9 和 MIPS 等，低档宽带路由器的频率只有 33 MHz，内存只有 4 MB，这样的宽带路由器适合普通家庭用户；中高档的宽带路由器的处理器速度可达 100 MHz，内存不少于 8 MB，适合网吧及中小企业用户。

因此，在选择宽带路由器时，首先要看硬件，包括处理器、内存、闪存、广域网接口和局域网接口都很重要。处理器决定性能和速度，内存和闪存是功能扩展的基础。因此，硬件性能和质量好，路由器功能就稳定，扩展性就好。

**3．选好宽带路由器功能**

随着技术的不断发展，宽带路由器的功能在不断扩展。目前，市场上大部分宽带路由器提供 VPN、防火墙、DMZ、按需拨号、支持虚拟服务器、支持动态 DNS 等功能。有关专家建议，要根据自身需求和投资大小来衡量。在选择时，要了解宽带路由器的各种功能及其适用场合。

另外，宽带路由器还有即插即用（PNP）、自动线序识别等功能。一般来讲，功能和价格是成正比的。用户在选择功能时要按自己的需求来决定，不能以“越贵越好”“品牌越响越好”的原则去选择，避免浪费或重复投资。

## 6.6　无线网络设备

无线网络设备主要有无线网卡和无线 AP 两大类。

### 6.6.1　无线 AP

无线 AP（Access Point）即无线接入点，它是用于无线网络的无线交换机，也是无线网络的核心。无线 AP 是移动计算机用户进入有线网络的接入点，主要用于宽带家庭、大楼内部以及园区内部，典型距离覆盖几十米至上百米，目前主要技术为 802.11 系列。大多数无线 AP 还带有接入点客户端模式，可以和其他 AP 进行无线连接，延展网络的覆盖范围，如图 6.6.1 所示。

图 6.6.1　无线 AP

### 6.6.2　无线网卡

无线网卡是无线网络的终端设备，是无线局域网的覆盖下通过无线连接网络进行上网使用的终端设备，如图 6.6.2 所示。具体来说无线网卡就是使电脑可以利用无线来上网的一个装置。有了无线网卡也还需要一个可以连接的无线网络，如果在家里或者所在地有无线路由器或者无线 AP 的覆盖，就可以通过无线网卡以无线的方式连接网络。

图 6.6.2　无线网卡

无线网卡按照接口的不同可以分为 3 种：

（1）PCI 接口。PCI 接口的网卡因为较大的体积决定了这种无线网卡只能使用在台式机上。另外还有一种“Mini-PCI 无线网卡”，顾名思义，这是一种迷你型的 PCI 接口，多用在笔记本电脑当中。

（2）PCMCIA 无线网卡。PCMCIA 无线网卡一般用于笔记本电脑，也有少部分掌上电脑也可以使用这种无线网卡。笔记本电脑所使用的 PCMCIA 总线分为两类，一类为 16 位的 PCMCIA，另一类为 32 位的 CardBus，CardBus 的速度快、功耗低，采用 802.11g 以上标准的 PCMCIA 无线网卡必须是采用 CardBus 总线的才能达到理想的传输速率。

（3）USB 无线网卡。USB 无线网卡的外观非常像普通的闪存盘，这种网卡最大的好处是台式机和笔记本都可以使用。不过，需要注意的是，USB1.1 接口的传输速率只有 12 Mb/s，仅能满足 IEEE 802.11b 的网卡使用，要达到 802.11g 以上标准的传输速率，必须是 USB2.0 接口的无线网卡。

### 6.6.3　无线上网卡的选购

当今时代，对于人们随时保持和互联网的接通是非常重要的。随着移动上网的不断升温，无线网络产品的价格门槛也不断降低，无线上网卡由于可以实现随时随地上网冲浪，所以广受商务人士所青睐。无线上网卡与无线网卡并不是一个概念，无线上网卡如图 6.6.3 所示。

图 6.6.3　USB 无线上网卡

在无线上网卡选购过程中，有如下的一些选购常识：

#### 1．传输速率

这里的传输速率是指无线上网卡在某种网络协议标准下的数据发送和接收能力，该速率取决于支持的标准和周围环境等因素，一般产品标注的是理论传输速率，实际传输速率大大低于理论传输速率。

选购误区：很多消费者在购买家用无线上网卡的时候，只关注产品的传输速率，认为传输速率越高，产品性能越好。如认为 CDMA 标准的无线上网卡比 GPRS 标准的性能好。

衡量一块无线上网卡的整体性能，光看传输速率一项指标是不够的，还需要注意产品的接口类型、传输范围、价格品牌、安全机制、兼容性等特征。只有对比各项设备参数才能选择出适合自己的产品。

另外，一款无线上网卡的性能的发挥要视整个信号机站环境而定，比如使用一块 Vtion V1806 无线上网卡，而无线信号机站不稳定，或者在信号弱的地方，无线上网卡将自适应“降速”，会比参数上的速率实际上更低，如果在底下室内或者具有屏蔽的障碍物内，速率将受到更大影响。

**2．接口的选择**

按接口来分，可以将无线上网卡分为 PCMCIA、USB、Express Card 三种类型，不同的接口可以安装在不同的电脑上。选购无线网卡的时候，要根据自己电脑的接口来选择。

选购误区：USB 接口的无线上网卡可以安装在台式电脑和笔记本上（只要提供 USB 接口），而 PCMCIA 接口的无线上网卡一般只用于笔记本。目前，绝大部分电脑都提供 USB 接口，而由于对 PCMCIA 接口缺乏了解，所以很多用户认为 USB 接口的无线上网卡比 PCMCIA 接口的无线上网卡好。

USB 接口具有即插即用、安装方便、高速传输、无须供电等特点，兼容性非常强。比如 Vtion V1816 无线上网卡等。适合移动办公用户以及笔记本上没有空闲 PCMCIA 接口的用户使用。

PCMCIA 接口可以分为 16 位的 PCMCIA 和 32 位的 CardBus。目前，大部分无线上网卡产品都采用 32 位的 CardBus 接口，比如 Vtion V1860 无线上网卡等，该接口同样具有即插即用、高速传输等特点。实际上，PCMCIA 接口与笔记本结合得更好，配合起来使用的效果更佳，同时还可以节约一个 USB 接口。适合家庭笔记本电脑用户、移动办公用户、商务人士使用。

Express Card 接口的无线上网卡作为最新技术的产品，符合下一代 PC 卡标准，与目前最为流行的 PCMCIA 接口无线上网卡相比起来具有体积细小，传输速度更快等优点，更适合于移动或者桌面平台系统。

## 6.7　上机实战——双绞线的制作

本节制作双绞线，要求掌握剥线钳和普通网线测试仪的使用方法，了解双绞线和水晶头的组成结构，了解各网络设备之间网线连接的特点。

**操作步骤**

（1）准备若干米超 5 类双绞线和若干个 R J-45 水晶头。

（2）利用专用剥线钳（见图 6.7.1）或其他代用工具将双绞线的外皮剥去 2～3 cm。在剥线时千万不要把芯线剪破或剪断，否则会造成芯线之间短路或不通，或者会造成相互干扰，通信质量下降。

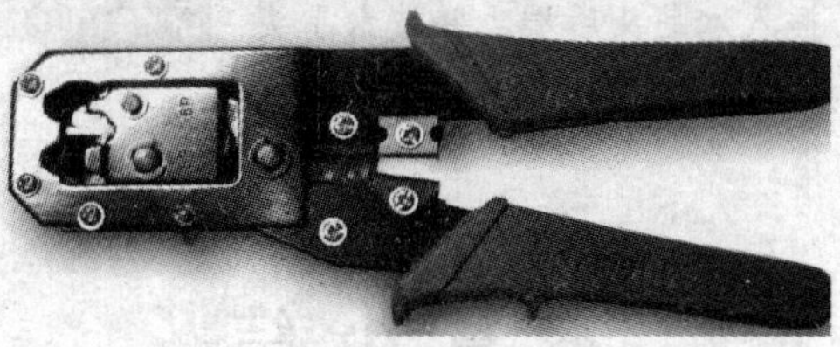

图 6.7.1　剥线钳

（3）排线。按照 EIA/TIA568A 或 EIA/TIA568B 标准排列芯线，仔细检查双绞线颜色与 RJ-45 水晶头接线标准是否相符，以免出错。

（4）剪线。在剪线过程中，左手紧握已排好了的芯线，然后用压线钳剪齐芯线，芯线外留长度不宜过长，通常在 1.2～1.4 cm 之间，如图 6.7.2 所示。

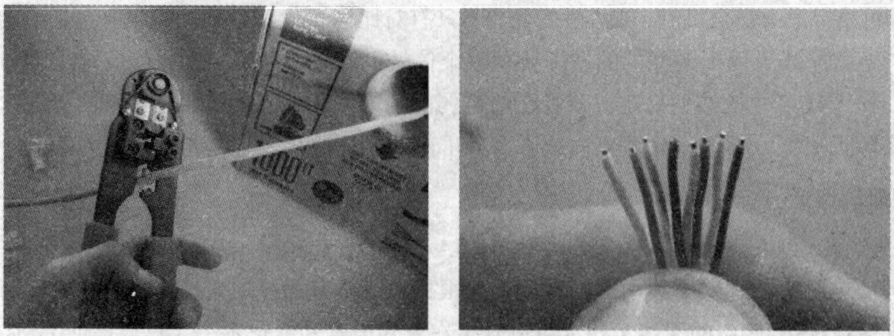

图 6.7.2 剪线

（5）插线。插线就是把剪齐后的双绞线插入水晶头的后端，如图 6.7.3 所示。插线时一定要插到底，否则芯线与探针接触会较差或不能接触。

（6）压线。压线就是利用剥线钳挤压水晶头，如图 6.7.4 所示。

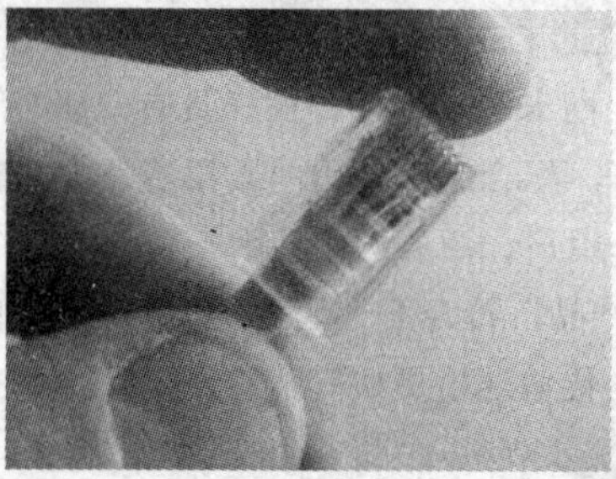

图 6.7.3 插线

图 6.7.4 压线

（7）做另一线头，重复步骤（2）～（6）做好另一个线头，在操作过程中要认真、仔细，做好的双绞线如图 6.7.5 所示。

（8）测线。如果测试仪上 8 个指示灯依次为绿色闪过，证明网线制作成功，还要注意测试仪两端指示灯亮的顺序是否与接线标准对应。

**注意：**（1）在排线过程中，左手一定要紧握已排好的芯线，否则芯线会移位，造成白线之间不能分辨，出现芯线错位现象。

（2）双绞线外皮是否已插入水晶头后端，并被水晶头后端夹住，这直接关系到所做线头的质量，否则在使用过程中会造成芯线松动。

图 6.7.5 做好的双绞线

# 本 章 小 结

本章主要介绍了网卡、双绞线、调制解调器、局域网交换机、宽带路由器、无线网络设备等知识。通过对这些网络设备的了解，读者能够认清各种设备在网络中所起的作用，为组建小型或大型局域网络奠定基础。

# 操作练习

## 一、填空题

1. 目前，网卡在标准以太网中的传输速率为_________，在快速以太网中的传输速率为_________，在千兆以太网中的传输速率为_________。

2. USB 总线的网卡一般是外置式的，这种网卡具有_________、_________和_________的优点，多为笔记本电脑使用。

3. 当两台计算机要通过电话线进行数据传输时，就需要一个设备负责数/模信号的转换，这个设备就是_________。

4. Modem 就是通过“_________”和“_________”的过程实现数字信号和模拟信号之间的转换，从而达到多台计算机之间的远程通信。

## 二、选择题

1. Modem 的作用是（ ）

（A）把计算机信号和音频信号互相转换

（B）把计算机信号转换为音频信号

（C）把音频信号转换为计算机信号

（D）防止外部病毒进入计算机中

2. 调制解调器的种类很多，最常用的调制解调器是（ ）。

（A）基带　　（B）宽带

（C）高频　　（D）音频

3. 有关 USB 总线网卡的描述正确的是（ ）。

（A）USB 总线的网卡一般是外置式的

（B）安装方便，不占用计算机扩展槽

（C）支持热插拔

（D）主要适用于笔记本电脑用户

4. 有关外置式 Modem 的描述正确的是（ ）。

（A）通过串行通信口与主机连接

（B）方便灵巧、易于安装

（C）要使用额外的电源与电缆

（D）闪烁的指示灯便于监视 Modem 的工作状况

5. 计算机网络中可以共享的资源包括（ ）。

（A）硬件、软件、数据　　（B）主机、外设、软件

（C）硬件、程序、数据　　（D）主机、程序、数据

6. FDDI 标准规定网络的传输介质采用（ ）。

（A）非屏蔽双绞线　　（B）同轴电缆

（C）屏蔽双绞线　　（D）光纤

7. 下面不属于网卡功能的是（ ）。

（A）实现介质访问控制　　（B）实现数据链路层的功能

（C）实现物理层的功能　　　　　　（D）实现调制和解调功能

三、简答题

1．简述网卡的分类。

2．网卡的主要技术参数是什么？

3．如何选购网卡？

4．调制解调器是如何分类的？

5．怎样选购调制解调器？

6．怎样选购局域网交换机和宽带路由器？

四、上机操作题

1．安装与设置调制解调器。

2．制作双绞线。

# 第 7 章　数 码 产 品

通常说的“数码”指的是含有“数码技术”的产品，如数码相机、数码摄像机、数码学习机、数码随身听等。随着科技的发展和计算机的普及带动了一批以数字为记载标识的产品，取代了传统的胶片、录影带、录音带等，我们把这种产品统称为数码产品，本章将介绍这些数码产品。

### 知识要点

- 数码随身听
- 数码相机
- 数码摄像机
- 摄像头
- 电视卡

## 7.1　数码随身听

对于任何一款音频设备，人们对其要求包括音质、便携性与方便的素材来源等条件，毫无疑问，以 MP3 随身听和 MP4、MP5 播放器等为代表的新一代数码产品受到了消费市场的广泛欢迎，下面简要介绍。

### 7.1.1　MP3 数码产品

MP3 的全称是 Moving Picture Experts Group Audio Layer III，它所使用的技术是在 VCD（MPEG-1）的音频压缩技术上发展出的第 3 代，而不是 MPEG-3。MP3 是一种音频压缩的国际技术标准，开始于 1987 年，如图 7.1.1 所示。

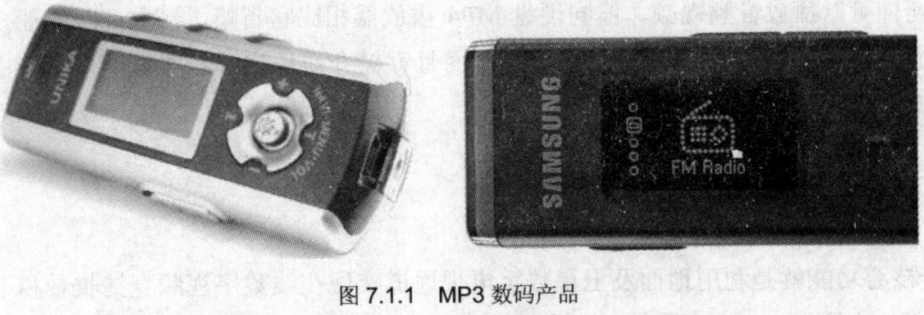


图 7.1.1　MP3 数码产品

MP3 的突出优点是：压缩比高，音质较好，制作简单，交流方便。

音质是人们关心的一个焦点。虽然 MP3 对原始信号进行了高压缩比处理，但因为去除的大多是一些人耳基本听不到的信号，因此单纯从听感上说，MP3 压缩几乎对音质没有影响。事实上，制作精良的 MP3 音乐碟，在专门的数字随身听（比如 MPMan）中播放，几乎可以达到普通 CD 唱机播放 CD 唱片的音质水平。但最吸引人的还是 MP3 制作和交流上的方便。只要有一台电脑，就可将 CD 节目录入电脑硬盘，然后压制成 MP3 格式。也可直接从 Internet 网上下载 MP3 音乐，网上有取之不尽的 MP3 音乐。还可把自己制作的 MP3 音乐上网交流。良好的音质和丰富的节目源使 MP3 成为最受欢迎的大众音乐媒体。

如今又有视频 MP3 产品，所谓视频 MP3 播放器，顾名思义，就是在传统 MP3 功能的基础上，增加了一个播放特定格式视频文件的功能，同时在图像浏览上也有较多的格式支持。

### 7.1.2 MP4 数码产品

MP4 又可理解为 MP4 播放器，是一个能够播放 MPEG-4 文件的设备。MP4 播放器是一种集音频、视频、图片浏览、电子书、收音机等于一体的多功能播放器，如图 7.1.2 所示。

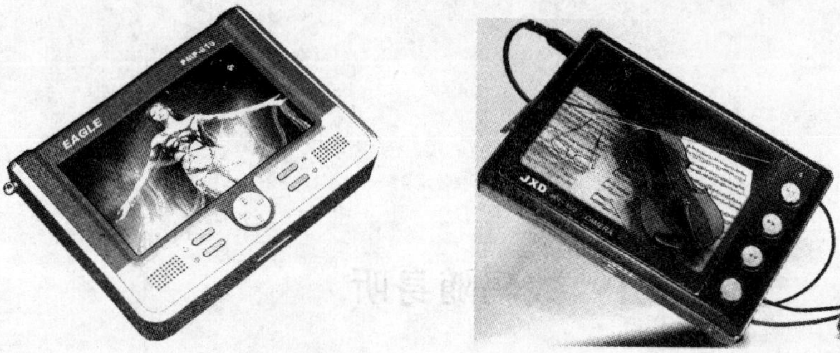


图 7.1.2　MP4 播放器

MP4 播放器的优点很多，它能够直接播放高品质视频、音频，也可以浏览图片以及作为移动硬盘、数字银行使用；更有产品还具备一些十分新颖、实用的功能，例如爱可视 AV420 能够录制视频，它可以将来自 DVD、电视等设备的信号以 MPEG-4 格式保存在硬盘中；中基超威力推出的 MP4 播放器支持 PIM 管理以及无线网络功能，可以在无线环境普及后发挥出更多作用。而且现在通常所见的到 MP4 播放器，大多数都带有视频转制等专业的视频功能，并具备非常齐全的视频输入/输出端口，因此它们携带的视频文件能够在很多场合中播放，因为 MP4 播放器能够方便地连接在投影机以及电视等输出设备上。

同 MP3 播放器一样，MP4 播放器也有采用闪存作为存储介质的产品，它的主要功能同前者没有本质区别，同样可以播放音频视频，但同硬盘 MP4 播放器相比它省略了一些高级功能，例如不具备视频录制功能，减少了输入/输出端口种类数量，而且存储介质稳定性相对较高，不会由于振动等外界因素造成损坏。

### 7.1.3 MP5 数码产品

MP5，其核心功能就是利用地面及卫星数字电视通道实现在线数字视频直播收看和下载观看等功能，同时，MP5 内置 4～10 GB 硬盘，使用者可以将 MP3、网络电影甚至 DVD 大片、电视连续剧、自己喜欢的照片统统纳入其中，如图 7.1.3 所示。

MP5 播放器采用了软硬协同多媒体处理技术，能够用相对较低的功耗，使产品具有很高的协同性和扩展性。MP5 播放器还是第一个将 ARM11 平台应用于手持多媒体终端，其主频最高可达 1 GHz，能够播放更多的视频格式，比如 avi、asf、dat 等，以及网络资源最丰富的 rm、rmvb。这就给消费者以及行业的发展带来了实在的好处，也使得行业发展的瓶颈得到了解决。

MP5 播放器的出现，从很大程度上解决了 MP4 遇到的问题，即片源限制与硬件产品支持格式的矛盾。MP5 是随身数码娱乐领域一个全新的概念，它能够支持更多的视频，特别是网络视频资源。在 DRM 数字版权保护方面，能够进行同步传输，对于版权保护是一个福音，迎合了国内、国际正版事业的大潮。

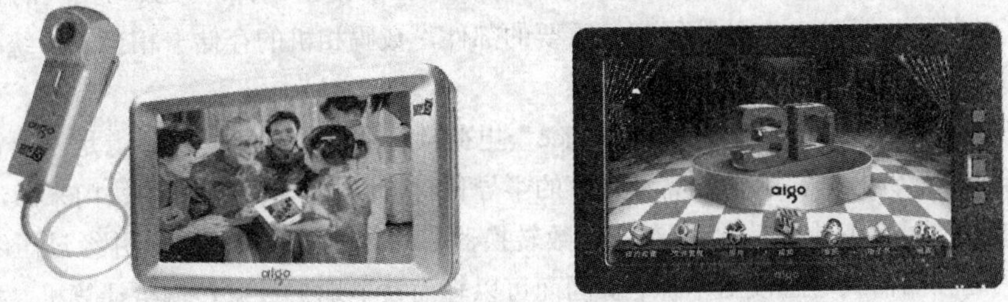

图 7.1.3 MP5 播放器

# 7.2 数 码 相 机

数码相机，英文全称 Digital Still Camera（DSC），简称 Digital Camera（DC），又称数字式相机，如图 7.2.1 所示。数码相机是一种利用电子传感器把光学影像转换成电子数据的照相机，按用途分为单反相机、卡片相机、长焦相机和家用相机等。与普通光学相机相比，数码相机最大的优点在于数字化信号便于处理、保存和传送。数码相机的外观和基本操作方法与普通照相机类似，但自动化程度更高，使用更加简单方便，已经广泛应用于家庭及专业摄影等相关领域。

图 7.2.1 数码相机

## 7.2.1 数码相机工作原理及其结构

数码相机的结构及其原理跟传统的相机有所不同，下面就来具体介绍数码相机的工作原理和主要构成部件。

### 1. 数码相机的工作原理

数码相机和传统相机在原理上并没有什么区别，都是将被摄物体发射或反射的光线通过镜头在焦平面上形成物像。但在具体成像中则因光敏介质的不同而有所区别，传统相机使用的是分布于胶片上基于碘化银的感光化学介质，而数码相机则是用 CCD 作为记录图像的光敏介质，CCD 通过光照的不同引起的电荷分布不同来记录被拍摄物体的视觉特征。所以数码相机拍摄的图像可以直接输入到计算机中，无须购买胶卷，并且拍摄时可以随时看到拍摄效果，不满意可以立即重拍，从而拥有节约成本、使用方便、减少误拍等多种优势。数码相机工作时，光线经过镜头后，在 CCD 上感光，然后经过模/

数转换，将转换后的数字信号经微处理器处理，最后存储在内置的存储器上。这一过程类似于传统相机的曝光，不过都是在一瞬间完成的。

**2. 数码相机的结构**

数码相机的核心部件是感光器，它是数码相机最主要的部分。目前，数码相机的感光器主要有CCD和CMOS两种。存储卡也是数码相机重要的部件，数码相机的存储卡相当于传统相机的胶卷，用来存储拍摄的图片数据。

（1）CCD。CCD（Charge Coupled Device，电荷耦合图像传感器）实际上是一块布满光敏元件（电荷耦合器）的感光板，它由一种高感光度的半导体材料制成。数码相机用快门来激活电荷耦合器件传感器，把光信号转变成电信号，通过模/数转换器芯片转换成数字信号，并经过压缩以后由数码相机内部的闪速存储器或内置硬盘卡保存，因而可以轻而易举地把数据传输给计算机，并可借助于计算机的处理手段，根据需要和想象来修改图像。CCD由许多感光单位组成，通常以百万像素为单位。当CCD表面受到光线照射时，每个感光单位会将电荷反映在组件上，所有的感光单位所产生的信号加在一起，就构成了一幅完整的画面。目前，有能力生产CCD的公司包括SONY，Philips，Kodak，Matsushita，Fuji和Sharp等。

（2）CMOS。CMOS（Complementary Metal Oxide Semiconductor，互补金属氧化物半导体）和CCD一样同为在数码相机中记录光线变化的半导体。CMOS的缺点是太容易出现杂点，这主要是因为早期的设计使CMOS在处理快速变化的影像时，由于电流变化过于频繁而会产生过热的现象。

（3）存储卡。数码相机拍摄的图片直接存储在相机的存储卡中。存储卡的容量有多种规格，如2 GB，4 GB，8 GB等。

数码相机所能拍摄的照片数不仅仅取决于所用存储卡的容量，还取决于拍摄照片的分辨率及压缩比。由于不同的分辨率和压缩比产生的图像文件大小不同，因此，在同一容量存储卡下，所能拍摄的照片数也不同。数码相机的存储卡主要有CF卡、MMC卡、SD卡、SM卡、记忆棒（Memory Stick）、微硬盘（Microdrive）、xD卡，如图7.2.2所示。

图7.2.2 各种存储卡

## 7.2.2 数码相机的技术指标

数码相机的技术指标决定着数码相机的质量，下面就来了解一下常见数码相机技术指标的含义。

**1. 分辨率**

分辨率是数码相机最重要的性能指标，使用图像的绝对像素来衡量。数码相机拍摄图像像素数取决于相机内CCD芯片上光敏元件的数量，数量越多，可产生的图像分辨率越高，所拍图像的质量也就越高，当然，相机的价格也会大大提高。数码相机的分辨率还直接反映出能够打印出的照片尺寸大小。分辨率越高，在同样的输出质量下可打印出的照片尺寸就越大。对于同类数码相机而言，分辨率越高，档次越高，但占用的存储器空间就越多。另外，对加工、处理的计算机速度、内存和硬盘的容量以及相应软件都有很高的要求。若单从 CCD 芯片制造工艺的角度考察，其芯片面积越小、集成度越高越好。但镜头光学分辨率有限、CCD 像素数一定时，芯片面积越大，成像质量越好。

**2．像素**

CCD 像素值是衡量数码相机档次的另一个重要标准。目前，市场上较受欢迎的是 1 200 万像素级以上的产品。除镜头质量的因素外，成像质量很大程度上取决于成像芯片的像素水平。芯片上的电荷耦合极点被称为像素点，像素点数目越多，像素水平就越高，图像的分辨率也就越高，拍摄画面表现也就越细腻、清晰、层次分明；反之，画面就越显得粗糙。像素水平和分辨率越高，相机的档次与价位也就越高，成像质量也就越好。在选购数码相机时，在经济允许的情况下，分辨率越高当然越好，但也不要一味追求高分辨率，而应根据用途量力而行。

**3．白平衡**

数码相机不同于传统的相机，传统相机的底片能够适应各种不同的环境。由于数码相机是集合了光电科技的产物，其成像的 CCD 在不同的环境下，无法自动适应，因此白平衡越准确，拍摄出来的照片的色彩还原也就越准确。

**4．存储媒体**

数码相机存储容量的大小决定所能拍摄的相片数目，在经济条件允许的情况下存储卡当然是越大越好，但也要注意匹配。数码相机可配套使用移动式存储卡（机身有 PcmcLA 插槽），它给容量扩充带来了很大的方便。

**5．自动变焦功能**

近年来，越来越多的数码相机采用了 CCD，TTL 自动聚焦方式，进一步提高了聚焦精度，使画面质量有了较大的提高。在曝光模式上包括快门先决式自动曝光、光圈先决式自动曝光、手动曝光模式等，消费者可根据习惯爱好及自身摄影技艺进行选择。CCD 类型数码相机又可分为面 CCD 型和扫描线性 CCD 两类。面 CCD 型数码相机具有拍摄速度快的优点，对拍摄活动景物和闪光灯使用无特殊要求。扫描线性 CCD 相机分辨率极高，但曝光时间较长，无法拍摄活动景物，也不能进行闪光摄影，因此，扫描线性相机只能用于静物拍摄，选购时要根据用途而定。

**6．镜头**

目前，大多数数码相机都采用了内置变焦镜头，并在镜头中使用了非球面镜片，光圈的挡位数也由 2～3 挡提高到 6 挡左右。镜头的口径也明显加大，变焦镜头已有多种产品，使拍摄的灵活性和成像质量有了较大提高。

**7．液晶显示屏**

液晶显示屏可以让用户方便地浏览照片，还能使用户在拍摄前预览并先行检视拍摄对象。目前，显示屏的显示方式有放大显现、幻灯显现、连续播放、多幅同时显现等方式。显示屏尺寸通常有 2 英寸、2.5 英寸和 3 英寸等，用户购买数码相机时可根据需要选择。

**8．色彩深度**

色彩深度与打印机中的色彩位数概念相同，用来表示数码相机的色彩位数分辨能力，通常用 24 bit 色彩即可。如用于广告设计等方面，则至少应达到 30 bit 或 36 bit。

### 7.2.3 数码相机的选购

随着数码技术的飞速发展，数码相机已开始进入普通百姓家庭。面对众多款式各异、功能繁多、档次价位不一的数码相机，消费者该如何去合理选择呢？下面将从不同角度告诉你该如何选择一款价格实在、功能实用的“最佳数码相机”。

**1．感光器材和分辨率**

数码相机的感光器材就是其成像器件，相当于传统相机使用的“胶卷”，不过数码相机的感光器材是与相机一体的，是数码相机的成像心脏。数码相机的成像器件将图像中的光学信息转化为数字信号。目前，感光器材有两种：一种是广泛使用的CCD元件；另一种是新兴的CMOS器件。

数码相机的分辨率是指相机中光敏光件的数目。在消费级数码相机中，在相同分辨率下，CMOS比CCD便宜，但是CMOS光敏器件产生的图像质量要低一些。所以比较高级一点的数码相机都广泛使用CCD作为其感光器材。

感光器材的分辨率是成像质量的最大决定因素，但是这里指数码相机的有效分辨率，有些商家在注明数码相机的分辨率的时候，会用到插值分辨率这个概念，比如插值分辨率有400万像素的数码相机，其真实分辨率只有300万甚至200万，这个400万分辨率，只不过等于200万或者300万的真实像素拿来用软件放大后的分辨率，其清晰度还是和200万或者300万像素的清晰度一样。所以在选购数码相时，一定要注意商家注明的分辨率是真实分辨率还是插值分辨率。

**2．镜头**

对于数码相机来说，镜头是不可以更换的。数码相机的镜头一般分为光学变焦镜头和定焦镜头。光学变焦镜头质量比定焦镜头要好很多，这一点和单反镜头是相反的，因为在数码相机中，定焦镜头的做工、材料一般都不如光学变焦镜头。

另外，在取景和构图方面，光学变焦镜头也很方便。有些商家会用数码变焦来混淆变焦这个概念，其实数码变焦也是相机内部软件进行的变焦，使用之后图像会变得很模糊，没有使用价值，所以在购买数码相机的时候必须分清楚相机的变焦是光学变焦还是数码变焦。

**3．电源**

数码相机一直是耗电大户，因为数码相机的液晶屏幕、感光器材、镜头变焦动作都会消耗大量的电源。所以，在选购数码相机的时候都应该重视数码相机的电源持续能力。数码相机的电源一般分为两种：一种是使用普通5号电池的数码相机，另一种是使用专门锂离子充电电池的数码相机。

对于使用5号电池的数码相机，一般建议选购可充电式镍氢电池作为相机的电源，而使用专门锂离子充电电池的数码相机，为了相机的安全最好还是购买原厂电池作为备用电源。使用5号电池的相机在电源的选购方面有很多选择，在电源耗尽的时候可以购买普通电池来应急使用，缺点是闪光灯回电速度较慢；锂离子电池的缺点就是价格较贵，而且选择不多，在电池耗尽且没有备用电池的情况下，就无法使用了。

注意：在选购相机的时候不能忽略相机电池的续航能力和兼容电池的选择。

**4．附加功能**

功能越多，意味着使用数码相机的乐趣更多、用途更广。例如许多数码相机有视频输出功能，可以接到电视上浏览照片；有的可以像手机一样自行设置开机图片和快门声音；有的可以有短时间的数码录像功能。数码相机的驱动程序的安装应当十分简便，并能够快速下载图片、拥有照片预览等。例如佳能数码相机附带的软件功能就十分的完善，可以分类管理图片，打印时的设置更是多种多样，还可以简单修改图片等。

# 7.3　数码摄像机

数码摄像机，英文全称 Digital Video（缩写 DV），就是“数字视频”的意思，它是由索尼（SONY）、松下（PANASONIC）、JVC（胜利）、夏普（SHARP）、东芝（TOSHIBA）和佳能（CANON）等多家公司联合制定的一种数码视频格式。然而，在绝大多数场合 DV 则代表数码摄像机，如图 7.3.1 所示的即是两款不同型号的数码摄像机。

图 7.3.1　数码摄像机

## 7.3.1　数码摄像机的结构

一般来说，数码摄像机主要由 5 个部分组成，即取景系统、控制系统、成像系统、存储系统和电源系统。

### 1．取景系统

数码摄像机的取景系统由镜头和取景器两部分组成。

（1）镜头。摄像机和照相机一样都是用镜头来摄取景物的。因为客观存在的场景实际上是一种光学信息，它包含着不同亮度的光谱（即颜色）信息。不论是数码摄像机还是传统摄像机，首先接收的都是景物的光学信息，这些信息必须经过光学镜头才能成像到感光器件上，如图 7.3.2 所示的即是数码摄像机镜头。

（2）取景器。取景器即数码摄像机上用来监视图像的部分。如图 7.3.3 所示的为数码摄像机的液晶取景器。

图 7.3.2　数码摄像机镜头

图 7.3.3　液晶取景器

### 2．控制系统

控制系统是由数码摄像机的可操作控制的部件构成的，也就是指数码摄像机上面的控制按钮，包括电源开关、菜单键（Menu）、聚焦环和聚焦键、逆光键（Back Light）、电动变焦杆、播放键、Start/Stop键等。其作用是通过对其操控使图像聚焦更清晰、曝光更准确、色彩更真实，并将其完整保存下来，如图 7.3.4 所示的为数码摄像机控制系统功能键。

图 7.3.4　数码摄像机控制系统

3．成像系统

成像系统由数码摄像机的接收、浏览和保存图像的部件组成，成像系统决定着数码摄像机拍摄效果的好坏，是数码摄像机最重要的部件之一。

4．存储系统

数码摄像机的存储系统主要由存储介质和存储插槽两部分组成，如图 7.3.5 所示。目前，较为常用的存储介质有较先进的 80 mm DVD-R/RW 及硬盘。

5．电源系统

电源系统主要是指用于给数码摄像机提供电力的电池、充电器及充电接口等。摄像机所用的直流电源均为封闭型蓄电池，这种完全封闭式的蓄电池避免了漏液及逸出气体等问题，而且使用起来十分安全。同时由于可以反复充电 300 次以上，所以使用寿命较长，使用起来灵活、方便，可免除使用交流电源时电源连接线的限制，使拍摄更加随意自由。另外，一般摄像机还提供直流电源插口，在室内使用摄像机时，可以用配套的电源变压器供电。如图 7.3.6 所示的为一种新型的可充电机座和可充电的锂电池。

图 7.3.5　存储系统

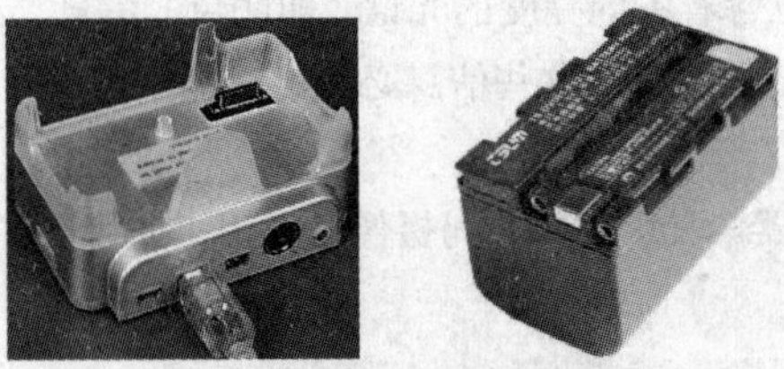

图 7.3.6　数码摄像机电源系统

## 7.3.2　数码摄像机的附件

数码摄像机通常都会带有很多附件，给拍摄带来很大的方便，其附件一般包含以下几种：

1．电池

原配电池是远远不能满足数码摄像机拍摄使用的，除非只是拿数码摄像机在家使用。出游的时候更要考虑电池的电量问题，所以多配一个备用电池是十分必要的。另外购买的 DV 电池有容量大小之分，不同容量的电池薄厚程度不同，重量不同，性能优劣也不同，用户购买时可以根据自己的需要决定。

2．三脚架

三脚架是拍摄稳定画面的必备工具，便宜的几十元就可以买到，贵则上千元。当然，对于普通的用户来说，上千元的三脚架是没有必要的，一般来说 200 元左右的三脚架已经够用。选购时首先要看三脚架的稳固性，如果三脚架不稳固，接上数码摄像机后很容易头重脚轻，同时也必须考虑三脚架的重量，如果要携带三脚架出游，非常笨重的三脚架是不适合的。至于材料方面，建议大家选择合金的三脚架。

3．镜头配件

镜头配件包括 UV 镜、增倍镜、广角镜以及 PL 偏震镜。UV 镜用得最多，也是用处最大的，可以保护镜头不被划伤。广角镜可以加大数码摄像机的视觉角度，资深级用户使用比较多，普通用户不必考虑。增倍镜一般较少用到，因为现在不少数码摄像机的光学变焦已经达到几十倍了，足够家庭用户使用。PL 偏震镜最大用途是消除反光及使色彩更鲜艳，实际使用比较少。选购这些配件时要认准尺寸，比如 43 mm，30.5 mm 等，大小不一致的镜头和镜头配件是不能用的。

4．麦克风

家用级数码摄像机一般都有内置麦克风，这种内置麦克风采用的是广角录音的设计，因此，录音时很容易将周边的噪声、杂音都录进来，这样拍出来的片子声音会比较吵。如果对这种声音不满意，最好购买一个外置麦克风。外置麦克风有原厂配件，也有杂牌的，录音的效果也会因为价钱的高低而有所不同，用户购买时可以根据需求和价位来选择。当然，想购买外置麦克风，还得看该数码摄像机有没有外接麦克风的功能。

### 7.3.3 数码摄像机的选购

尽管目前市场上的数字摄像机品牌和型号繁多，但它们都有许多的共同之处。大多数机型都具有彩色取景器，用于预览或播放图像的彩色 LCD 显示屏都具有图像稳定控制功能、特殊效果处理功能（淡入淡出、滑入、渐隐等）、自动白平衡功能和 10 倍或更高的光学变焦、作用类似于数码相机的静态图像拍摄功能等。但由于数码摄像机档次和生产厂家的不同，选购时要注意以下几个方面。

1．单 CCD 或 3CCD

高档摄录放一体机不管是模拟机还是数字机都采用 3 片 CCD（图像解码器）。3CCD 机种解析度高，色彩还原逼真，但光学结构复杂，电路构造简单，维修方便，故障率较低，但价格相对较贵。单 CCD 焦距滤色镜直接制作在 CCD 片上，光学结构简单，但电路结构较为复杂，可靠性相对而言要差一点，实际的清晰度相对较差。不过现在家用摄像机中的 CCD 已有 50～80 万像素的，即使单片 CCD 也能达到 400 线左右的清晰度，家用已足够，可以说是价廉物美。

2．液晶屏取景和电子取景

液晶显示屏取景面积大，可以在很宽的角度范围内转动，有的能转动 360°，取景方便。另外，这个显示屏还能当 AV 显示器用，附加电视调谐器后又可成为一台小液晶彩电，在出外旅游时很有用处。其缺点是在强烈光线下显示太弱，并且耗电很大，使摄像机连续动作时间大大缩短，而且价格较高。由于这种取景器清晰度较低，专业和广播级的摄像机全部采用黑白电子式寻像器。但作为家用级的摄像机，这项功能目前已成为消费者的普遍选择。但较为实用的还是电子取景器，这种取景方式不仅价格较便宜，使用时很省电，而且能在任何环境光线下采用。尽管取景器中的画面视角和色彩效果与最终结果不完全相同，但使用一段时间后还是很快就会适应的。

### 3．对焦和白平衡

自动对焦已是摄像机所普遍具有的功能，较高档些的摄像机在配备自动对焦的基础上还增加了手动对焦。自动对焦给一般的拍摄场合提供了极大方便，但这种对焦方式一般都以中心位置对焦，拍摄不在画面中央的主体时，就无能为力了，所以过度依靠自动对焦反而会限制了操作者的艺术创造性。例如，当你在拍摄两个人在海滩上对话，人物都在两侧，中心却是沙滩、海水或云朵，自动对焦的结果使远方很清楚，对话的人物却模糊了，需要用锁定功能。另外，在追踪拍摄时，自动对焦功能很有限，这时用手动对焦反而更能随心所欲。

对于有创作经验和拍摄基本功较扎实的朋友来说，应该选用具有手动对焦的机种更为合适。与数码照相机不同的是，在摄像机中还有一个“白平衡”问题，白平衡就是摄像机在不同场合下对现场景物色彩真实还原能力的一个指标，目前的数码摄像机都配备了自动白平衡功能。

### 4．光学变焦和数码变焦

光学变焦是依靠光学镜头结构来实现变焦的，为了尽可能充分利用 CCD 的像素，使拍摄的图像尽可能的清晰自然，好的摄像机生产厂家采用了优质的光学镜头，如索尼公司在最新的数码相机和数码摄像机上都配上了目前世界上被称为光学极品的蔡司镜头。另外，镜头的最大光圈也是在选购时不能忽视的，因为在目前的家用数字式摄像机中，大光圈意味着能在低照度的情况下拍摄。

数码变焦实际上是一种画面放大，把原来 CCD 上的一部分图像放大到整幅画面，以复制相邻像素点的方法补进一个中间值，在视觉上给人一种画面被拉近了的错觉。实际上，利用数码变焦功能拍摄的画面质量粗糙，图像模糊，并无多少实际的使用价值。

### 5．光学防抖、电子防抖和三脚架接口

防抖系统能防止在摄像过程中，因手抖动而导致的影像模糊，确保摄像效果较好。电子防抖系统采用较大的 CCD 摄像器件来扩大受像面积，有效地抵消因手抖动而引起的损失，高档机种的光学防抖系统靠有源棱镜来补偿。但防抖功能对拍摄运动的物体不太有利，会影响动态的自然感。目前，大部分有防振功能的数码摄像机都设置了相应的开关，在选购时要注意，最好选择这个开关设计在手指边上的品种，且不带保护盖，在需要时能随时单手就可以打开。但这并不是说，有了该功能拍出的图像就清晰无晃动了，在实际使用中，即使用了防抖功能，人体或手臂的较大运动，仍会使画面不稳。有时仍然要用三脚架支持拍摄，所以在选购时，还要考虑摄像机是否有三脚架接口。使用有三脚架接口的摄像机，在不需要外人帮助的情况下，就可以拍摄全家人活动的镜头。

### 6．静态图像存储和视频输出

目前，数码摄像机都具有静态图像拍摄功能，尽管用摄像机拍摄的图像分辨率有限，但用在电脑屏幕上欣赏、网页制作或用来制作 VCD 还是比较实用的。鉴于以上原因，在选购时最好选择能够使用存储卡的数码摄像机，如索尼公司在数码相机和数码摄像机上都配有一种该公司单独开发的“记忆棒”。数码摄像机利用 i.LINK 数码输入/输出（IEEE 1394 标准）可以直接将影像输入到计算机中。为了方便用户直接在家中的电视机中播放影像，现在市场上出售的数码摄像机基本上都带有模拟输出接口，这样你只要将模拟视频、音频输出端子接到电视机的相应的输入接口，就可以欣赏拍摄的影像，非常的方便。但要注意的是，有的数码摄像机自身没有带模拟视/音频输出端子，而要通过一个转换

适配器才能将摄像机中的数字信号转换成模拟信号输入到电视机中。

7. 体积和电池

随着制造技术的不断进步，数码摄像机的体积和重量都朝着“轻量级”方向发展。目前，各大公司都推出了自己的小型产品。

作为家用产品，用户不可能像专业电视摄像工作者那样带上很多电池，或每次外出时都带上充电器。故摄像机的耗电量和电池的性能也是选购时同样要考虑的问题。目前，随着锂电池和镍氢电池技术的日益完善，这种体积小巧、可反复充电、无充电记忆的新型电池已经得到广泛的使用，在目前技术下应该是比较经济实用的。在选购时应该选择使用这两种电池的摄像机。

## 7.4 摄 像 头

摄像头（Camera）又称为电脑相机、电脑眼等，是一种视频输入设备，被广泛的运用于视频会议、远程医疗及实时监控等方面，如图 7.4.1 所示。人们也可以彼此通过摄像头在网络进行有影像、声音的交谈和沟通。另外，还可以将其用于当前各种流行的数码影像、影音处理。

### 7.4.1 摄像头的分类

图 7.4.1 摄像头

（1）根据所传达的信号分类：可以分为模拟摄像头和数字摄像头。

模拟摄像头可以将视频采集设备产生的模拟视频信号转换成数字信号，进而将其储存在计算机里；模拟摄像头捕捉到的视频信号必须经过特定的视频捕捉卡将模拟信号转换成数字模式，并加以压缩后才可以转换到计算机上运用；数字摄像头可以直接捕捉影像，然后通过串、并口或者 USB 接口传到计算机里。现在电脑市场上的摄像头基本以数字摄像头为主。除此之外还有一种与视频采集卡配合使用的产品，但目前还不是主流，由于个人电脑的迅速普及，模拟摄像头的整体成本较高等原因，USB 接口的传输速度远远高于串口、并口的速度，因此现在市场热点主要是 USB 接口的数字摄像头。

（2）根据摄像头的形态：可以分为桌面底座式、高杆式及液晶挂式三大类型。随着人们审美要求的提高，高杆式及液晶挂式的摄像头让图像看起来更美，所以，目前市场主流是高杆式及液晶挂式。

（3）根据摄像头的功能：可以分为防偷窥型摄像头和夜视型摄像头。防偷窥型摄像头最早是由沃乐科技推出的，其原理是在摄像头的主体上增加一个电源开关，在不使用的时候把摄像头的电源切断，从而避免在黑客远程启动摄像头，达到反偷窥的目的。夜视型是指摄像头具备 LED 灯，该灯可以弥补低照明度下光线的不足。

（4）根据摄像头是否需要安装驱动：可以分为有驱型与无驱型摄像头。有驱型指的是不论在什么系统下，都需要安装对应的驱动程序；无驱型是指在 Windows XP SP2 以上，无须安装驱动程序，插入电脑即可使用。无驱型由于使用便捷，已经成为主流。

### 7.4.2 摄像头的选购

目前，市场上的摄像头品牌众多，产品性能参差不齐，因此在选购时应注意以下几个方面：

**1. 镜头**

镜头是摄像头的重要组成部分，摄像头的感光元件一般分为 CCD 和 CMOS 两种。在摄像方面，由于要求较高，因此多采用 CCD 设计。而摄像头对图像要求没有那么高，CMOS 就可以满足需要。而且，CMOS 有一个很大的优点，就是制造成本较 CCD 低且功耗小。除此之外，还要注意镜头的大小，镜头大的成像质量要好一些。

**2. 像素和分辨率**

像素是影响摄像头质量的重要指标，也是判断摄像头性能好坏的重要指标。不过，并不是说像素越高就越好使用，一般来说，30 万像素的摄像头足够使用了。

分辨率是摄像头解析图像的能力，和感光元件的选材有很大的关系。在实际的应用中，800×600 标准的就可以满足应用，高分辨率的产品价格要贵一些。

**3. 调焦功能**

调焦功能也是摄像头比较重要的指标之一，一般好的摄像头都具备物理调焦功能，这样用户就能手动调节焦距，得到最清晰的图像。

**4. 附带软件**

一些品牌产品的价格较高，主要是其附带了能让用户最大限度地扩展摄像头应用范围的实用软件。另外，品牌产品性能相对较好，因此建议用户选购附带软件较多的品牌产品，可以把摄像头功能最大限度发挥出来。

## 7.5 电 视 卡

如今电脑已进入千家万户，通过显示器欣赏电视节目的做法已经被大多数电脑用户所接受，这可以说是一种方便、低成本的电视收看方案。电视卡是一种电视信号接收装置，它的基本原理与普通电视机的接收原理相似，也是通过高频头接收电视信号，然后进行图像和声音的解调，转换成标准的 VGA 图像信号输出到电脑显示器上，并通过音频端口提供电视伴音，如图 7.5.1 所示。

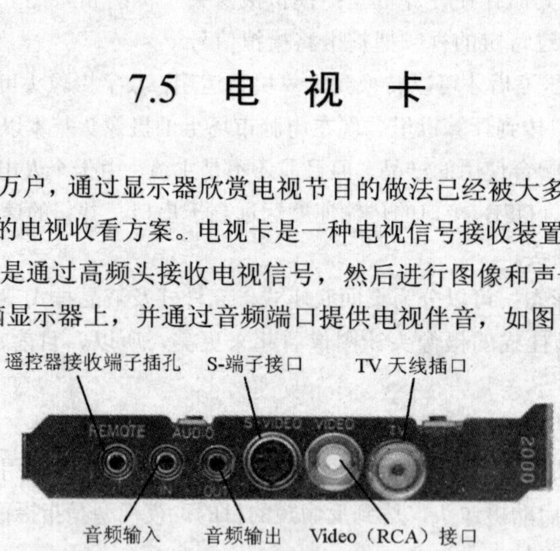


图 7.5.1 电视卡的挡板接口

### 7.5.1 电视卡的分类

电视卡按照安装方式的不同分为外置电视卡、集成电视卡和内置电视卡 3 类。

1. 外置电视卡

外置电视卡（电视盒）是非主流型单一功能的电视接收设备，如图 7.5.2 所示。

图 7.5.2 外置电视卡

外置电视卡的安装非常方便，不需要在安装时打开机箱盖，只须将电视信号线接到电视盒上，再将电视盒、显示器、电脑显卡串连即可。这种产品有几大优点：拆卸和移动方便；当想看电视节目时，无须开启电脑，使用电视盒与显示器即可播放电视节目；在进行信号摄取时，有效地避免了机箱内繁杂的电磁干扰，保证了信号的纯净度。

这种电视卡缺点是价格相对较高，另外，外接电视盒无法实现静态图像捕捉和显示的功能，还不能进行窗口模式的播放，在收看电视时也不能进行其他操作。因此，外置电视卡产品的定位不是主流电脑配件市场，而且它功能单一，无法适应当今多功能电视卡的发展趋势。

2. 集成电视卡

集成电视卡为非主流且高成本的多功能视频卡。

了解 ATI 显卡的用户肯定知道，早在 ATI 公司的“Rage”显示核心时代，就将电视卡功能集成在显卡上，比较有代表意义的有 Rage Pro，Rage II 等。随后，ATI 在每一代显卡产品中都会推出集成了电视卡功能的版本，如 Radeon 8500 All-In-Wonder（简称 AIW）以及最近发布的 Radeon AIW 9800 Pro。这些带有电视卡功能的显卡产品的最大优势在于购买显卡的同时还相当于拥有了一款多功能电视卡。不过，它自身也有缺点：显卡上集成电视卡的升级速度较为缓慢，且集成了电视卡功能的显卡在成本上都会远远高出同档独立显卡和同档独立电视卡的成本。

3. 内置电视卡

内置电视卡就是通常平时所说的电视卡，它是当今主流的多功能视频卡，如图 7.5.3 所示。

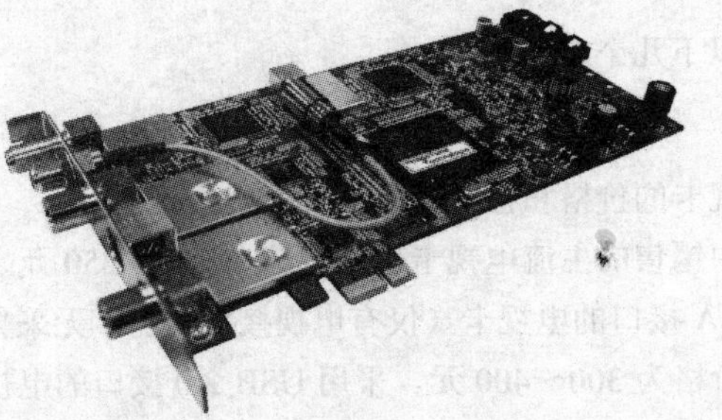

图 7.5.3 内置电视卡

这种电视卡属于 PCI 插槽界面，早期的内置电视卡也有 ISA 插槽界面，不过由于 ISA 插槽已完成了其历史使命，因此这种接口的电视卡在市面上已很难看见了。内置电视卡传输视频解码的工作主要通过 DirectX 接口规则的总线来支配。现在，市场上已有很多品牌和型号的同类产品。这些内置电视卡的发展速度较快，且集成的功能越来越多。除了可收看电视节目外，它还能实现节目录制、静态图像抓取、视频采集、视频输入/输出、FM 调频收音等功能。

### 7.5.2 电视卡的常见功能

电视卡的常见功能有时光平移、预约录像、电视墙和丽音。

**1．时光平移**

时光平移也称为“时光倒流”或“时光回流”，时光平移可控制电视的观看方式，用户可在观看现场直播时暂停，之后从暂停处继续收看，或即时跳回到现场观看模式。其本质是利用硬盘做缓冲，当时光平移功能启动时，播放软件便开始缓冲录制，而用户可对缓冲部分进行快进、快倒和暂停，也可切换到正在播放的实况节目中。

**2．预约录像**

预约录像也称为“定时任务”，它与传统的录像机原理相同，用户可设定一个时间或多个时间段，一旦到达指定时间，系统便会对指定频道或节目进行录制，这样便不会错过喜欢的节目。拥有这样的功能，电脑便可作为一台全功能录像机。

**3．电视墙**

电视墙也称为“频道浏览”，启动“电视墙”功能时，播放软件会将整个窗口或屏幕分割成3×3或6×6的单元格（对应9或36个画面），然后在每一个单元格里依次显示一个频道的内容，不过同一个时刻只有一个单元格能实现动态内容。

**4．丽音**

丽音是一种电视数字伴音技术，即“准瞬时压扩音频复用”（Near Instantaneous Companded Audio Multiplex）技术，缩写为“NICAM”，中文译为“丽音”技术。它是由英国广播公司（BBC）开发的，由于其数据传输率为728 Kb/s，因此也称为NICAM-728。这种技术既可用于地面广播，也可用于卫星电视广播。它具有模拟电视声音不可比拟的优点，既可传送立体声节目，也可传送双语节目，还可传送数字信息，采用该技术传送的声音具有动态范围大、音质好、信噪比高、串音小等优点。

### 7.5.3 电视卡的选购

电视卡的选购一般从以下几个方面考虑。

**1．价格**

随着技术的发展，电视卡的价格和性能都有了很大的变化。

价格方面，目前市场中销售的主流电视卡价格普遍在220～250元之间，质量好的产品价格也仅仅在300元左右。普通VGA接口的电视卡（仅有电视接收功能，无采集功能）价格不到200元，支持液晶显示器的电视卡的价格为300～400元。采用USB 2.0接口的电视卡价格稍微贵一些，大概在400～500元。

现在电视卡的功能已经扩展到视频压缩、丽音、遥控、自动开关机、画中画等，其中视频压缩就是一个实用的功能，使用者可以在看电视的同时开启视频压缩功能，或者是通过电视卡将DV拍摄的影片压缩成光盘。在功能丰富的同时，电视卡产品也逐渐人性化，使操作简单易行。

电视卡的价格是比较容易接受的，以这样的价格使电脑多一项功能，也非常吸引人。电视卡也使得电脑的应用更为广泛。如今品牌电脑也开始推出带电视卡的产品，并逐渐成为家用品牌电脑的一个标配。

2．质量

为了应付激烈的竞争，有些不正规的厂商走低价格低质量的路线。他们的产品虽然价格便宜，但图像质量大幅度地下降了，用户在选购时一定要保持清醒的头脑。

3．注意观察视频控制芯片

目前，市场上主流的电视卡产品几乎都是使用 Philips SAA713x 芯片，它具备 9 bit ADC 解析度，图像效果出色。其中，SAA7134 在前者基础上添加了丽音功能，也逐渐开始流行，最高端的 SAA7135 还有调频功能，不过在市场中产品较少。此外，硬件视频压缩技术也正在被越来越多的电视卡所采用。

现今较为流行的视频控制芯片有 Philips SAA7134HL 及 Conexant 878A 两种。这两种芯片在接收能力和功能方面差别不大，但 Philips SAA7134HL 的画质相对较佳，而 Conexant 878A 则对第三方厂商开发的电视卡应用软件的兼容性要好一些。

4．弄清附送配套软件的功能

一块电视卡的功能和画质优劣，主要取决于配套应用软件的功能。所以用户在购买前，先要了解电视卡收看软件提供的功能，如是否支持预览录像、同步录像等功能，一般电视卡都附送的是 WINDVR 或 POWER VCR 等电视收看软件。

5．了解电视卡附加的功能

现在很多电视卡不仅提供电视接收功能，还会提供调频广播的收音功能，让用户不看电视时还可以收听电台节目。另外，丽音功能也是用户选购时应注意的要点之一。如果想在看卫星电视节目时听到立体声或不同的语言（中英文），都需要一块提供丽音多语解码功能的电视卡。

6．附加装置

大多数电视卡一般会附送遥控器，除能遥控电视外，很多电视卡的遥控器还提供其他功能，如华硕的 TVFM Tuner Card，附送的遥控器就可当做无线鼠标使用。

## 本 章 小 结

本章主要介绍了数码相机、数码摄像机和摄像头的结构、工作原理及相关的选购方法，此外，还介绍了数码随身听产品和电视卡。通过本章的学习，希望读者能够选择适合自己需要的数码外设产品。

## 操 作 练 习

一、填空题

1．数码相机又叫________，与普通光学相机相比，数码相机最大的优点在于________。

2．数码相机的存储器主要有________、________、________等。

3．数码摄像机的取景系统由________和________两部分组成。

4．________是影响摄像头质量的重要指标，也是判断其优劣的重要标志。目前，主流摄像头的像素在 500 万像素左右。

5．电视卡按照安装方式的不同分为________、________和________3 类。

## 二、选择题

1．数码相机和光学照相机相比有很多优点，主要体现在（　）。

（A）存储的图片可以直接由计算机图形软件处理、传输、打印

（B）不使用胶卷，图像直接记录在存储卡上

（C）图像储存采用 JPG 存储格式

（D）传统相机的分辨率是无穷的，而数码相机的分辨率则是有限的

2．数码摄像机的附件包括（　）。

（A）电池　　（B）三角架

（C）DV 清洁带　　（D）镜头配件

3．衡量数码相机性能的参数是（　）。

（A）分辨率　　（B）白平衡

（C）图像储存格式　　（D）变焦

4．下面选项中属于摄像头特点的有（　）。

（A）用于视频会议、远程医疗和实时监控等方面

（B）目前摄像头提供的最高分辨率一般都在 640×480 档次上

（C）绝大多数的摄像头都采用 USB 接口设计，即插即用

（D）目前摄像头的视频捕获都是通过软件来实现的

## 三、简答题

1．MP3 能播放哪些格式的文件？

2．简述数码相机的工作原理。

3．如何选购数码相机？

4．简述数码摄像机的系统组成及各组成部分的功能。

5．如何选购数码摄像机？

6．如何选购数码摄像头？

## 四、上机操作题

1．从网上下载一首 MP3 歌曲，并用 MP3 播放器试听。

2．用 MP4 或者 MP5 播放器观看一部自己喜欢的影片。

3．用数码相机拍摄雪景和夕阳落山景照。

4．给电脑安装摄像头，并与好友视频聊天。

# 第 8 章　计算机的组装

现在计算机的价格越来越便宜，性能也越来越好，很多人都计划着添置一台属于自己的计算机。品牌机虽售后服务好但一般价格较高，按照自己的实际需要配置一台计算机成为更多用户的选择，尤其对于那些 DIY 一族，自己组装一台计算机不仅省钱，而且用起来也很放心。

**知识要点**

- 计算机配置方案的拟定
- 组装前的准备工作
- 机箱内部组装
- 机箱外部连接

## 8.1　计算机配置方案的拟定

配置一台称心如意的计算机主要根据计算机的用途以及个人的实际需要来确定组装计算机的方案。下面将从计算机方案的配置原则入手，介绍计算机的用途，以拟定组装方案。

### 8.1.1　计算机配置原则

一般来说，计算机配置有 4 条原则，即需求原则、趋势原则、预算原则和市场原则。下面就分别对这 4 条原则进行介绍。

（1）需求原则。购买计算机首先考虑自己的需求程度，这一点很重要，如果买来的计算机经常闲置不用，将造成资源的浪费。

（2）趋势原则。趋势原则是指用户在购买计算机之前，通过对市场主流产品的了解并做详细的分析，把握市场动态，预测计算机近期发展趋势，从而确定购买计算机方案。

（3）预算原则。根据实际经济情况和需求合理预算，省略非必要配置，综合考虑做好最优化的配置。

（4）市场原则。把握市场价格规律，巧妙地进行选择，多了解市场实际情况，不能完全只听商家推荐。运用市场规律，选择正规产品，确定价格合理再进行购买。

### 8.1.2　确定计算机用途

用户决定要购买计算机时首先需要明确用计算机来做什么工作，这个问题解决了，配置计算机也不会是一件很困难的事情。目前，计算机的用途主要有以下几种：

#### 1．家庭娱乐

用于家庭娱乐的计算机主要就是播放电影、听音乐、上网、炒股和玩游戏等，家庭娱乐型计算机运行时占用系统资源不大，对计算机硬件的要求也不高，配置计算机时应根据个人家庭具体要求来配置。

**2．学习和办公**

学习和办公用的计算机主要运行一些最常用的软件，例如，学习五笔字型用的五笔练习软件、办公用的 Word 文字处理软件、Excel 电子表格处理软件、网页设计、CAD 制图等软件。

**3．图形图像**

用于图形图像处理的软件都较为复杂，计算机运行时需要占用大量的系统资源，生成的文件容量庞大，处理时要进行大量复杂的变换操作，对计算机的 CPU、主板、内存、硬盘、显卡、显示器等部件都有很高的要求。品牌机一般无法满足这一要求，只有专门配置的计算机才能完成这一工作。

**4．专业游戏**

用于专业游戏的计算机要求比较高，专业游戏不仅要求计算机运行速度快，而且图像显示质量要高，系统运行要稳定，专业游戏者对键盘和鼠标的要求也很高。

## 8.2 组装前的准备工作

在选购好装机配件后，接下来应该做好装机前的准备工作，只有做好一切准备工作，实际装机才能够顺利进行。在动手装机前，应做好以下准备工作。

### 8.2.1 装机工具准备

常言道："工欲善其事，必先利其器"。如果没有适合的工具，装机工作将无法进行；有了好工具，装机就变得简单可行。

（1）螺丝刀。螺丝刀是用于螺丝的安装或拆卸，它分为两种：一种是"十"字螺丝刀（也称为梅花螺丝刀）；另一种是"一"字螺丝刀，如图 8.2.1 所示。

图 8.2.1 "十"字螺丝刀和"一"字螺丝刀

（2）尖嘴钳。在装机时遇到容易伤手或难以用手取下的部件时，必须使用尖嘴钳，用它既避免伤手又可以省力，如图 8.2.2 所示。

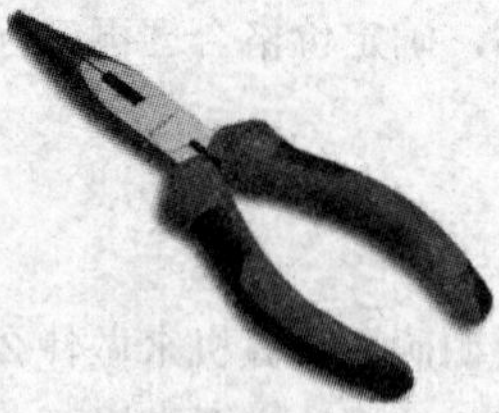

图 8.2.2 尖嘴钳

（3）镊子。主要用来夹取各种螺丝、跳线帽或者一些小的零散物品，如图 8.2.3 所示。

（4）剪刀。剪刀用来剪断产品的包装，如塑料包装盒、编织袋或者线卡等，如图 8.2.4 所示。

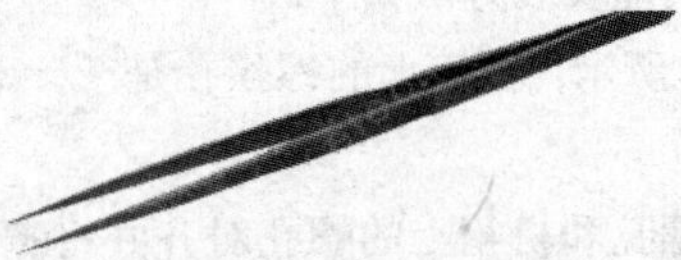

图 8.2.3 镊子

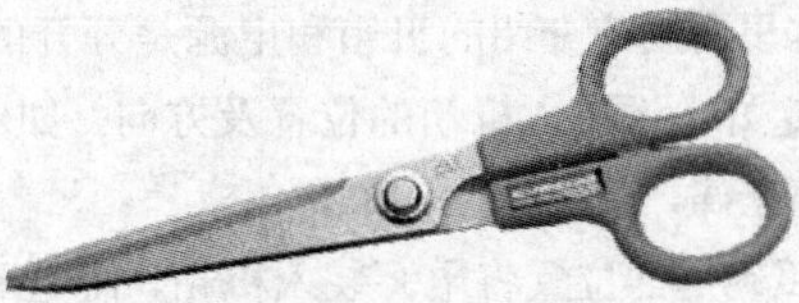

图 8.2.4 剪刀

（5）老虎钳。用做拉出电源接头或移除挡板的辅助工具。

（6）橡皮手套。可以预防组装者被划伤或防止静电。

### 8.2.2 辅助工具准备

（1）工具盒。用来在装机过程中存放大量的螺丝、线卡、跳线帽等，而且还可以装一些其他的零散物品。

（2）装机工作台。需要一个长度、高度都适中的装机工作台，用一般的计算机桌或面积较大的桌子就可以了。

（3）部件放置台。部件放置台是计算机的一些较大部件，如显示器、主板、内存、硬盘等在安装时需要临时放置的地方，要求不用过大，够用即可。

（4）多插口电源插座。在硬件组装的过程中，有可能要对某些部件进行供电测试，如主机、音箱、显示器等，因此，一个多插口的电源插座是必备的。

### 8.2.3 装机应注意的事项

（1）消除静电。在装机前一定要消除身体上的静电，如果静电很强，可能会击穿元器件而损坏板卡。消除静电的方法很简单，用手触摸一下接地的导电体或用水洗手释放掉身上携带的静电荷，有条件的用户还可以使用防静电手套。

（2）轻拿轻放。在拿取硬盘或 CPU 等时，建议尽可能不要用手直接接触硬盘电路或芯片表面，以免对硬件造成损坏。

（3）采用正确的安装方法，不可粗暴安装。在安装的过程中要按照说明书上的方法进行正确安装，不要用力过大，防止配件引脚折断或变形，造成不必要的损失。

（4）参照安装说明或请专人指导。对于新手初次装机时，最好将部件的安装说明仔细阅读几遍，详细地按照安装说明的方法进行操作。如果身边有经验丰富的装机高手，最好请他做现场指导，这样有利于快速熟悉各部件的安装要领。

## 8.3 机箱内部组装

所有准备工作做好之后就可以正式装机了，下面对装机的方法和步骤进行介绍。

### 8.3.1 安装机箱电源

目前，市场上有相当一部分机箱厂商是搭配了电源出售的，也就是说已经将电源安装在了机箱的相应位置，这里向用户介绍的机箱和电源是分开的，其具体安装方法如下：

（1）确定好电源放入机箱的位置及方向，如图 8.3.1 所示。机箱上的螺丝孔是一一对应的，如果放入的方向不正确，就无法固定螺丝。

（2）按照确定的位置将电源装入机箱，使电源上的螺孔和机箱上的螺孔对齐并将螺丝拧紧即可，如图 8.3.2 所示。

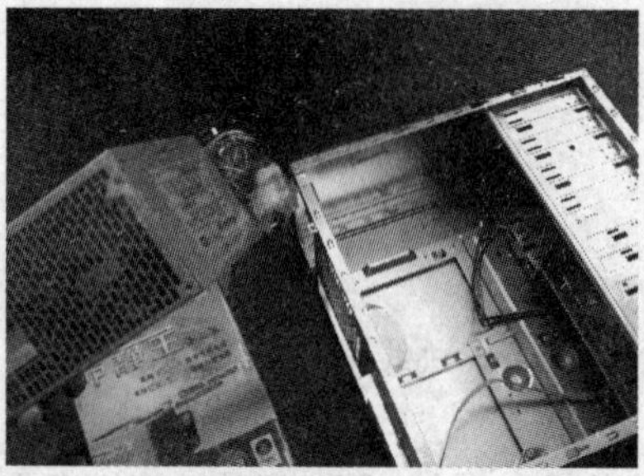

图 8.3.1　确定电源位置

图 8.3.2　拧紧螺丝

**注意**：在安装电源时，首先要做的就是将电源放入机箱内，在这个过程中要注意电源放入的方向，有些电源有两个风扇，或者有一个排风口，则其中一个风扇或排风口应对着主板，放入后稍稍调整，让电源上的 4 个螺钉和机箱上的固定孔分别对齐。

## 8.3.2　安装 CPU 和散热器

安装 CPU 一般都是先将 Socket 插槽的手柄拉起，把 CPU 放下去，然后再把手柄压下去即可，具体安装方法如下。

（1）将主板上的 CPU 插座侧面的手柄拉起，准备安装 CPU，插槽是有方向性的，插槽上有两个角上各缺一个针脚孔，这与 CPU 是对应的，对准方向后（见图 8.3.3），将 CPU 插入到插槽中并用手向下挤压（见图 8.3.4），再合上手柄即可完成 CPU 的安装。

图 8.3.3　将 CPU 和 CPU 插槽对齐

图 8.3.4　将 CPU 插入插槽

（2）散热器采用最多的是卡夹式，这种散热风扇利用一根弹性钢片来固定整个风扇。将散热器小心地和 CPU 的核心接触在一起，但不要用力太大，如图 8.3.5 所示。

（3）用力向右拉卡子扣紧风扇（见图 8.3.6），使其卡在 CPU 插槽上，如图 8.3.7 所示。

（4）散热风扇安装好后，下一步给风扇接上电源，风扇的电源线有些长，打个结缩短一下，否则很容易被风扇卷到，如图 8.3.8 所示。

图 8.3.5　将 CPU 散热器对准插槽

图 8.3.6　扣紧风扇

图 8.3.7　扣紧后的风扇

图 8.3.8　缩短风扇电源线

至此，CPU 和散热器的安装就完成了。

## 8.3.3　安装内存

在安装内存条时，一定要注意其金手指缺口和主板内存插槽口的位置相对应，因为内存下面的两边是不对称的，其中一边多一个缺口，因此在安装的时候要看清楚再将其插入插槽。由于目前市面上 DDR 内存已经很少而且价格又比较高，所以这里选择安装 DDR2 内存条，具体的操作步骤如下。

（1）首先掰开内存插槽两边的两个灰白色的固定卡子，如图 8.3.9 所示。

（2）将内存条的一个凹口对准内存插槽的一个凸起的部分，再均匀用力将内存条压入主插槽内即可，同时插槽两边的固定卡子会自动卡住内存条，如图 8.3.10 所示。

图 8.3.9　掰开内存的固定卡子

图 8.3.10　安装内存条

## 8.3.4　安装主板

在机箱的侧面板上有不少孔，那是用来固定主板的，而在主板周围和中间有一些安装孔，这些孔和机箱侧面板上的一些圆孔相对应，是用来固定主板的。安装主板的时候，要先在机箱上的孔里面装上定位螺丝。

接着将机箱卧倒，在主板底板上安装铜质的膨胀螺钉，然后把主板放在底板上。同时要注意把主板上的I/O接口对准机箱后面相应的位置，如图8.3.11所示。

**注意**：要让主板的键盘口、鼠标口、串/并口与USB接口和机箱背面的孔对齐。主板要与底板平行，不能搭在一起，否则容易造成短路。另外，主机板上的螺丝孔附近有信号线的印刷电路，在与机箱底板相连接时应注意主板不要与机箱短路。如果主板安装孔未镀绝缘层，则必须用绝缘垫圈加以绝缘。

将所有的螺钉对准主板的固定孔依次把每个螺丝固定好，如图8.3.12所示。

图8.3.11　对准机箱接口

图8.3.12　拧紧螺丝

接着就是给主板插上供电插座。从机箱电源输出线中找到电源线接头，同样在主板上找到电源接口，如图8.3.13所示。

把电源插头插在主板上的电源插座上，并使两个塑料卡子互相卡紧，以防止电源线脱落。同时也是安装方向的一个标志，如图8.3.14所示。

图8.3.13　电源线接头与主板电源接口

图8.3.14　连接主板电源线

### 8.3.5　安装光驱和硬盘

光驱和硬盘的安装方法基本相同。

1．安装光驱

光盘驱动器包括CD-ROM，DVD-ROM和刻录机，其外观与安装方法都基本一样。

（1）首先从机箱的前面板上取下一个安装光驱的5英寸槽口的塑料挡板，将光驱从前面放进去，如图 8.3.15 所示。

（2）在光驱的每一侧用两颗螺丝初步固定，先不要拧紧，对光驱的位置进行细致的调整后，再把螺丝拧紧，这一步是考虑面板的美观，等光驱面板与机箱面板平齐后再在对角线上拧紧螺丝，如图 8.3.16 所示。

图 8.3.15　放入光驱

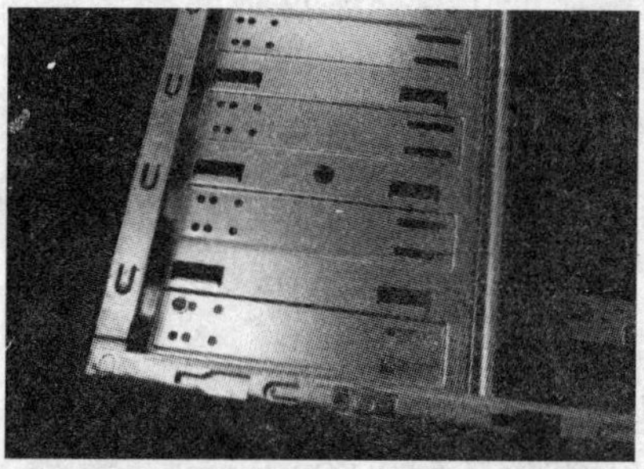

图 8.3.16　固定光驱

**2．安装硬盘**

安装硬盘需要注意：通常计算机的主板上只安装有两个 IDE 接口，而每条 IDE 数据线最多只能连接两个 IDE 硬盘或其他 IDE 设备，这样，一台计算机最多可连接 4 个硬盘或其他 IDE 设备。但是在 PC 机中，只可能用其中的一块硬盘来启动系统，因此如果连接了多块硬盘则必须将它们区分开来，为此，硬盘上提供了一组跳线来设置硬盘的模式。

跳线设置有 3 种模式，即单机（Spare）、主动（Master）和从动（Slave）。单机就是指在连接 IDE 硬盘之前，必须先通过跳线设置硬盘的模式，如果数据线上只连接了一块硬盘，则须设置跳线为 Spare 模式；如果数据线上连接了两块硬盘，则必须分别将它们设置为 Master 和 Slave 模式，通常在第一块硬盘上，也就是用来启动系统的那块硬盘设置为 Master 模式，而另一块硬盘设置为 Slave 模式。

不同品牌和型号的硬盘，其跳线指示信息可能也有所不同，一般在硬盘的表面或侧面标示有跳线指示信息，它的跳线设置是通过两个跳线帽进行组合设置的。在设置跳线时，只须用镊子将跳线夹出，并重新安插在正确的位置即可。

**注意**：正确使用一条数据线连接双硬盘时，只能有一个硬盘为 Master，也只能有一个硬盘为 Slave，如果两块硬盘都设置为 Master 或 Slave，那么就可能导致系统不能识别安装的硬盘。

完成跳线设置后，便可将硬盘安装到机箱内。

在机箱内找到硬盘驱动器仓，将硬盘插入驱动器仓内，并使硬盘侧面的螺丝孔与驱动器仓上的螺丝孔对齐，用螺丝将硬盘固定在驱动器仓中。在安装的时候，要尽量把螺丝拧紧，把硬盘固定得稳一点，因为硬盘经常处于高速运转状态，这样做可以减少噪声并防止震动，如图 8.3.17 所示。

图 8.3.17　固定硬盘

注意：为了避免因驱动器的震动造成的存取失败或驱动器损坏，建议在安装驱动器时在托架上安装并固定所有的螺丝。通常机箱内都会预留装两个硬盘的空间，假如只需要装一个硬盘，应该把它装在离光驱较远的位置，这样更有利于散热。

### 8.3.6 安装显卡

鉴于目前的 P4 主板几乎都没有了 ISA 插槽，因此这里只介绍一下显卡（AGP）、声卡、网卡等 PCI 设备的安装。现在的显卡一般都是 AGP 卡，所以只要插到相应的 AGP 插槽就行了，若为 PCI 显卡则把它插到 PCI 插槽上。

以下以 AGP 接口的显卡为例来介绍显卡的安装。

（1）先将机箱后面的 AGP 插槽挡板取下，将显卡插入插槽中，如图 8.3.18 所示，在插入的过程中，要把显卡以垂直于主板的方向插入 AGP 插槽中，双手捏紧显卡边缘竖立向下压，用力适中并要插到底部，保证显卡和插槽的良好接触。

图 8.3.18　将显卡插入主板 AGP 插槽中

（2）显卡插入插槽中后，用螺丝固定显卡。固定显卡时，要注意显卡挡板下端不要顶在主板上，否则无法插到位。插好显卡，固定挡板螺丝时要松紧适度，注意不要影响显卡插脚与 PCI/AGP 槽的接触，更要避免引起主板变形。

提示：安装完显卡后，要与显示器连接就相当容易了，因为整个计算机只有显卡上的一个插座能与显示器的 3 排 15 针的 D 型插头匹配。

### 8.3.7 机箱内部连线

机箱内的基本配件全部装好后，接下来就是把数据线及电源线接好。一般主板会有两个 IDE 插槽及一个软驱插槽，其中 IDE 插槽用于连接硬盘和光驱。下面具体介绍这些电源线和数据线的连接方法。

插数据线时有个原则：由里往外插，这样有利于此项工作的顺利进行。同样，数据线也是有方向的，但不用担心，因为它们都有防插错设计。

（1）把硬盘数据线插入主板的 IDE 接口中，如图 8.3.19 所示。

（2）下面再连接各驱动器的数据线。先把光驱的数据线插上，插数据线和电源线的时候，要使数据线有红色的一边与电源线的红线靠在一起，如图 8.3.20 所示。

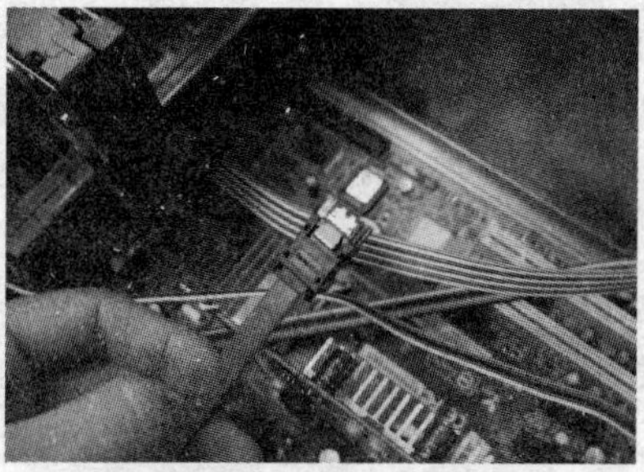

图 8.3.19　连接硬盘数据线

图 8.3.20　连接光驱数据线

**提示**：硬盘数据线连接时有一定的规则，蓝色的一端要与主板上的 IDE 接口相连，另一端要与硬盘的数据线接口相连。

（3）然后是连接各部件的电源线。依次是连接 CPU 风扇电源线（前面在安装风扇时已经接好）、硬盘电源线（见图 8.3.21）、光驱电源线（见图 8.3.22）。这里可根据实际情况安排操作顺序。

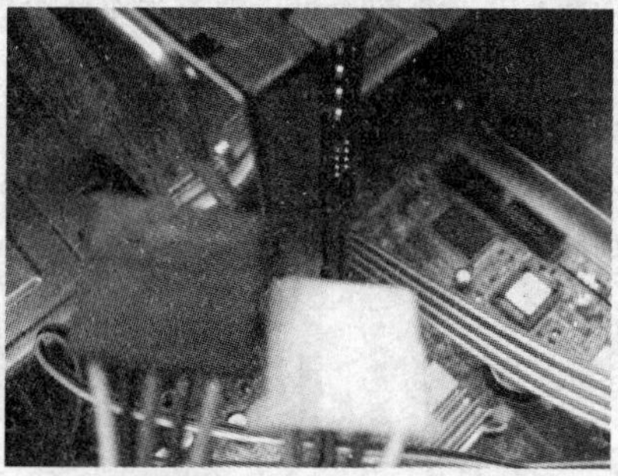

图 8.3.21　连接硬盘电源线

图 8.3.22　连接光驱电源线

在机箱面板内还有许多线头，它们是一些开关、指示灯和 PC 喇叭的连线，需要接在主板上，这些信号线的连接在主板的说明书上都有详细的说明，如图 8.3.23 和图 8.3.24 所示。

图 8.3.23　机箱启动与指示灯连线

图 8.3.24　前置音频连线

这些主板接线的功能如下：

（1）POWER LED：连接电源指示灯。电源指示灯的接线只有 1，3 位，1 线通常为绿色，在主板上接头通常标为“POWER LED”。连接时注意绿线对应第一针，当它连接好后，计算机一打开，电源指示灯就一直亮着，表示电源已经打开了。

（2）RESET SW：连接“Reset”按钮。“Reset”连接线有两芯接头，连接机箱的“Reset”按钮，它接到主板的“Reset”插针上，并且此接头无方向性，只须短路即可进行“重启”操作。

主板上“Reset”针的作用是：当它短路时，计算机就会重新启动。“Reset”按钮是一个开关，按下时产生短路，松开时又恢复开路，瞬间的短路就可以使计算机重新启动。偶尔会有这样的情况，当按下“Reset”按钮然后松开，如果按钮没有弹起来，一直保持着短路状态，这样计算机就会不停地重新启动。

（3）H.D.D LED：连接硬盘指示灯。在主板上这样的接头通常标着“IDE LED”或“H.D.D LED”字样，硬盘指示灯为两芯接头，一线为红色，另一线为白色，一般红色（深颜色）表示正，白色表示负。在连接时要使红线对应在第一针上。

（4）PWR SW：连接计算机开关。ATX 结构的机箱上有一个总电源的开关接线，是一个两芯的接头，它和“Reset”接头一样，按下时短路，松开时开路，按一下计算机的总电源就开通了，再按一下就关闭。

**注意**：H.D.D LED 线接好后，当计算机在读/写硬盘时，机箱上的硬盘指示灯会亮，但这个指示灯可能只对 IDE 硬盘起作用，对 SCSI 硬盘将不起作用。

还可以在 BIOS 里设置关机时必须持续按电源开关 4 s 以上才能关机，或者根本就不能靠开关来关机，而只能靠软件来关机。

从面板引入机箱中的连接线中找到标有“PWR SW”字样的接头（有的主板则标“S/B SW”等），这便是电源的连线了，然后在主板信号插针中找到标有“PWR BT”或“PW2”（见图 8.3.25，因主板不同而异）字样的插针，然后对应插好就可以了。各种信号连接线连接完成。

图 8.3.25　主板各种信号连接线插针

**提示**：插针的位置如果在主板上标记不清，最好查看主板说明书。

## 8.3.8　整理内部连线并合上机箱盖

机箱内部的空间并不宽敞，加之设备发热量都比较大，如果不整理内部连线，会影响空气流动与散热，同时容易发生连线松脱、接触不良或信号紊乱的现象。整理机箱内部连线的具体操作步骤如下。

（1）首先就是面板信号线的整理。面板信号线都比较细，而且数量较多，但整理它们很方便，只要将这些线用手理顺，然后折几个弯，再用捆绑绳将它们捆起来即可。

（2）机箱里最乱的恐怕就是电源线了，先用手将电源线理顺，将不用的电源线放在一起，这样可以避免不用的电源线散落在机箱内妨碍日后插接硬件。

（3）接下来要固定音频线，因为 CD 音频线是传送音频信号的，所以最好不要将它与电源线扎在一起，避免产生干扰。CD 音频线最好单独固定在某个地方。

（4）最后的整理工作恐怕是最困难的了，那就是对 IDE 和 FDD 线的整理。在购机时，IDE 和 FDD 线是由主板附送的，一般都比较长，实际上用不了这么长的线，过长的线不仅多占空间，还影响信号的传输，因此可以截去一部分。

经过一番整理后，就会发现机箱内部整洁了很多，这样做不仅有利于散热，而且方便日后添加或拆卸硬件的工作。整理机箱的连线还可以提高系统的稳定性。

装机箱盖时，要仔细检查各部分的连接情况，确保无误后，把主机的机箱盖盖上并拧好螺丝，至此主机就安装好了。

# 8.4　机箱外部连接

当整个主机安装完毕后，还需要将显示器、键盘、鼠标、音箱等配件与机箱的接口连接，下面进行具体介绍。

## 8.4.1　显示器的连接

连接显示器的操作步骤如下：

（1）在显示器的背后有一根显示器数据信号线，将信号线插入计算机的显卡输出接口，如图 8.4.1 所示。

（2）拧紧信号线两边的紧固螺丝，避免接触不良造成画面不稳定现象，如图 8.4.2 所示。

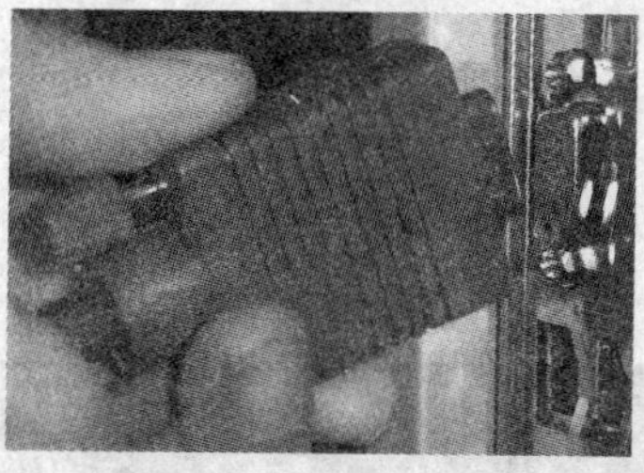

图 8.4.1　插入显示器信号线

图 8.4.2　拧紧信号线

## 8.4.2　键盘、鼠标的连接

键盘、鼠标的连接步骤如下：

（1）普通的 PS/2 键盘、鼠标对准主板的键盘及鼠标插座插入即可。通常键盘接口为紫色，鼠标接口为绿色，如图 8.4.3 所示。

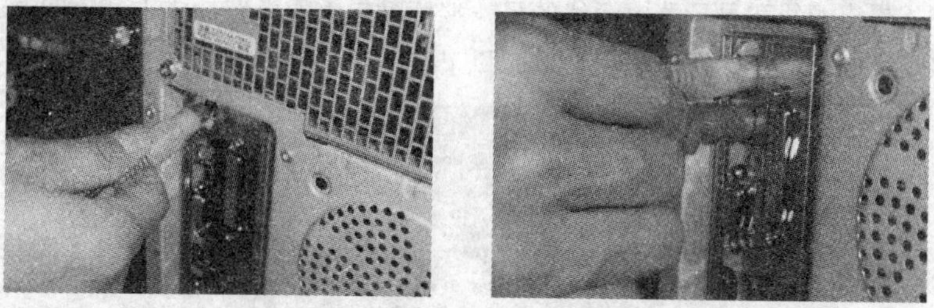

图 8.4.3　PS/2 键盘、鼠标的连接

（2）USB 键盘、鼠标的连接是将它们的 USB 端口与机箱上的 USB 接口相连即可。

## 8.4.3　音箱的连接

音箱的连接步骤如下：

（1）大多数主板后面的音频接口有 3 个，红色的是麦克风接口，绿色的是音频输出接口，蓝色的是音频输入接口，如图 8.4.4 所示。

（2）把音箱或耳机插头插入绿色的音频输出接口，如图 8.4.5 所示。把麦克风插入红色接口，而蓝色主要多用于接入电视卡的音频信号。

图 8.4.4　音频接口

图 8.4.5　插入耳机

### 8.4.4　主机和显示器电源线的连接

主机电源线的连接步骤如下：

（1）准备一根主机电源线，将电源线的楔形端与主机电源的接口连接，如图 8.4.6 所示。

（2）接下来需要将显示器的电源线连接，和主机连接相似，楔形的一端插入显示器的背部，如图 8.4.7 所示。

图 8.4.6　主机电源线的连接

图 8.4.7　显示器电源线的连接

最后就是把主机电源线和显示器电源线的另一端插到室内的电源插座上，如图 8.4.8 所示。室内的电源插座应接地良好，这样接通电源就可以开机了。

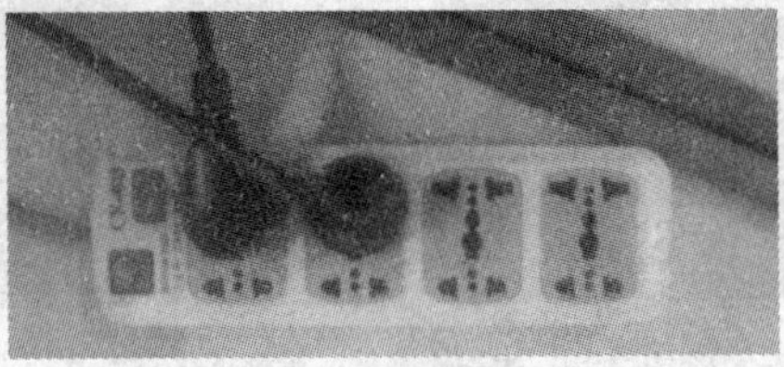

图 8.4.8　连接电源插座

装机完成后就可以给主机加电了，第一次加电后，需要注意：CPU 风扇是否旋转；机箱内有无异常声响和气味。如果发现存在这些问题，应立刻关闭 220 V 电源，否则有烧毁 CPU 和主板的可能。如果没有上述问题，开机 30 s 内显示器将出现 BIOS 主菜单画面。停止敲击键盘，至此预加电成功。在进行下面的工作之前，观看机箱上的电源指示灯是否点亮，如果不亮，可能是机箱与主板的连接插头插反了或指示灯有问题。

按一下机箱上的“复位”按钮，机器应该重新启动，再不断按“Del”键，进入 BIOS 设置画面。如果不能启动，可能复位开关或连线有问题。

## 8.5 上机实战——拆卸计算机的组成部件

本例讲解拆卸计算机的组成部件，要求准备好一台组装好的计算机、装机工具和工作台。

**操作步骤**

（1）拔下电源线。拔下主机及显示器等外设的电源线。

（2）拔下外设连线。拔下键盘、鼠标、USB 电缆等与主机箱的连线时，将插头直接向外平拉即可；拔除显示器信号电缆、打印机信号电缆等连线时，先松开插头两边的固定螺丝，再向外平拉插头。

（3）打开机箱盖。机箱盖的固定螺丝大多数在机箱后侧的边缘上，用十字螺丝刀拧下螺丝取下机箱盖。

（4）拆下接口卡。用螺丝刀拧下固定插卡的螺丝，用双手捏紧接口卡的上边缘，垂直向上拔下接口卡。

（5）拔下驱动器数据线。硬盘、光驱的数据线一头插在驱动器上，另一头插在主板的接口插座上，捏紧数据线插头的两端，平稳地沿水平方向拔出。

（6）拔下驱动器电源插头。沿水平方向向外拔出硬盘、光驱的电源插头，注意不要晃动电源插头。

（7）拔下主板电源插头及其他插头。拔下 ATX 主板电源时，用力捏开主板电源插头上的塑料卡子，垂直主板用力把插头拔起。拔下 CPU 风扇电源、光驱与声卡间的音频线、主板与机箱面板插针等插头时，最好将插接线的颜色、位置及排列顺序等做好记录以便还原。

（8）拆卸内存条。向两边掰开内存插槽的卡扣，内存条会从插槽中自动弹出。

（9）取出主板。松开固定主板的螺丝，将主板从机箱内取出。

（10）拆下驱动器。硬盘和光驱都固定在机箱内的驱动器支架上，先拧下驱动器支架两侧的固定螺丝，向前抽出驱动器，拧下硬盘上的最后一颗螺丝时，用手握住驱动器，以免驱动器落下而损坏。

## 本 章 小 结

本章主要以图文结合的形式对计算机组装流程进行了详细讲解，其中包括装机配置方案的拟定、组装计算机硬件前应做好的准备工作以及在组装时应注意的一些细节问题等。通过本章的学习，读者可以熟悉计算机的组装流程，并能熟练地独立组装一台计算机。

## 操 作 练 习

**一、填空题**

1．与主板相连接的机箱内部信号线一般有________、________、________、________、________。

2．在安装硬盘时，不要用手指触摸硬盘底部的电路，以防________损坏硬盘。

## 二、选择题

1．组装计算机一般要具备的工具有（ ）。

（A）螺丝刀、钳子、万能表、剪刀

（B）组装台、螺丝、螺丝刀、尖嘴钳子、小镊子

（C）螺丝、扳手、防静电手套、刀子

（D）剪刀、扎绳、螺丝刀、六口套管

2．安装 CPU 风扇时，应该（ ）。

（A）用力压扣具，直到安装上

（B）使一侧的扣具挂钩扣住，用力压另一侧的扣具直到安装上

（C）用力压风扇，再安装扣具

（D）使一侧的扣具挂钩扣住，稳住风扇，用适当的力量安装另一侧的扣具

3．下面（ ）应该安装在 PCI 插槽中。

（A）独立声卡　　（B）显卡

（C）网卡　　（D）内存

4．“H.D.D LED”是什么含义？（ ）

（A）电压开关　　（B）硬盘指示灯

（C）重启开关　　（D）PC 喇叭

## 三、简答题

1．在装机时都会用到什么工具，它们的作用分别是什么？

2．简述装机的注意事项。

3．为什么要在主机内所有的配件都安装好后才连接各种连线？

## 四、上机操作题

1．打开机箱机盖，拆下固定主板的螺丝，取出主板。

2．拆下固定在 CPU 上方的散热风扇。

3．拆下各个驱动器的数据线和电源线，然后重新安装上去。

# 第 9 章　设置 BIOS 参数

计算机硬件组装完成后，需要对计算机的 BIOS 进行设置。BIOS 是主板与操作系统间的桥梁，负责管理主板和扩充卡之间的相关参数设置。由于 BIOS 是硬件与软件联系的唯一信道，因此，如何妥善地设定 BIOS 中的参数，将决定计算机是否稳定运行和是否工作在最佳状态。本章将介绍 BIOS 中常用参数的设置。

知识要点

- BIOS 基础知识
- BIOS 的设置

## 9.1　BIOS 基础知识

BIOS 就是 Basic Input/Output System（基本输入/输出系统）的英文缩写。它实际上是一组为电脑提供最基本、最直接的硬件控制的程序，这组程序被固化到计算机主板的 BIOS ROM 芯片中。它负责解决硬件的即时需求，并按软件对硬件的要求具体执行操作，它是计算机系统非常重要的一部分。在用户打开电脑电源之后，系统的启动完全要靠存在 ROM 中的 BIOS，即使操作系统调入之后，有些工作还要依靠 BIOS 的中断服务来完成。合理设置和优化 BIOS 往往比更新 CPU 和显卡更具实用价值。一块主板或者说一台电脑的性能优越与否，在很大程度上取决于主板上的 BIOS 功能是否强大和先进。

### 9.1.1　BIOS 的作用

下面按 BIOS 发挥作用的先后时间顺序对其进行介绍。

#### 1. 系统启动时 BIOS 所做的有关工作

系统启动时 BIOS 首先必须运行 POST（POWER ONSELF TEST，上电自检）程序，以对系统硬件进行初始化及配置工作，这部分程序的主要功能如下：

（1）测试内存。

（2）生成系统中所安装硬件的目录表。

（3）配置软盘、硬盘、键盘、显示器以及串口和并口。

（4）配置系统中的其他硬件，如 CD-ROM、声卡、网卡等。

（5）初始化系统中支持某些特殊功能的硬件，这些功能如即插即用功能、高级电源管理功能等。

（6）按用户的要求运行包含在 BIOS 里的系统设置程序。

（7）载入操作系统。

**2. 与系统设置有关的工作**

提供进行系统设置所需要的软件界面，并负责将用户的设置值写回到 CMOS 中，这就是用户知道的 BIOS 设置和把这些设置保存到 CMOS 的过程。

**3. 移交控制权给操作系统**

BIOS 初始化硬件和 POST 结束后，则按照 CMOS 中的设置将系统控制权交给预先设置的磁盘上的操作系统。例如，我们可以在 CMOS 里设置用光盘、硬盘、光驱等设备启动，这样 BIOS 就将系统控制权移交给它们，让它们继续工作。

### 9.1.2 进入 BIOS 设置程序的一般方法

进入 BIOS 设置程序通常有 3 种方法。

**1. 开机启动时按热键进入**

在开机时按下特定的热键就可以进入 BIOS 设置程序，不同类型的计算机进入 BIOS 设置程序的按键有所不同，有的可能在屏幕上给出提示，但有的就没有给出提示。几种常见的 BIOS 设置程序的进入方式如下：

（1）Award BIOS：按“Del”键或“Ctrl+Alt+Esc”组合键（屏幕有提示）。

（2）AMI BIOS：按“Del”键或“Esc”键（屏幕有提示）。

（3）Phoenix BIOS：按“F2”键或“Ctrl+Alt+S”组合键。

**2. 用一些可读写 CMOS 的应用软件进行设置**

部分应用程序，如 QAPLUS 提供了对 CMOS 的读、写以及修改功能，通过它们可以对一些基本系统配置进行修改。

**3. 用系统提供的软件进行设置**

现在很多主板都提供了在 DOS 下进入 BIOS 设置程序的程序，在 Windows 的控制面板和注册表中已经包含了部分 BIOS 设置项。

### 9.1.3 BIOS 设置的一般原则

现在的主板及 BIOS 设置程序更新换代很快，即使再详细的设置说明，也无法囊括所有的 BIOS 设置项，但如果用户掌握一定的方法和原则，那么再新、再难的设置项也能较准确地进行设定。下面就介绍一些原则、方法及经验。

（1）在设置时，可通过移动光标的方式来选择预设定的项目，用“Page Up”或“Page Down”键来修改内容。

（2）由于 BIOS 设置程序是基于英文的，且专业性很强，因此，在条件允许的情况下，最好是照着说明书进行操作，不能凭感觉。

（3）在 BIOS 设置时，可以利用热键来方便操作（见表 9.1）。

（4）子菜单说明。请注意设置菜单中各项的内容，如果菜单项左边有一个三角形的符号，则表示若选择了该菜单项，将会有一个子菜单弹出。

表 9.1　BIOS 热键

| 设　置　键 | 功 能 说 明 |
|---|---|
| ↑（向上键） | 向上移一项 |
| ↓（向下键） | 向下移一项 |
| ←（向左键） | 向左移一项 |
| →（向右键） | 向右移一项 |
| Esc 键 | 回到主画面，或从主画面中结束 SETUP 程序 |
| Page Up | 改变设定状态，或增加栏位中的数值内容 |
| Page Down | 改变设定状态，或减少栏位中的数值内容 |
| F1 功能键 | 显示目前设定项目的相关说明 |
| F5 功能键 | 装载上一次设定的值 |
| F6 功能键 | 装载最安全的值 |
| F7 功能键 | 装载最优化的值 |
| F10 功能键 | 储存设定值并离开 CMOS SETUP 程序 |

（5）辅助说明。在 Setup 主画面，随着选项的移动，屏幕上会显示相应选项的辅助说明。

设定画面的辅助说明：在设定各个栏位的内容时，只要按下“F1”键，便可得到该栏位的设定预设值及所有可以设定的值，如 BIOS 缺省值或 CMOS SETUP 缺省值。如果想离开辅助说明窗口，按“Esc”键即可。

（6）在系统出现兼容性问题或其他严重错误时，可使用 Load BIOS Defaults（在最新的 Award 6.0PG 版本中为 Load Fail-Safe Defaults）功能项，它可以使系统工作在安全模式，便于检查出系统错误。

（7）当 BIOS 设置很混乱或被破坏时，可使用 Load SETUP Defaults（在最新的 Award 6.0PG 版本中为 Load Optimized Defaults）功能项，此为 BIOS 出厂的设定值，它可以使系统以最佳化模式工作。

## 9.2　BIOS 的设置

BIOS 主要有 Award BIOS、AMI BIOS 和 Phoenix BIOS，它们的设置方法大同小异。Award BIOS 是目前最流行的一种 BIOS，这里就以 Award BIOS 设置为例进行有关选项含义的讲解。在计算机启动时按“Del”键即可进入 Award BIOS 的主界面，如图 9.2.1 所示。

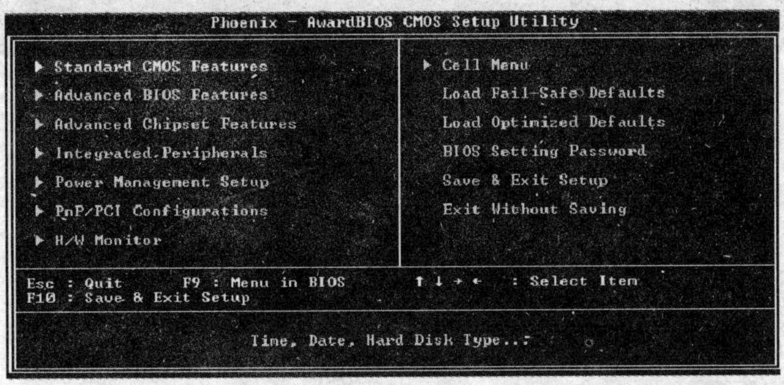


图 9.2.1　Award BIOS 的主界面

### 9.2.1　标准 CMOS 设置

在主菜单上选择“Standard CMOS Features”项，按回车键进入“Standard CMOS Features”菜单。

在标准 CMOS 设置菜单中有 6 项设置：系统日期/时间设置、硬盘设置、软驱设置、显示器设置和错误暂停设置、内存容量相关参数（基本内存、扩展内存、内存总量）和帮助信息，如图 9.2.2 所示。

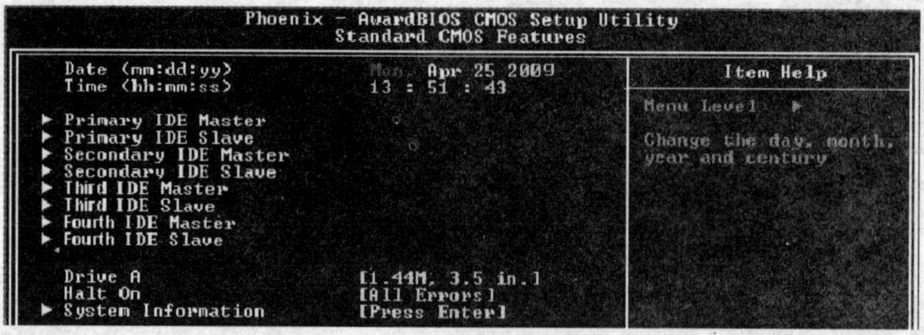


图 9.2.2　标准 CMOS 设置菜单

（1）日期和时间设置。日期的格式为：mm：dd：yy，即月、日、年，只有月、日、年 3 个地方可以自行设置，而“星期”是随着设置而自动改变的，无须设置。

用键盘上的上、下、左、右方向键移动光标到要设置的参数，然后按“+/−”或“Page Up/Page Down”键递增/减完成设置。

（2）硬盘设置。在标准 CMOS 设置菜单中可以看到“IDE Primary Master”（IDE1 上的主盘）、“IDE Primary Slave”（IDE1 上的从盘）、“IDE Secondary Master”（IDE2 上的主盘）和“IDE Secondary Slave”（IDE2 上的从盘）4 个 IDE 设备的选项，这是对 IDE 设备参数的设置选项，其中主要是对硬盘参数的设置。

一般的计算机都只有一个硬盘和一个光驱，在设置 IDE 主/从设备时，应该将硬盘连接在第一个 IDE 接口上，并在 IDE Primary Master 选项中对硬盘的主要参数进行设置，如图 9.2.3 所示。

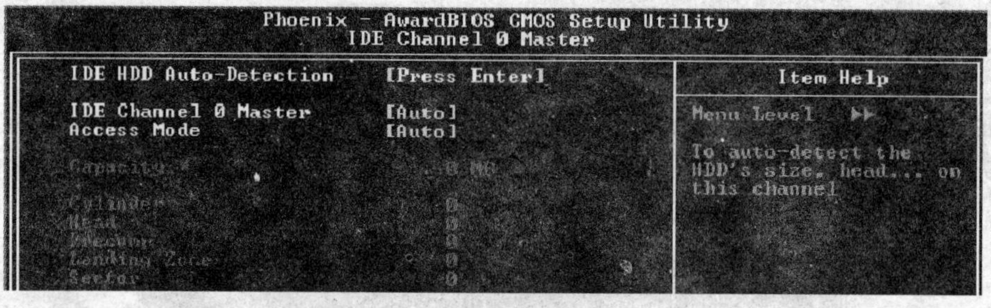


图 9.2.3　硬盘参数设置

Capacity：硬盘容量。

Cylinder：柱面数。

Head：硬盘磁头数。

Precomp：写电流补偿值。

Landing Zone：加载区域。

Sector：每柱面扇区数。

将光驱连接在第二个 IDE 接口上，并在 IDE Secondary Master 设置中将光驱设为第二个主 IDE 设备。

（3）显示器设置和错误暂停设置。

1）显示器设置。在标准 CMOS 设置中，Video 用于设置显示器的参数，由于目前使用的显示器都为 VGA 规格，因此将此项设置为“EGA/VGA”。

2）错误暂停设置。“Halt On”设置计算机在开机自检过程中检测到错误时所采取的操作。选择“Halt On”对应的选项，按回车键，打开“Halt On”窗口，其中有 5 个设置项，分别如下：

No errors：表示检测到任何错误，系统都要开机启动。

All errors：表示检测到任何错误，计算机都要停止运行并提示。

All，But Diskette：表示除检测到磁盘驱动器出错外，检测到任何错误系统都会停止。

All，But Disk/Key：表示除磁盘驱动器和键盘错误外，检测到任何错误系统都会停止。

All，But Keyboard：表示除检测到键盘出错外，检测到任何错误系统都会停止。

通常将其设置为“All errors”，因为这样可以方便检测哪里出现错误。

## 9.2.2　高级 BIOS 设置

“Advanced BIOS Features”项是高级 BIOS 设置，通过该项设置可以使电脑系统性能得到充分的发挥，以提高计算机的整体性能。在主菜单上选择“Advanced BIOS Features”项，按回车键，即可进入“Advanced BIOS Features”菜单，如图 9.2.4 所示。

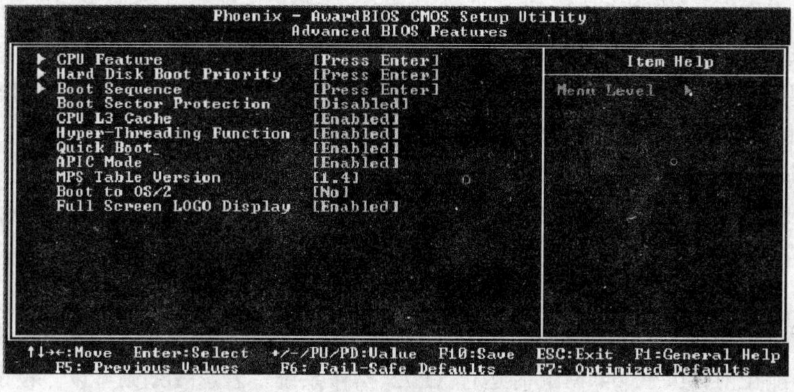


图 9.2.4　高级 BIOS 设置界面

在高级 BIOS 设置菜单中有 6 项设置：CPU 特性设置、硬盘启动优先级设置、启动设置、Cache 设置、软驱设置、键盘设置和其他设置。

（1）CPU 特性设置。CPU Feature（CPU 特性），CPU 特性设置可以对 CPU 进行保护，主要通过 Delay Prior to Thermal（超温度先延迟）和 Thermal Management（温度管理）来实现。

1）Delay Prior to Thermal：当 CPU 温度达到工厂预设的温度，时钟将被适当延迟，温度监控装置开启，由处理器内置的传感器控制的时钟组也被激活以便保持处理器的温度限制。Delay Prior to Thermal 的顺序设设定值为：“4 min”“8 min”“16 min”和“32 min”，一般情况下选择“4 min”即可。

2）Thermal Management：此项用于选择工厂中预设的温度，一般 Thermal Management 的设定值分别为[Thermal Monitor 1]和[Thermal Monitor 2]。

（2）Hard Disk Boot Priority（硬盘启动优先级设置）。按<Enter>键以进入子菜单。然后可以使用方向键（↑↓）选择所要的设备，然后按<+>、<−>或<PageUp>、<PageDown>键，在硬盘启动优先级列表中上下移动。

（3）Boot Sequence（引导次序设置）。按<Enter>进入子菜单，最初的 IBM PC 从 A 盘（软驱）

载入 DOS 操作系统，因此，IBM PC 兼容系统是为了先在 A 盘中搜寻一个操作系统，然后在 C 盘中（硬盘）搜索而设计。然而，目前的计算机通常从硬盘中载入操作系统，甚至可以从 CD-ROM 或 U 盘中载入。

1）1st/2nd/3rd Boot Device（第一/ 第二/ 第三启动设备）：此项可设置 BIOS 要载入操作系统的启动设备的次序。

2）Boot From Other Devices（从其他设备启动）：此项设置为“Enabled”，可让系统从第一/第二/第三设备启动失败后，从其他设备启动。设定值为“Disabled”和“Enabled”。

（4）Boot Sector Protection（引导扇区保护）：此项功能用于保护硬盘，避免用户格式化硬盘。设定值为“Disabled”和“Enabled”。

（5）CPU L3 Cache（第 3 级的缓存）：它是微处理器和内存之间，内置于主板上的缓存。L 3 缓存比 L 1，L 2 缓存的速度慢。此项可让用户开启或关闭 L3 缓存。设定值为“Disabled”和“Enabled”。

（6）Hyper-Threading Technology（超线程技术）：处理器使用超线程技术以提升传输速度，减少用户响应时间。此技术把处理器中的两个核心作为两个可同时执行指令的逻辑处理器，可使系统性能大幅提高。若关闭此项功能，处理器将使用一个核心来执行指令。设定值为“Disabled”和“Enabled”。

（7）Quick Boot （快速启动）：此项设置为[Enabled]将允许系统在 5 s 内启动，而跳过一些检测项目。设定值为“Disabled”和“Enabled”。

（8）APIC Mode（APIC 模式）：此项允许用户控制 APIC（高级可编程中断控制器）。由于遵循了 PC2001 设计指南，此系统可在 APIC 模式下运行。启用 APIC 模式将为系统扩充可用的 IRQ 字元。设定值为“Disabled”和“Enabled”。

（9）MPS Table Version（MPS 版本）：此项允许用户选择操作系统所使用的 MPS（多处理器规范）版本。用户要选择操作系统所支持的 MPS 版本。要了解所使用的版本，可咨询操作系统的经销商。设定值为“1.4”和“1.1”。

（10）Boot to OS/2：设定是否允许用户在 OS/2 操作系统下使用大于 64 MB 的 DRAM。当选择[No]时，将不能在内存大于 64 MB 时运行 OS/2 操作系统。若选[Yes]则可以。设定值为“Yes”和“No”。

（11）Full Screen LOGO Display（全屏 LOGO 显示）：此项可控制系统在启动时全屏显示公司 LOGO 标志。设定值为“Enabled”（在启动时显示静态的 LOGO 图片）和“Disabled”（在启动时显示 POST（自检）信息）。

### 9.2.3 高级芯片组设置

“Advanced Chipset Features”项用于进行高级芯片设置，它主要是针对主板上芯片的特性进行设置。其界面如图 9.2.5 所示。

（1）System BIOS Cacheable（系统 BIOS 缓存）：设定值为“Enabled”和“Disabled”。选择“Enabled”可开启 F0000h 至 FFFFFh 的系统 BIOS ROM 的缓存，使得系统效能提升。但若有任何程序写入此内存区域，系统将出错。

（2）Video BIOS Cacheable（视频 BIOS 缓存）：设定值为“Enabled”和“Disabled”。选择“Enabled”可开启 C0000h 至 C7FFFh 的视频缓存，使视频效能提升。但若有任何程序写入此内存区域，系统将出错。

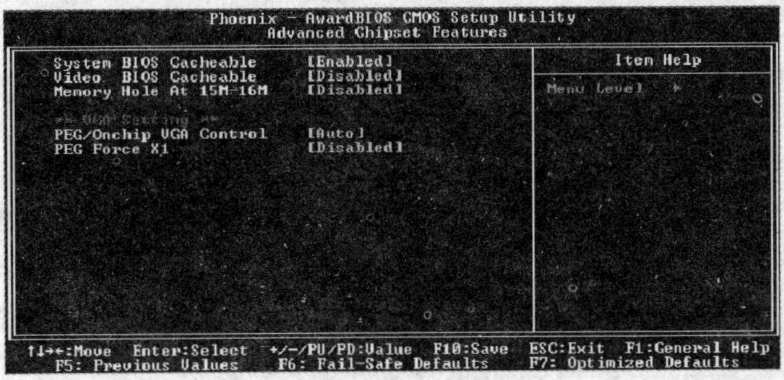


图 9.2.5 高级芯片组设置界面

（3）Memory Hole（内存洞）：为了提高性能，内存中的某些空间可以为 ISA 周边设备预留。此内存洞必须被映射到小于 16 MB 的内存。当此项被预留，此内存洞不能高速缓存。设定值为“Disabled”和“15 MB－16 MB”。

（4）PEG/Onchip VGA Control（PEG/板载 VGA 控制）：此项决定了系统 RAM 是否要内存分配给板载视频控制器。设置为“Enabled”，最多分配 128 MB 系统 RAM 到板载视频控制器。设定值有“Onchip VGA”“PEG Port”和“Auto”。

（5）PEG Force X1：此项决定了是否要使用 PCI－Express X16 图像卡。设定值为“Enabled”和“Disabled”。当此项设置为[Enabled]时，分配的带宽最高为 X16，最低为 X1。

### 9.2.4 集成外设设置

“Integrated Peripherals”项用于进行集成外设设置，主要是针对板载设备进行设置，如主板上的端口、声卡等。外部集成设备设置界面如图 9.2.6 所示。

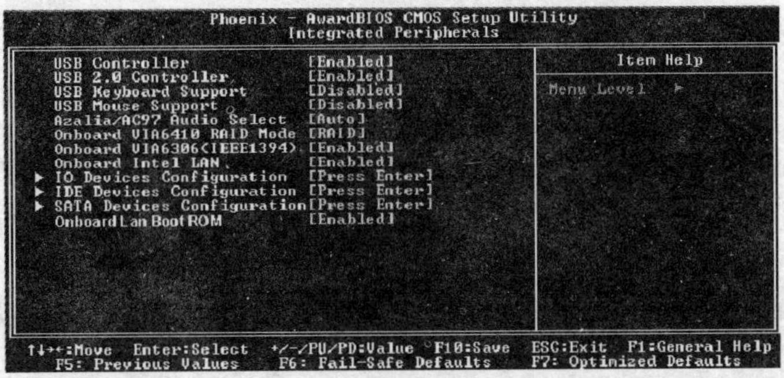


图 9.2.6 外部集成设备设置界面

（1）USB Controller（USB 控制器）：此项可让用户开启或关闭板载 USB 主机控制器。设定值为“Enabled”和“Disabled”。

（2）USB 2.0 Controller（USB2.0 控制器）：设定值为“Enabled”和“Disabled”。若要在不支持或无 USB2.0 驱动的操作系统中使用 USB2.0 设备，此项应设置为“Enabled”。当要使用除 USB 鼠标以外的 USB 设备，应选择“Disabled”。

（3）USB Keyboard/Mouse Support（USB 键盘/鼠标支持）：设定值为“Enabled”和“Disabled”。在不支持 USB 或未安装 USB 驱动程序的系统中（如 DOS 和 SCO Unix），若要使用 USB 键盘/鼠标，应设定此项为“Enabled”。

（4）Azalia/AC97 Audio Select（选择 Azalia / AC97）：此项可让用户选择 Azalia 音频或 AC97 音频。设定值为“Enabled”和“Disabled”。

（5）Onboard VIA6410 RAID Mode（板载 VIA6410 RAID 模式）：此项可让用户选定 VIA6410 芯片组，以支持 IDE 或 IDE RAID。设定值为“IDE”“RAID”和“Disabled”。

（6）Onboard VIA6306（IEEE1394）（板载 VIA6306）：此项用于开启/关闭板载 VIA 1394 控制器。设定值为“Enabled”和“Disabled”。

（7）Onboard Intel LAN（板载 Intel LAN）：此项可让用户开启/关闭板载 LAN 设备。设定值为“Enabled”和“Disabled”。

### 9.2.5 电源管理设置

“Power Management Setup”项是电源管理设置，它主要是针对计算机的节能功能进行设置。它的主界面如图 9.2.7 所示。

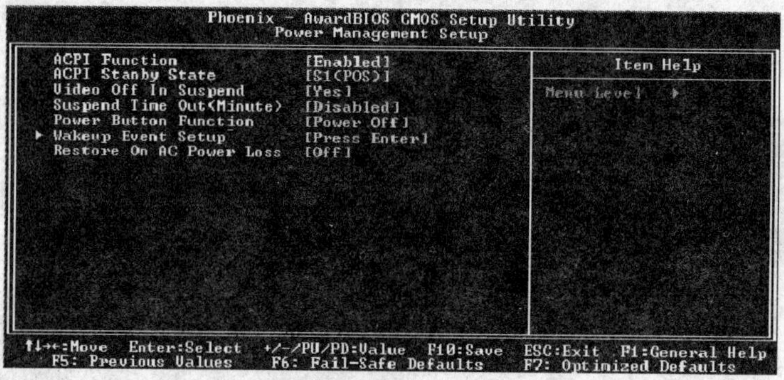


图 9.2.7 电源管理设置界面

注意：只有当 BIOS 支持 S 3 睡眠模式时，在本章里所描述的 S 3 功能才可以应用。

（1）ACPI Function（ACPI 功能）：此项启用 ACPI（高级配置和电源管理界面）功能。可选项有“Enabled”和“Disabled”。若用户的操作系统支持 ACPI，例如 Windows 98SE/2000/ME，可选“Enabled”。

（2）ACPI Stanby State（ACPI 备用状态）：此选项设定 ACPI 功能的节电模式。可选项有“S1（POS）”和“S3（STR）”。如果用户的操作系统支持 ACPI，例如 Windows98SE/2000/ME/XP，可以通过此项的设定选择进入睡眠模式 S1（POS）或者 S3（STR）模式。

1）S1 休眠模式是一种低能耗状态，在此状态下，系统内容不会丢失，硬件（CPU 或芯片组）保留所有的系统内容。

2）S3 休眠模式是一种低能耗状态，在此状态下，仅对主要部件供电，比如主内存和可唤醒系统设备，并且系统内容将被保存在主内存。一旦有“唤醒”事件发生。存储在内存中的这些信息被用来将系统恢复到以前的状态。

（3）Video Off In Suspend（挂起时视频关闭）：此项可决定挂起模式中视频是否要被关闭。设定值为“Yes”和“No”。

（4）Suspend Time Out <Minute>（挂起时间（分））：经过一段时间的休眠后，除了 CPU 以外的所有设备都自动关闭。设定值：“Disabled”“1 min”“2 min”“4 min”“8 min”“12 min”“20 min”“30 min”“40 min”和“1 hour”。

（5）Power Button Function（电源按钮功能）：此项设置了电源按钮的功能。设置值有为“Power Off”（电源按钮功能作为普通的电源按钮）和“Suspend”（当按下电源按钮，此计算机会进入挂起/睡眠模式，但若按下此按钮超过 4 s，计算机关机）。

（6）Wakeup Event Setup（唤醒事件设置）：

1）Resume by PCI Device（PME#）：当此项设置为“Enabled”，此项可让用户的系统根据 PCI 设备的活动从节电模式通过 PME（电源管理事件）唤醒。设定值为“Enabled”和“Disabled”。

2）Resume From S3 by USB（用 USB 从 S3 唤醒）：此项可让系统根据 U S B 设备的活动，从 S3（挂起到 RAM）状态唤醒。设定值为“Enabled”和“Disabled”。

3）Resume by RTC Alarm：此项可让用户控制系统在设定的日期时间从 S3/S4/S5 节电模式唤醒。设定值为“Enabled”和“Disabled”。

4）Date（of Month）Alarm：此项指定了 Resume by RTC Alarm 的日期。设定值为“0”到“31”。

5）Time（hh:mm:ss）Alarm：此项指定了 Resume by RTC Alarm 的时间。格式为：<hour><minute><second>（<时><分><秒>）。

6）POWER ON Function（开机功能）：此项可指定 PS/2 鼠标或键盘如何开机的功能。设定值为：“Password”“Hot KEY”“Mouse Left”“Mouse Right”“any KEY”“BUTTON ONLY”和“Keyboard98”。

7）KB Power ON Password（键盘密码开机）：若 POWER ON Function 设置为“Password”，用户可在此项设置 PS/2 键盘的开机密码。

8）Hot Key Power ON（热键开机）：若 POWER ON Function 设为“Hot KEY”，用户可设置 PS/2 键盘系统开机的组合键。设定值为“Ctrl-F1”至“Ctrl-F12”。

（7）Restore on AC Power Loss（断电之后）：此项决定着开机时意外断电之后，电力供应再恢复时系统电源的状态。设定选项为：“Off”，保持机器处于关机状态；“On”，保持机器处于开机状态；“Last State”，将机器恢复到掉电或中断发生之前的状态。

## 9.2.6　即插即用与 PCI 设置

PnP/PCI Configurations 项用于进行即插即用与 PCI 状态设置，在此菜单中，主要设置系统和 IRQ 资源控制方式。它的界面如图 9.2.8 所示。

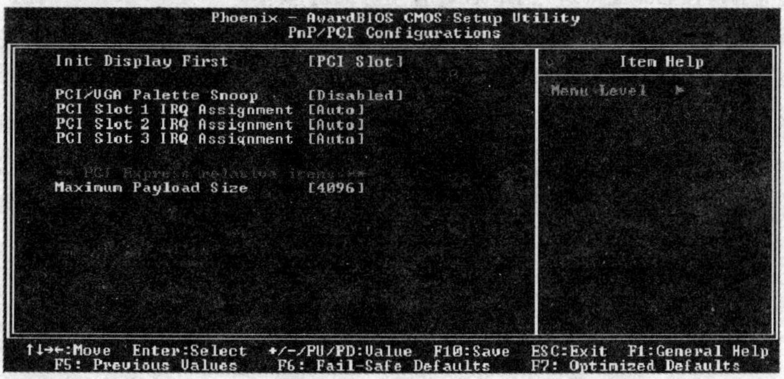


图 9.2.8　即插即用和 PCI 设置界面

（1）Init Display First（图像适配器的优先权）：此项规定了哪个 VGA 卡是用户的主要图形适配器。设置值为“PCI Ex”和“PCI slot”。

“PCI Ex”系统首先初始化 PCI - Express 显卡。若 PCI - Express 显卡不可用，它将初始化 PCI 显卡。

“PCI Slot”系统首先初始化 PCI 显卡。若 PCI 显卡不可用，它将初始化 PCI - Express 显卡。

（2）PCI/VGA Palette Snoop（PCI/VGA 调色板侦测）：当设置为“Enabled”时，工作于不同总线上的 VGA 设备可在不同显示设备的不同调色板上处理来自 CPU 的数据。在 PCI 设备中，命令缓存器中的第五位是 VGA 调色板侦测位（0 是禁用）。如果计算机中有两个 VGA 设备（一个是 PCI，另一个是 ISA），设定方式如表 9.2 所示。

表 9.2　VGA 调色板侦测位设定

| VGA 调色板侦测位设定值 | 动　作 |
| --- | --- |
| Disabled | CPU 的数据读写直接指向 PCI VGA 设备的调色板寄存器 |
| Enabled | CPU 的数据读写同时指向 PCI VGA 设备的调色板寄存器和 ISA VGA 设备的调色板寄存器，允许两种 VGA 设备的调色板寄存器相同 |

（3）PCI Slot 1～3 IRQ Assignment：此项规定了每个 PCI 插槽的中断请求线。设定值有：“3”“4”“5”“7”“9”“10”“11”“12”“14”“15”和“Auto”。选择“Auto”允许 BIOS 自动为每个 PCI 插槽分配中断请求线。

（4）Maximum Payload Size：此项可让用户设置 PCI - Express 设备的最大 TLP（传输层数据包）有效负载值。设定值有：“128”“256”“512”“1024”“2048”和“4096”。

以上介绍的是最常见的 Award BIOS 的常用选项的含义及设置方法，但由于各主板制造商都在它的基础上进行了修改与添加，因此，用户在设置 BIOS 时须仔细阅读主板说明书。

## 9.3　上机实战——设定快速启动自检功能

启动电脑后，系统进行自我检查的例行程序，这个过程被称为 POST 加电自检，对系统几乎所有的硬件进行检测。按照本例的操作设定快速启动自检功能，可以加快电脑的启动速度。

**操作步骤**

（1）启动电脑，按 Del 键，进入 BIOS 设置主界面。

（2）选择“Advanced BIOS Features”（高级 BIOS 设置功能）设置项，按 Enter 键进入。

（3）移动光标到“Quick Power On Self Test”（快速开机自检功能）项，设置为“Enabled”（允许）。如果选择“Disabled”，那么电脑就会按正常速度执行开机自我检查，对内存检测 3 次。

（4）按 Esc 键返回主界面，将光标移动到“Save & Exit Setup”（存储并结束设置），按 Y 键保存退出即可。

## 本 章 小 结

本章主要讲述了 BIOS 的基础知识、Award BIOS 设置。希望通过本章的学习能够使读者系统地了解 BIOS 相关知识，并能独立进行安装操作系统前的各项必要准备。

# 操 作 练 习

## 一、填空题

1．BIOS（Basic Input/Output System）即________，它是计算机________和________之间的“桥梁”，如果没有BIOS，计算机将不能正常工作。

2. 按________键或________键可以进入Award BIOS主菜单；按________键可进入AMI BIOS界面。

3．在设置Award BIOS时，可通过移动光标的方式来选择预设定的项目，用________键来修改内容。

4．在BIOS设置中设置用户密码，输入密码最多为________个字符。

5．BIOS刷新完成后，可以按________键进行重新启动，按________键返回DOS。

## 二、选择题

1．目前，世界上主流的BIOS芯片有3种，下面选项中不属于BIOS芯片的是（　）。

（A）Award　　（B）IBM

（C）AMI　　（D）Phoenix

2．在开机时按下特定的热键就可以进入BIOS设置程序，以下不属于热键的是（　）。

（A）F8　　（B）“Del”键

（C）“Ctrl+Alt+Esc”组合键　　（D）F2

3．当系统启动时，BIOS首先运行（　）加电自检，以对系统硬件进行初始化及配置工作。

（A）System程序　　（B）操作系统引导程序

（C）POST程序　　（D）后台服务程序

## 三、简答题

1．简述BIOS的作用。

2．BIOS设置的一般原则是什么？

3．如果想要计算机从光驱启动，在BIOS中应该怎样设置？

## 四、上机操作题

1．进入BIOS设置系统日期和时间。

2．设置键盘开机。

3．设置用户密码。

# 第 10 章　硬盘分区与格式化

BIOS 设置好以后，应该着手对硬盘进行分区和格式化。刚买来的硬盘是不能直接使用的，必须进行分区并格式化后才能存储数据。在介绍分区以前，首先要熟悉硬盘分区的概念和方法，再掌握分区工具的使用方法，最后执行格式化操作。

知识要点

- 硬盘分区的基本概念
- 用 Fdisk 进行硬盘分区
- 分区软件 PartitionMagic 的使用
- 格式化硬盘

## 10.1　硬盘分区的基本概念

通常，将硬盘实物称为物理盘，而将在硬盘分区之后所建立的“C:”或“D:”等各类所谓“驱动器”称为逻辑盘。逻辑盘是系统为控制和管理物理硬盘而建立的操作对象，一块物理盘可以设置成一块逻辑盘也可以设置成多块逻辑盘使用。

建立分区和逻辑盘是对硬盘进行格式化处理的前提条件，用户可以根据物理硬盘容量和需要建立基本分区、扩展分区和逻辑盘符，再通过格式化处理来为硬盘分别建立引导区（BOOT）、文件分配表（FAT）和数据存储区（DATA），只有经过以上处理之后，硬盘才能在计算机中正常使用。

**1．硬盘的分区类型**

通常硬盘的分区类型主要有 3 种：主分区（Primary Partition）、扩展分区（Extended Partition）和逻辑分区（Logical Partition）。在一块物理硬盘上，主分区可以有 1～4 个，但如果在硬盘上划分了扩展分区，则最多只能有 3 个主分区；扩展分区可以有 0～10 个；逻辑分区是在扩展分区中再次分配的独立区域，可以有若干个。

需要注意的是，安装操作系统的分区必须设置成激活（Active）状态才可以引导计算机。

（1）主分区。主分区存储着操作系统运行时所必需的文件，主分区必须是活动的，只有这样才能够从硬盘启动操作系统，所以在进行硬盘分区操作时，必须要建立主分区。

可以把整个硬盘分为主分区和扩展分区，也可以只建立一个主分区。主分区的驱动器号为 C，也就是常说的 C 盘。

（2）扩展分区。分区操作时，除了主分区之外的其他所有分区都称为扩展分区。扩展分区可以包括多个逻辑硬盘，主要用于存储操作系统以外的文件和数据。扩展分区只是一个分类概念，它必须要建立逻辑硬盘才能够被操作系统存取。

（3）逻辑分区。可以将扩展分区分成几个部分，其中的每一部分称做一个逻辑分区。如果分了 4 个区，就分别叫做 D 盘、E 盘、F 盘和 H 盘，它实际上只是用户人为分割的结果，可以根据需要把扩展分区划分为一个逻辑硬盘，也可以把它划分为多个逻辑硬盘。

**2. 硬盘分区的文件格式**

硬盘的分区文件格式不同，其性能上也有一定的差异。现在常用的分区文件格式主要有 FAT32 和 NTFS。

（1）FAT32。FAT32 是目前比较常用的一种磁盘分区格式，是从 FAT16 升级而来。这种分区格式采用的是 32 位的文件分配表，与 FAT16 相比，FAT32 格式在磁盘容量管理方面有了极大的提高，而且减少了对磁盘空间的浪费。但其缺点是采用 FAT32 格式分区的磁盘，由于文件分配表的扩大，运行速度比采用 FAT16 格式分区的磁盘要慢。

（2）NTFS。NTFS 是目前使用最多的一种分区格式，用于 Windows 2000，Windows NT 以及 Windows XP 操作系统。NTFS 格式与 FAT16 和 FAT32 格式相比，具有更高的磁盘利用率，而且在稳定性方面非常出色，在使用中不易产生文件碎片。其缺点是 NTFS 格式与 FAT32 格式不兼容，如采用 FAT32 的 Windows 98 操作系统中，无法识别 NTFS 格式的硬盘分区。

**3. 硬盘分区软件**

硬盘分区软件非常多，用户平时也可以通过杂志、书籍或网络查看一些相关的内容。下面给大家推荐 4 种硬盘分区软件。

（1）Fdisk。Fdisk 是 Windows 或 DOS 操作系统自带的硬盘分区工具。Windows 95 OSR2 以前的版本只能支持 FAT16 分区，以后的版本能够同时支持 FAT16 和 FAT32 分区。Fdisk 命令由于版本的不同而不能正确识别超过 80 GB 的硬盘。在使用 Fdisk 命令进行分区或者进行删除分区操作时，硬盘上的重要数据就被完全删除掉。当想自由调节分区的大小时，只有进行分区，但是分区后得到的只是一个空白的硬盘，没有达到想要的结果。为了解决这一问题，出现了 Partition Magic 分区软件，它能够很方便地实现硬盘的数据保留和分区大小的调整。

（2）Partition Magic。Partition Magic 的全称是 Partition Magic by Power Quest，又被称为硬盘分区魔术师。该工具可以在不损失硬盘中已有数据的前提下对硬盘进行重新分区、格式化分区、复制分区、移动分区、隐藏/重现分区，从任意分区引导系统、转换分区结构属性等工作。Partition Magic 性能极其优异，是现今最流行的一种分区软件。它支持大容量硬盘，支持超过 80 GB 的大容量硬盘，支持 FAT/FAT32/NFTS/HPFS，Linux Ext2 等多种格式的文件系统，可以在 DOS/Windows 95/98/2000/XP 多种系统平台下运行，可以实现硬盘动态分区和无损分区。

（3）Disk Manager 2000。Disk Manager 2000 是 IBM 硬盘专用版本，它可以一步一步地帮助用户顺利完成 IBM 硬盘的安装配置。该软件包含硬盘专用的 Disk Manager（DM）9.55 版，可以对硬盘进行分区、格式化，让硬盘突破主板容量支持瓶颈。用 Disk Manager 分区后格式化时的速度比一般的分区软件要快，Disk Manager 可以在一分钟内把一个大容量的硬盘重新分区和格式化。

（4）DiskGenius。该软件以前名为 Diskman，是中国人自己开发的一个磁盘分区工具，具有强大的分区、硬盘管理功能，支持多种分区格式。

**4. 分区的规划**

在建立分区以前，应先规划好分区的数量、每个分区占有的容量、分区使用的文件系统等。分区的数量和基本分区所占有的容量主要取决于使用者的习惯，有些人喜欢将整个硬盘规划成单一分区，有些人则喜欢分割成两个分区，一个储存操作系统文件，另一个储存应用程序文件；或者一个储存操作系统和应用程序文件，另一个储存个人和备份的资料。至于分区所使用的文件系统，则取决于要安装的操作系统，如 Windows XP 一般都使用 NTFS 文件格式。

## 10.2 用 Fdisk 进行硬盘分区

Fdisk 是一个 DOS 的外部命令，要在 DOS 下运行，下面就来具体介绍如何使用 Fdisk 对硬盘进行分区。

（1）准备工作。首先需要准备一张能启动的光盘，其中除了 Fdisk.exe 程序外，还要有格式化程序 FORMAT.COM。在进行分区前，应根据自身硬盘的大小对分区进行合理的规划，即准备将硬盘分为几个分区。

（2）操作顺序。用 Fdisk 对硬盘进行分区的具体步骤是：建立基本分区→建立扩展分区→在扩展分区中建立逻辑分区。如果在建立分区前硬盘上已有分区，需要将原分区删除后再重新划分分区。

下面来介绍用 Fdisk 对 80 GB 硬盘进行分区的具体步骤。

### 10.2.1 创建基本分区

（1）从 A 盘或者光盘启动计算机，看到“A:>”或者“C:>”提示符后键入命令“fdisk”，首先进入确认磁盘分区界面，如图 10.2.1 所示。

```
Your computer has a disk larger than 512 MB.This version of Windows includes
improved support for large disks,resulting in more efficient use of disk space on large
drives,and allowing disks over 2 GB to be formatted as a single drive.

IMPORTANT:If you enable large disk support and create any new drives on this
disk,you will not be able to access the new drive using other operating
systems,including some versions of Windows 95 and Windows NT, as well as earlier
versions of Windows and MS-DOS. In addition, disk utilities that were not designed
explicitly for the FAT32 file system will not be able to work with this disk. If you
need to access this disk with other operating systems or older disk utilities, do not
enable large drive support.

Do you wish to enable large disk support (Y/N)        ?[Y]
```

图 10.2.1 确认磁盘分区界面

（2）输入“Y”然后按回车键，进入如图 10.2.2 所示的界面，即 Fdisk 主菜单界面，其中“Choose one of the following”中有 4 个选项。

```
Microsoft Windows 98
Fixed Disk Setup Program
(c)Copyright Microsoft Copy.1983-1998
FDISK Options
Current fixed disk drive:1

Choose one of the following:

1.Create DOS Partition or Logical DOS Drive
2.Set active Partition
3.Delete Partition or Logical DOS Drive
4.Display Partition information

Enter choice:[1]
Press Esc to exit FDISK
```

图 10.2.2 Fdisk 主菜单界面

1）Create DOS Partition or Logical DOS Drive（建立 DOS 分区或者逻辑 DOS 驱动器）。

2）Set active Partition（设置活动分区）。

3）Delete Partition or Logical DOS Drive（删除分区或者逻辑 DOS 驱动器）。

4）Display Partition information（显示分区信息）。

“Enter choice”提示输入代表每项操作的数字，输入数字后按回车键就可以执行相应的操作。“Press Esc to exit FDISK”选项的意思是按“Esc”键退出 Fdisk 主程序。

（3）在图 10.2.2 中键入“1”，然后按回车键，进入建立分区的子菜单中，如图 10.2.3 所示。

```
Create DOS Partition or Logical DOS Drive

Current fixed disk drive:1

Choose one of the following:

1.Create Primary DOS Partition
2.Create Extended DOS Partition
3.Create Logical DOS Drive(s)in the Extended DOS Partition

Enter choice:[1]

Press Esc to return to FDISK options
```

图 10.2.3　建立分区子菜单

（4）在图 10.2.3 中键入“1”，然后按回车键即可进入如图 10.2.4 所示的界面，在此界面系统会询问是否将整个硬盘的全部容量划分为基本分区，即 C 区。如果选择“Y”，则整个硬盘作为基本分区，这里键入“N”。

```
Create Primary DOS Partition
Current fixed disk drive:1

Do you wish to use maximum available size for a Primary DOS Partition

（Y/N）…………………………………………? [N]


Press Esc to return to FDISK options
```

图 10.2.4　选择是否将整个硬盘的全部容量划分为基本分区

（5）按回车键后，进入如图 10.2.5 所示的界面，在此界面中输入基本分区的容量或者其占用硬盘总空间的百分比。

```
Create Primary DOS Partition
Current fixed disk drive:1

Total disk space is 80 532 MBytes （1 MByte=1 048 576 Bytes）
Maximum space available for partition is 80 532 MBytes

Enter partition size in MBytes or percent of disk space(%) to create a
Primary DOS Partition……………………………..:[10%]


Press Esc to exit FDISK Option
```

图 10.2.5　输入基本分区的容量

（6）在图 10.2.5 中确认输入值后按回车键，进入如图 10.2.6 所示的界面，基本分区创建完成。

```
                    Create Primary DOS Partition

Current fixed disk drive:1

Partition  Status  Type    Volume  Label  MBytes   System     Usage

 C:1               PRI DOS                8 008    UNKNOWN    10%


Primary DOS Partition created

Press Esc to continue
```

图 10.2.6　显示基本分区信息

## 10.2.2　创建扩展分区

扩展分区可以包含逻辑分区的基本磁盘的一部分。如果基本磁盘上的卷标多于 4 个，可以使用扩展分区。每个物理盘只允许一个分区为扩展分区。下面介绍创建扩展分区的步骤。

（1）在图 10.2.6 所示的界面中按“Esc”键，返回到图 10.2.3 所示的界面，再选择“2”，就会进入创建扩展分区的界面，如图 10.2.7 所示。

```
                    Create Extended DOS Partition

Current fixed disk drive:1

Partition  Status  Type    Volume  Label  MBytes   System    Usage
C:1                PRI DOS                8 008    UNKNOWN   10%

Total disk space is 80 532 MBytes  （1 MByte=1 048 576 Bytes）
Maximum space available for partition is 72 524 MBytes

Enter partition size in MBytes or percent of disk space(%) to create a
Primary DOS Partition……………………………..:[90%]


Press Esc to exit FDISK Option
```

图 10.2.7　定义硬盘扩展分区

（2）这里显示的是硬盘所剩余的空间，一般来说应将剩余的硬盘容量全部作为扩展分区使用，直接按回车键即可进入如图 10.2.8 所示的界面。

```
                    Create Extended DOS Partition

Current fixed disk drive:1

Partition  Status  Type    Volume  Label  MBytes   System    Usage
C:1                PRI DOS                8 008    UNKNOWN    10%
  2                EXT DOS                72 524   UNKNOWN    90%


Extended DOS Partition created

Press Esc to continue
```

图 10.2.8　显示硬盘主分区和扩展分区信息

### 10.2.3　在扩展分区中建立逻辑分区

（1）扩展分区建立好后，按“Esc”键返回图 10.2.3 所示的界面，输入“3”并按回车键，即可出现创建逻辑分区界面，如图 10.2.9 所示。

```
Create Logical DOS Drives in the Extended DOS Partition

No Logical drives defined


Total Extended DOS Partition size is 72 524 MBytes（1 MByte=1 048 576 Bytes）
Maximum space available for partition is 72 524 MBytes


Enter logical drive size in MBytes or percent of disk space (%)….[20 000]


Press Esc to return to FDISK Options
```

图 10.2.9　创建逻辑分区界面

（2）首先系统显示出扩展分区的总容量，要求输入逻辑驱动器的容量，根据分区的规划输入想要的容量，然后按回车键即可。此时可看到如图 10.2.10 所示的界面，即为刚才分出来的第一个逻辑驱动器，系统默认为 D 盘。

```
Create Logical DOS Drives in the Extended DOS Partition

DRV    Volume    Label    MBytes    System     Usage
D:                        20 000    UNKNOWN     28%


Total Extended DOS Partition is 72 524 MBytes（1 MByte=1 048 576 Bytes）
Maximum space available for partition is 52 524 MBytes


Enter logical drive size in MBytes or percent of disk space (%) [20 000]

Press Esc to return to FDISK Option
```

图 10.2.10　建立第一个逻辑分区

依此类推，建立第二个逻辑分区、第三个逻辑分区……直到整个扩展分区的容量划分完毕，如图 10.2.11 所示，用户可看到所有分出来的逻辑驱动器的盘符、容量等信息。

```
Create Logical DOS Drives in the Extended DOS Partition

DRV    Volume    Label    MBytes    System      Usage
D:                        20 000    UNKNOWN      28%
E:                        20 000    UNKNOWN      28%
F:                        20 000    UNKNOWN      28%
G:                        12 524    UNKNOWN      16%


All available space in the Extended DOS Partition is assigned to
Logical drives.

Press Esc to return to FDISK Options
```

图 10.2.11　逻辑分区建立完成

至此，整个硬盘的分区就完成了，接下来按“Esc”键返回分区主菜单，对分好的硬盘分区进行激活，一般是将C盘设置为活动分区。

### 10.2.4　激活分区

（1）将基本分区和逻辑分区都建立完后，按“Esc”键返回到图10.2.2中，输入“2”并按回车键，出现如图10.2.12所示的界面。

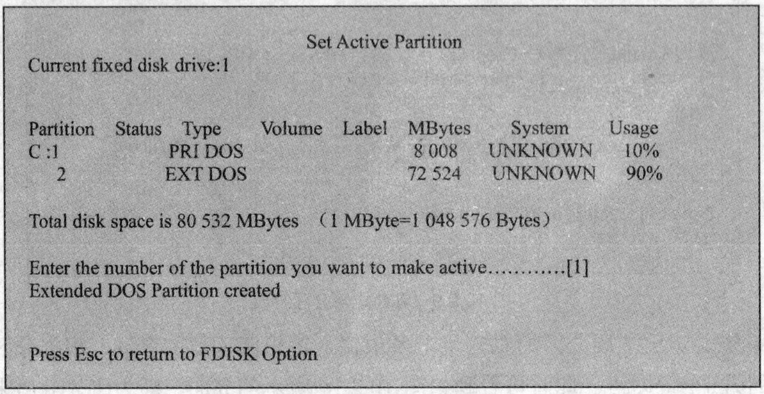


图 10.2.12　选择活动分区

（2）在此菜单中输入“1”后选择激活C区，然后按回车键，则完成对C区的激活，如图10.2.13所示。

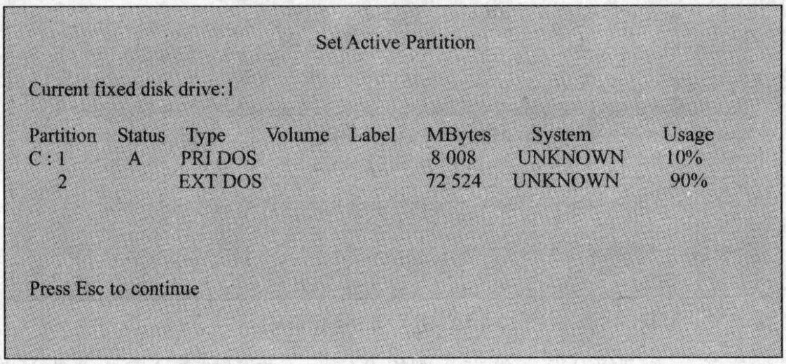


图 10.2.13　激活C区

按“Esc”键返回到Fdisk主菜单，至此硬盘的分区就全部完成，按两次“Esc”键，计算机提示重新启动计算机，这样就使得上面的硬盘分区设置生效。

### 10.2.5　删除分区和逻辑驱动器

完成硬盘的分区后，如果对分区不满意，还可以重新分区，在重新分区之前必须删除原有的分区，删除硬盘分区的顺序是：删除非DOS分区→删除逻辑DOS分区→删除扩展DOS分区→删除主DOS分区。

以上述所建立的分区为例来介绍硬盘分区的删除。

（1）在如图10.2.2所示的分区主菜单中输入数字“3”并按回车键，进入选择删除分区界面，如图10.2.14所示。

```
Delete DOS Partition or Logical DOS Drive

Current fixed disk drive:1


Choose one of the following:

1. Delete Primary DOS Partition
2. Delete Extended DOS Partition
3. Delete Logical DOS Drive(s)in the Extended DOS Partition
4. Delete Non-DOS Partition

Enter choice:[3]


Press Esc to return to FDISK options
```

图 10.2.14　选择删除分区界面

该界面中有 4 个选项，分别为：

1）Delete Primary DOS Partition（删除主 DOS 分区）。

2）Delete Extended DOS Partition（删除扩展分区）。

3）Delete Logical DOS Drive(s)in the Extended DOS Partition（删除扩展分区上的逻辑驱动器）。

4）Delete Non-DOS Partition（删除非 DOS 分区）。

（2）输入要删除的逻辑分区的盘符，例如输入盘符“G”后按回车键，系统会提示输入 G 盘的卷标，如果驱动器没有卷标，直接按回车键即可。确认卷标后，系统提示是否确认删除操作，输入“Y”，按回车键确认，如图 10.2.15 所示。

```
Delete Logical DOS Drive（s） in the Extended DOS Drive

DRV   Volume   Label   MBytes   System    Usage
D:                     20 000   UNKNOWN   28%
E:                     20 000   UNKNOWN   28%
F:                     20 000   UNKNOWN   28%
G:                     12 524   UNKNOWN   16%


Total Extended DOS Partition size is 72 524 MBytes（1 MBytes=1 048 567 Bytes）


WARNING! Data in a deleted Logical DOS Drive will be lost.
What drive do you want to delete.......................................? [G]
Enter Volume Label..............................................? [ ]
Are you sure （Y/N）..............................................[Y]


Press Esc to return to FDISK Options
```

图 10.2.15　删除逻辑驱动器

依此类推，继续删除其他逻辑驱动器。删除完扩展分区后，在删除分区界面中输入“1”，按回车键，键入“Y”，再次按回车键即可将基本分区删除。

## 10.3　分区软件 PartitionMagic 的使用

硬盘的分区除了上面讲述的用 Fdisk 外，还有专用的硬盘分区软件，例如 Partition Magic，它能在保持硬盘原有数据的前提下对硬盘进行分区、分区格式化以及复制、移动、格式转换和更改硬盘分区大小、合并硬盘分区等操作。其最大的特点是可以在 Windows 操作系统中运行，不用转入 DOS 模式。

**1．调整分区容量**

调整分区容量是用户使用最多的功能，其具体操作步骤如下：

（1）选择 PartitionMagic 操作向导栏中的“调整一个分区容量”选项，弹出“调整分区的容量”对话框，单击“下一步”按钮，如图 10.3.1 所示。

（2）弹出“选择分区”对话框，在此选择所要调整大小的分区（以 F 盘为例），然后单击“下一步”按钮，如图 10.3.2 所示。

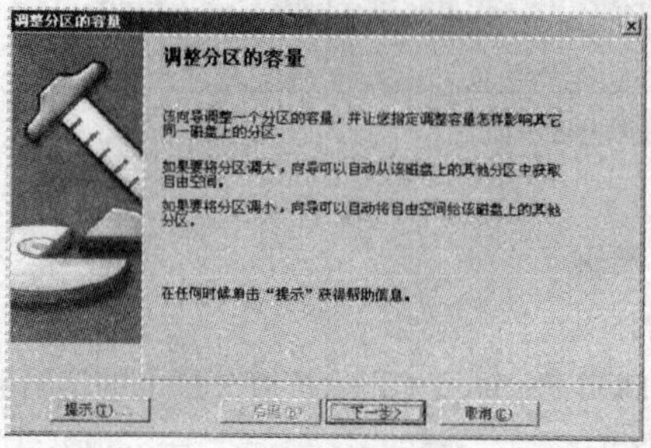


图 10.3.1 “调整分区的容量”对话框

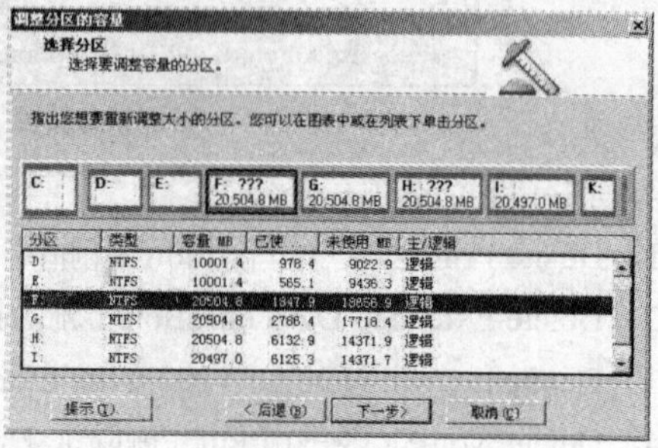


图 10.3.2 “选择分区”对话框

（3）接下来弹出“指定新建分区的容量”对话框，设定调整分区容量的大小，对话框中显示了分区的当前容量、最小容量和最大容量，用户可在最小容量到最大容量之间选择一个数值输入到“分区的新容量”文本框中，然后单击“下一步”按钮，如图 10.3.3 所示。

既然要调整一个分区的容量，那么自然会影响其他分区的容量，接下来系统会弹出“减少哪一个分区的空间”对话框，此时用户可以选择所有的分区，也可以选择某一个分区，然后单击“下一步”按钮即可。

（4）弹出如图 10.3.4 所示的“确认分区调整容量”对话框，列出调整后的分区信息，单击“完成”按钮返回主操作界面，同样需要单击“应用”按钮设置才能生效。

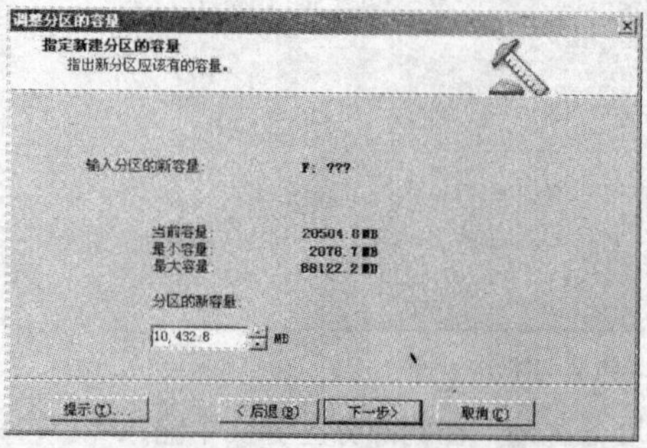


图 10.3.3 “指定新建分区的容量”对话框

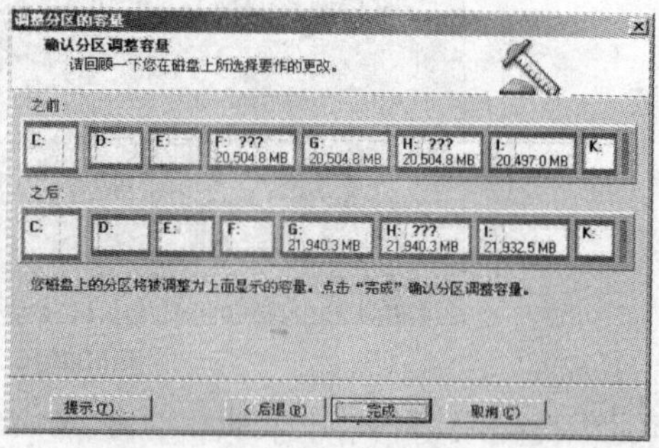


图 10.3.4 “确认分区调整容量”对话框

**2．转换分区格式**

转换分区格式操作是一项很重要的操作，在进行这项操作之前用户一定要做好磁盘备份工作。需要转换分区格式时，先选择要转换的分区，然后单击鼠标右键，在弹出的快捷菜单中选择“转换”命令，会弹出“转换分区”对话框，选择想要转换的分区格式，然后单击“确定”按钮，如图 10.3.5 所示。

### 3．格式化硬盘

格式化硬盘同样是一项很谨慎的操作。首先选择要格式化的分区，然后单击鼠标右键，在弹出的快捷菜单中选择“格式化”命令，弹出如图 10.3.6 所示的“格式化分区”对话框，在分区类型中选择适当的类型，然后单击“确定”按钮即可。

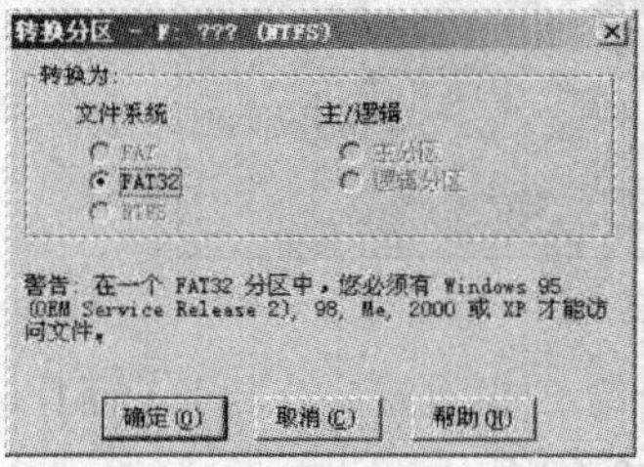


图 10.3.5　“转换分区”对话框

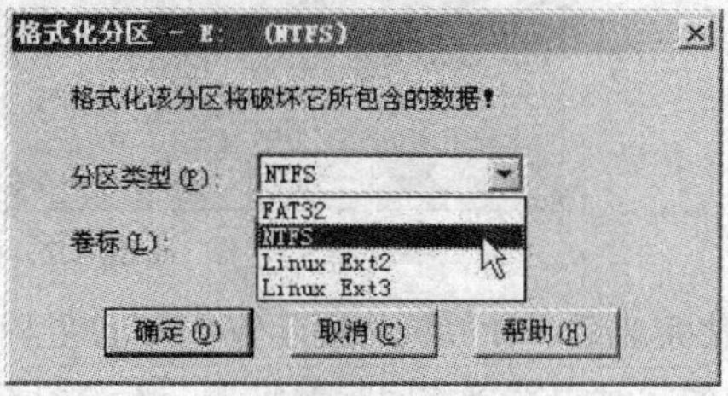


图 10.3.6　“格式化分区”对话框

### 4．隐藏硬盘分区

隐藏硬盘分区是 Partition Magic 的一项高级功能，此功能只能隐藏扩展分区，而无法隐藏主分区。选择要隐藏的分区，单击鼠标右键，在弹出的快捷菜单中依次选择“高级→隐藏”命令，弹出“隐藏分区”对话框，向导提示隐藏硬盘分区将导致驱动器盘符改变。如果确定操作，单击“确定”按钮即可，如图 10.3.7 所示。

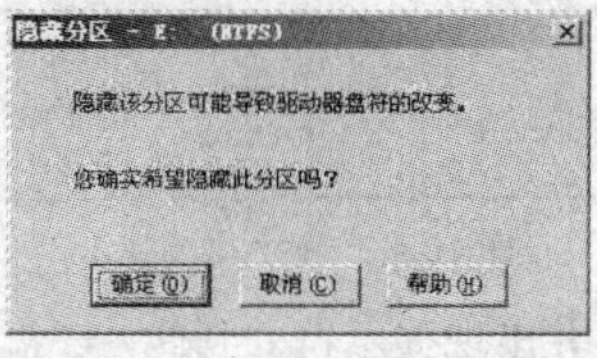


图 10.3.7　“隐藏分区”对话框

## 10.4　格式化硬盘

在对硬盘进行分区后还需要进行格式化操作，这样才能在硬盘中存储数据。硬盘的格式化分为高级格式化和低级格式化，平常所说的是指硬盘的高级格式化，格式化硬盘的方法很多，下面就介绍两种常用的硬盘高级格式化方法。

### 1．Format 格式化硬盘

首先用 A 盘启动系统，当屏幕出现提示符“A:\>”时，输入：“FORMAT C:/S”。这时屏幕将给出如图 10.4.1 所示的提示信息。

```
A:\>FORMAT  C: /S

WARNING: ALL DATA ON NON REMOVABLE DISK
DRIVE C: WILL BE LOST !
Proceed with Format (Y/N) ? y
```

图 10.4.1　Format 格式化硬盘提示信息

计算机提示用户格式化硬盘将会丢失数据，因为此处使用的是新盘，所以直接按“Y”键确认，但在存有数据的硬盘上做此操作时，用户一定要确认是否要对硬盘进行格式化。

如果确认格式化硬盘，输入“Y”并按回车键，屏幕将显示格式化进程的提示信息，如图 10.4.2 所示。

```
A:\FORMAT   C: /S


WARNING ALL DATA ON NON REMOVABLE DISK
DRIVE C: WILL BE LOST !
Proceed with Format (Y/N) ?Y

Formatting 400 059 MB
1 percent completed
```

图 10.4.2　格式化进程信息

格式化完成后，计算机将提示输入 C 盘卷标，建议最好给 C 盘设置一个名字，而且最大不能超出 11 个字符，如果直接按回车键将表示不设置卷标，如图 10.4.3 所示。

```
DRIVE C: WILL BE LOST  !
Proceed with Format (Y/N) ? y


Formatting 400 059 MB
Format complete
Writing out file allocation table
Complete
Calculating free space (this may take several minutes)...
Complete
System transferred

Volume label (11 characters ENTER for none) ?
```

图 10.4.3　输入卷标提示

这时屏幕将显示硬盘容量信息，并出现提示符。到此，C 盘格式化完成。剩下的盘，用户可以用同样的方法进行格式化。但是要注意一点，格式化命令不带参数/S。硬盘格式化完成后，取出软盘驱动器 A 中的 DOS 系统盘，按“Ctrl+Alt+Del”组合键，重新启动计算机即可。

Format 命令的常用参数如下：

/1：只格式化一面，以便能在单面驱动器中使用。缺省时格式化双面，双面盘不能在单面驱动器中使用。

/8：对软盘按每个磁道 8 个扇区格式化。

/S：将磁盘格式化成一个可启动计算机的系统盘，即在格式化时，将 MSDOS.SYS，IO.SYS 和 COMMAND.COM 文件直接装入磁盘的引导区。

/V:label：在格式化磁盘时将卷标（也就是赋给磁盘一个名字）直接写到磁盘上，卷标字符串最多不超过 11 个字符，系统将提示用户输入这个卷标字符串。

/B：格式化时，每磁道分 8 个扇区，并给 MSDOS.SYS，IO.SYS 以及 COMMAND.COM 留下足够的空间。

/T:yy：指定磁道数。

/N:xx：指定每个磁道和扇区数。

参数/T 和/N 仅用于软盘驱动器，不能用于硬盘，也不能与参数/F 同时使用。

/U：执行无条件的格式化，也就是重划磁道和扇区。选择/U 后，就无法再使用 UNFORMAT 命令将磁盘原有数据找回。

/F:n：指定要格式化磁盘的容量 n，应尽可能地用此参数代替/T 和/N 参数。

/Q：快速格式化，只适用于格式化过的盘片。它只重建新的根目录和文件配置表（FAT），而不会删除数据，也不扫描盘片上的坏区。

/C：重新检测坏扇区。

**2．直接格式化**

这主要指针对正在使用的硬盘，在装有操作系统的计算机中进行格式化。在此以 Windows XP 系统中的 F 盘为例来讲解硬盘的直接格式化，具体操作方法如下：

（1）用鼠标右键单击“我的电脑”中的 F 盘，弹出如图 10.4.4 所示的快捷菜单。

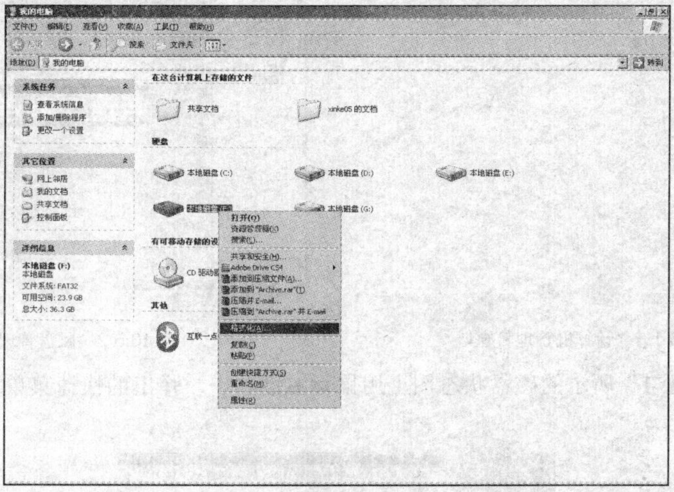


图 10.4.4　快捷菜单

（2）在弹出的快捷菜单中选择“格式化”命令，弹出如图 10.4.5 所示的“格式化本地磁盘（F:）”对话框，然后单击“开始”按钮。

（3）系统给出警告提示：“格式化将删除该磁盘上的所有数据”。如果继续，单击“确定”按钮，否则单击“取消”按钮，如图 10.4.6 所示。

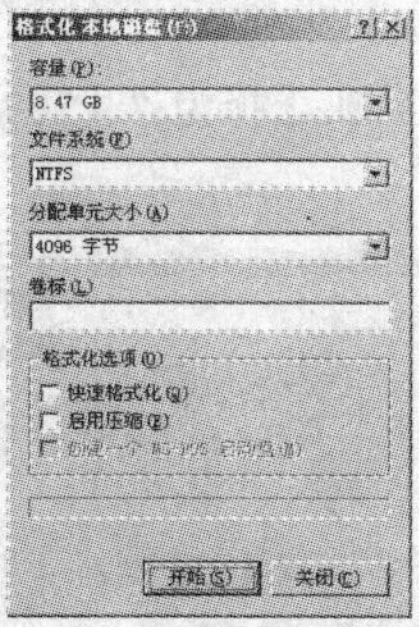


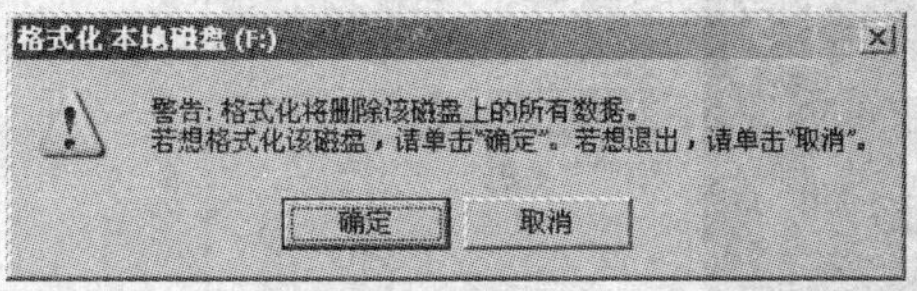


图 10.4.5　“格式化本地磁盘（F:）”对话框　　　　图 10.4.6　“警告”提示框

至此，硬盘的分区及格式化就全部完成了，接下来的工作就是安装操作系统。

## 10.5　上机实战——Windows XP 操作系统下的分区与格式化

操作系统安装完成后，还可以对除 C 分区以外的其他分区进行分区或格式化。本节将已重新连接的一个新硬盘为例，详细讲解 Windows XP 操作系统中的分区、格式化及删除分区操作。具体操作步骤如下：

（1）将一个新硬盘连接计算机后，重新启动计算机，进入操作系统后在桌面右键单击“我的电脑”，在弹出的快捷菜单中单击“管理”命令，弹出“计算机管理”窗口，如图 10.5.1 所示。

（2）在“计算机管理”窗口的左侧单击“磁盘管理器”，右侧出现计算机磁盘管理窗口，这时可以看到新连接的磁盘“磁盘 1”和计算机原盘“磁盘 0”，如图 10.5.2 所示。

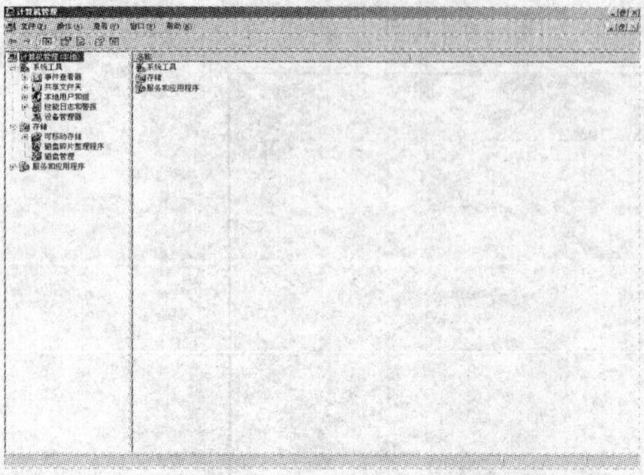

图 10.5.1 “计算机管理”窗口

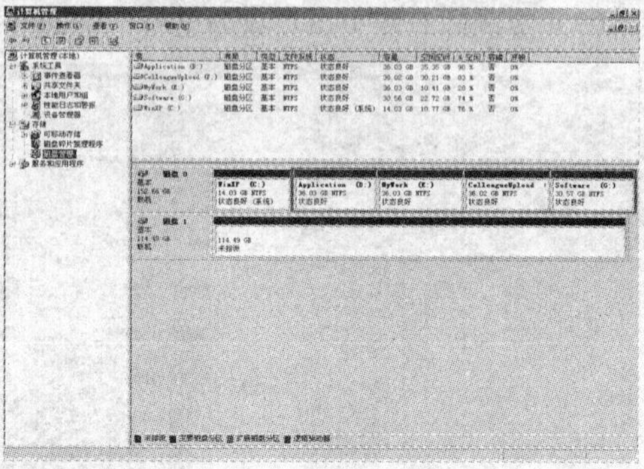

图 10.5.2 磁盘管理窗口

（3）在“磁盘 1”所示的磁盘状态图上用鼠标右键单击，弹出的快捷菜单（一），如图 10.5.3 所示。

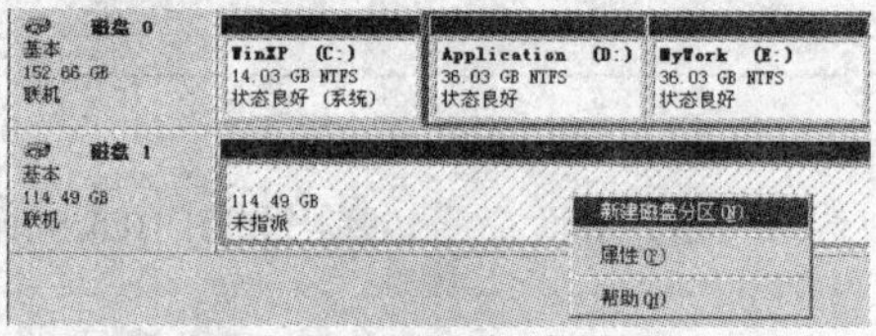


图 10.5.3 快捷菜单（一）

（4）在弹出的快捷菜单中，单击“新建磁盘分区”命令，弹出“欢迎使用新建磁盘分区向导”窗口，如图 10.5.4 所示。

（5）单击 下一步(N) > 按钮，弹出“选择分区类型”窗口（一），默认选择为“主磁盘分区”，如图 10.5.5 所示。

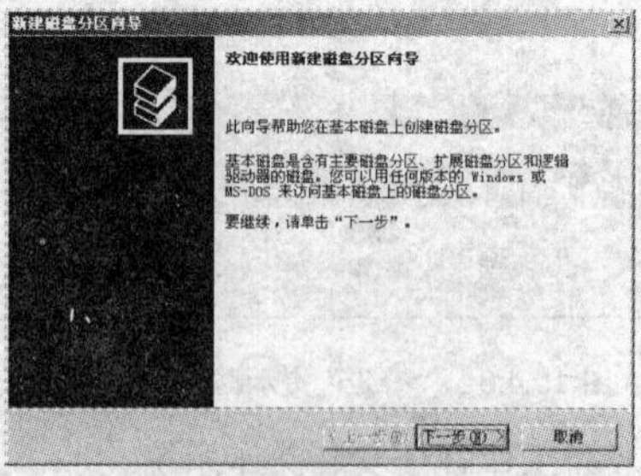


图 10.5.4 “欢迎使用新建磁盘分区向导”窗口

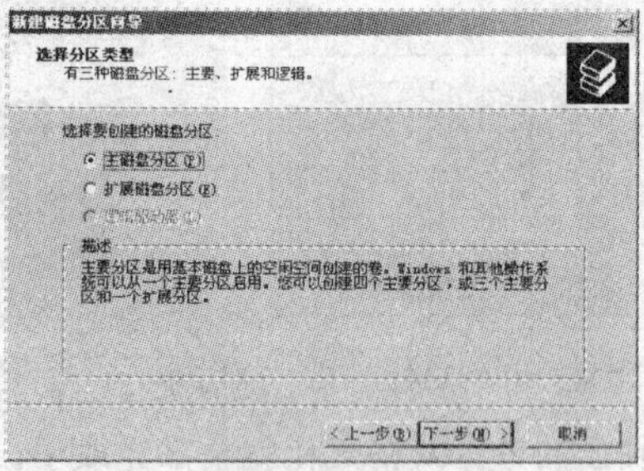


图 10.5.5 “选择分区类型”窗口（一）

（6）单击 下一步(N) > 按钮，弹出“指定分区大小”窗口（一），输入主磁盘分区大小为 20GB，如图 10.5.6 所示。

（7）单击 下一步(N) > 按钮，弹出“指定驱动器号和路径”窗口，指定新建主磁盘分区驱动器号为“H”，如图 10.5.7 所示。

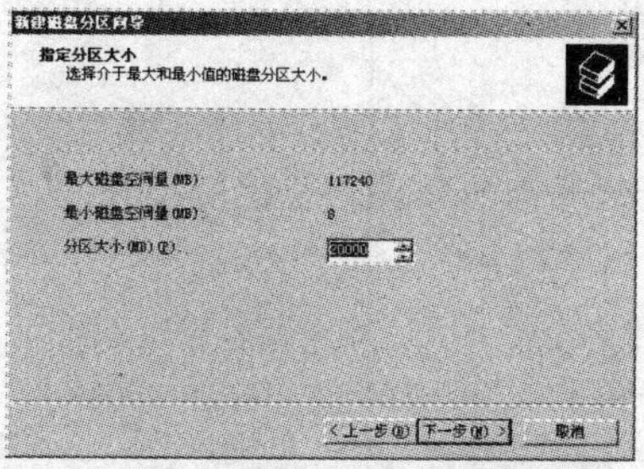


图 10.5.6 “指定分区大小”窗口（一）

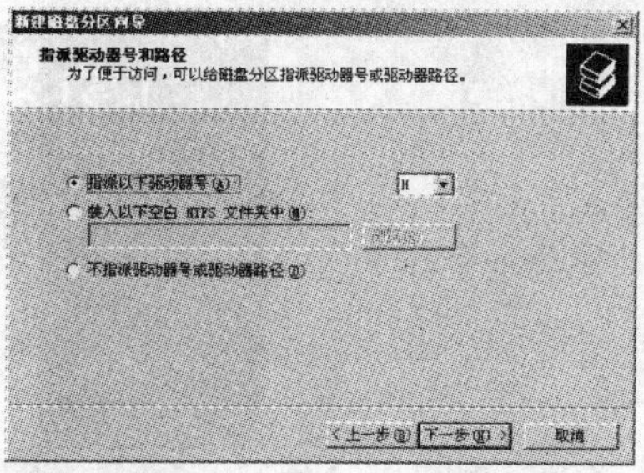


图 10.5.7 “指定驱动器号和路径”窗口

（8）单击下一步(N) >按钮，弹出“格式化分区”窗口，选中“执行快速格式化”复选框，如图 10.5.8 所示。

（9）单击下一步(N) >按钮，弹出“正在完成新建磁盘分区向导”窗口（一），如图 10.5.9 所示。

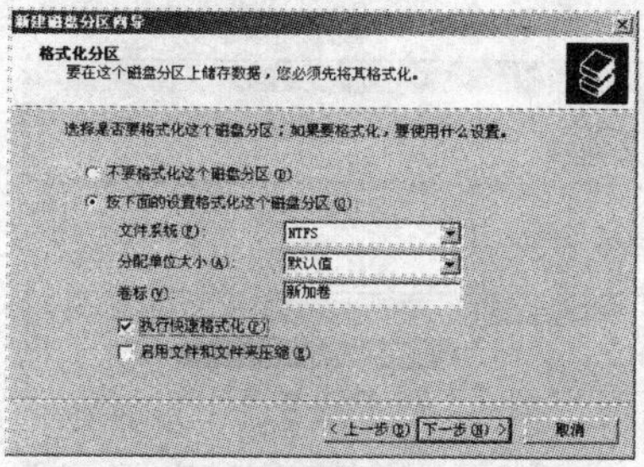


图 10.5.8 “格式化分区”窗口

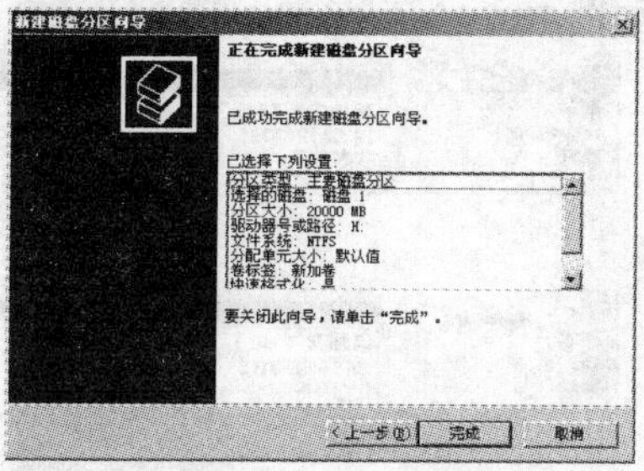


图 10.5.9 “正在完成新建磁盘分区向导”窗口（一）

（10）单击完成按钮，关闭新建磁盘分区向导，完成对主磁盘分区的设置。

（11）在“磁盘 1”中未指派的磁盘状态图示上右键单击鼠标，弹出快捷菜单（二），如图 10.5.10 所示。

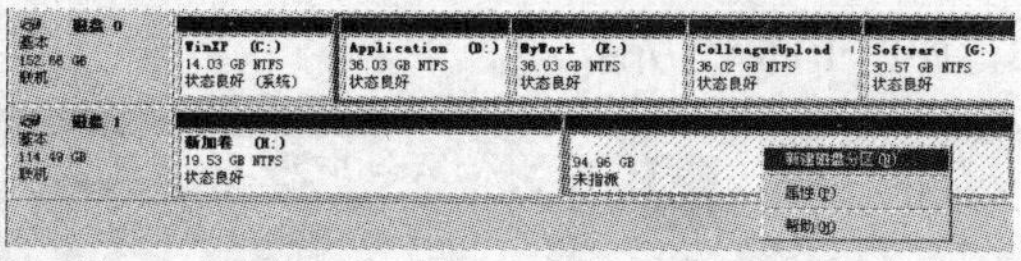


图 10.5.10 快捷菜单（二）

（12）在弹出的快捷菜单中单击“新建磁盘分区”命令，弹出“选择分区类型”窗口（二），选中“扩展磁盘分区”单选项，如图 10.5.11 所示。

（13）单击下一步(N) >按钮，弹出“指定分区大小”窗口（二），选择默认值，如图 10.5.12 所示。

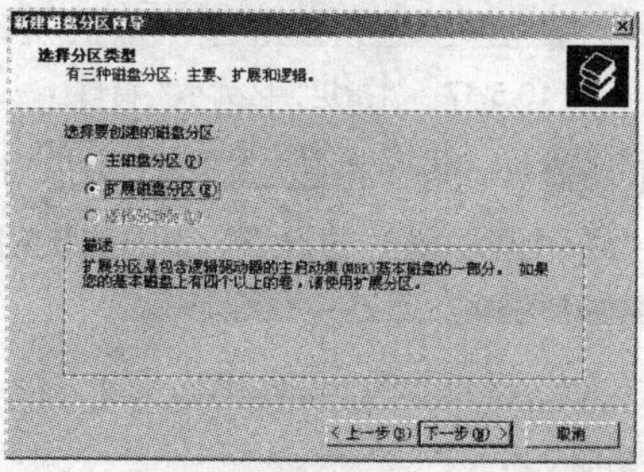


图 10.5.11 “选择分区类型”窗口（二）

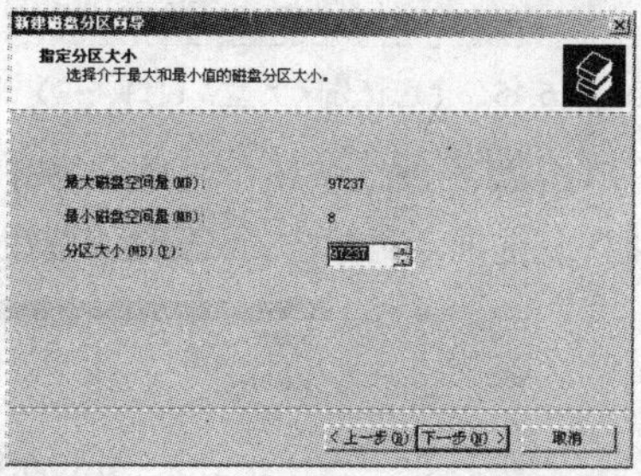


图 10.5.12 “指定分区大小”窗口（二）

（14）单击下一步(N) >按钮，弹出“正在完成新建磁盘分区向导”窗口（二），如图 10.5.13 所示。

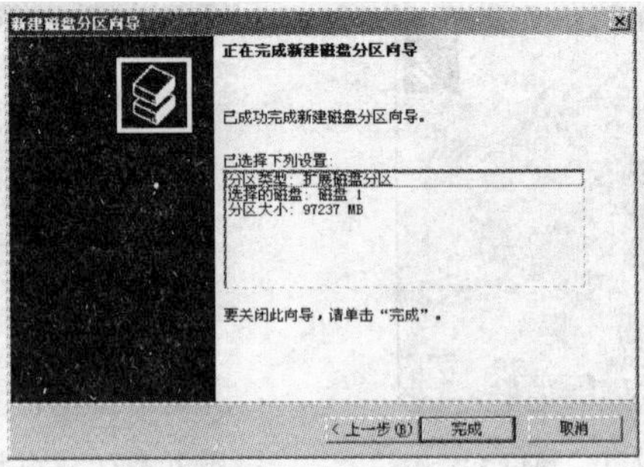


图 10.5.13 “正在完成新建磁盘分区向导”窗口（二）

（15）单击完成按钮，关闭新建磁盘分区向导，完成对扩展磁盘分区的设置。

（16）新建的扩展磁盘分区如图 10.5.14 所示。在扩展磁盘分区上右键单击鼠标，弹出的快捷菜单（三），如图 10.5.15 所示。

图 10.5.14 扩展磁盘分区

图 10.5.15 快捷菜单（三）

（17）在弹出的快捷菜单中单击“新建逻辑驱动器”命令，弹出“欢迎使用新建磁盘分区向导”窗口，如图 10.5.4 所示。单击下一步(N) >按钮，弹出“选择分区类型”窗口（三），如图 10.5.16 所示。

（18）此时，默认单选项为“逻辑驱动器”，单击下一步(N) >按钮，弹出“指定分区大小”窗口（三），这里输入分区大小为 50 GB，如图 10.5.17 所示。

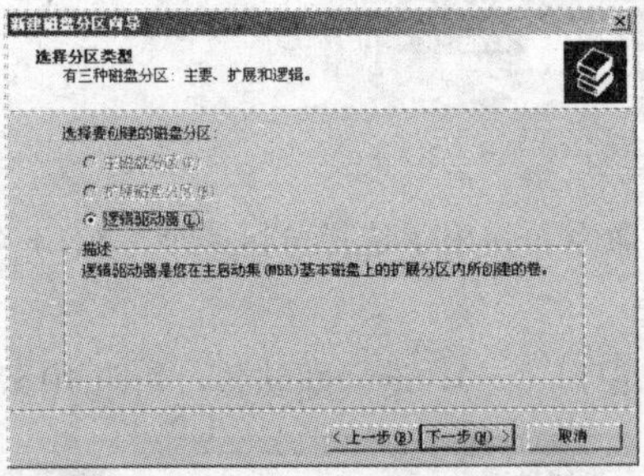


图 10.5.16 “选择分区类型”窗口（三）

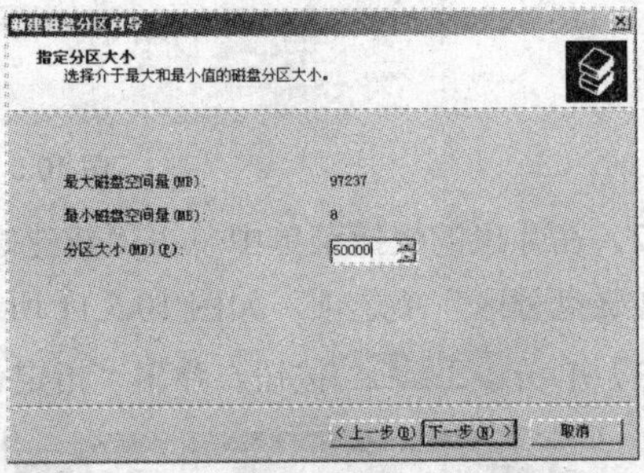


图 10.5.17 “指定分区大小”窗口（三）

（19）单击下一步(N) >按钮，在弹出的窗口中指定驱动器号，再单击下一步(N) >按钮，选择“执行快速格式化”复选框，再单击下一步(N) >按钮，完成对“逻辑驱动器”的设置，如图 10.5.18 所示。

图 10.5.18 新建的逻辑驱动器

（20）重复步骤（16）～（19）的操作，完成剩余空间的逻辑磁盘分区设置。至此，“磁盘 1”的所有分区如图 10.5.19 所示。

图 10.5.19　“磁盘 1”的所有分区

打开“我的电脑”，可以看到刚完成的 3 个分区，如图 10.5.20 所示。

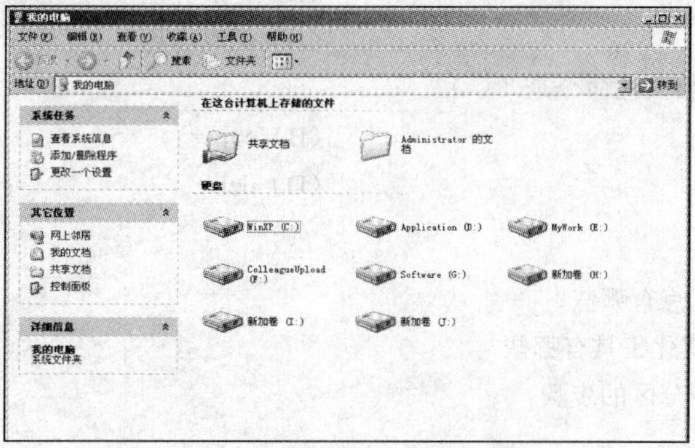


图 10.5.20　“我的电脑”中的所有分区

# 本 章 小 结

本章主要讲述了硬盘分区与格式化等知识，硬盘的分区和格式化是计算机组装与维护中必须熟练掌握的技术，同时还要学会其他一些工具软件的应用，比如硬盘的低级格式化、魔法分区等。希望通过本章的学习能够使读者系统地了解相关知识，并能独立进行实践操作。

# 操 作 练 习

## 一、填空题

1．目前，常用的分区格式有两种，分别是＿＿＿＿＿和＿＿＿＿＿。

2．格式化硬盘时，需要在 DOS 命令行下输入“＿＿＿＿＿”命令。

3．格式化硬盘时加＿＿＿＿＿参数可实现快速格式化，但该命令参数只适用于格式化过的盘片。

4．硬盘分区可以更好地管理和使用硬盘，而高级格式化则可以为硬盘分别建立＿＿＿＿＿、＿＿＿＿＿和＿＿＿＿＿分区。

5．通常硬盘的分区类型主要有 3 种：＿＿＿＿＿、＿＿＿＿＿和＿＿＿＿＿。在一块物理硬盘上，主分区可以有＿＿＿＿＿个。

## 二、选择题

1．除了分区和格式化硬盘功能外，还具有备份恢复硬盘分区表、重新写入主引导记录、修复损坏的分区表等功能的分区工具是（　）。

（A）PartitionMagic　　（B）DM 万用版

（C）Disk Genius　　（D）Fdisk

2．删除硬盘分区的顺序为（　）。

（A）扩展分区→主分区→逻辑分区　（B）主分区→扩展分区→逻辑分区

（C）主分区→逻辑分区→扩展分区　（D）逻辑分区→扩展分区→主分区

3．在进行分区操作时应该首先划分（　）。

（A）主分区　（B）扩展分区

（C）逻辑分区　（D）活动分区

4．DOS 系统中的格式化命令是（　）。

（A）dir　（B）copy

（C）format　（D）del

三、简答题

1．NTFS 格式的优点有哪些？

2．常见的分区格式化工具有哪些？

3．简述 Fdisk 命令分区的步骤。

四、上机操作题

1．将一个 500 GB 的硬盘分为 7 个区，C 分区容量为 20 GB，D 分区容量为 30 GB，E、F、G、H 分区容量均为 80 GB，剩余容量为最后一个分区 I 的容量。

2．对 U 盘进行格式化操作。

3．选择一款合适的分区与格式化软件，对新购买的硬盘进行分区与格式化操作。

# 第 11 章　软 件 安 装

如果说硬件是计算机的身躯，那么软件就是计算机的灵魂。本章将重点对操作系统和硬件驱动程序以及应用软件的安装进行详细地讲解。通过本章的学习，希望读者能够掌握当前流行软件的基本安装方法和实施步骤。

## 知识要点

- 操作系统的安装
- 驱动程序的安装
- 应用软件的安装

## 11.1　操作系统的安装

新组装或进行硬盘格式化后的计算机，必须安装操作系统才能工作。随着时间的推移，已有的和正在运行的操作系统由于添加外部设备与组件等原因，系统配置多次变化，旧的操作系统在管理控制各个组件时会产生各种问题，这时也需要重新安装或升级新的操作系统。

Windows XP 是基于 Windows NT 核心技术的操作系统，运行非常可靠、稳定，安装的过程也比较简单。下面以 Windows XP Professional 为例来详细讲解操作系统的安装方法。

### 1．用光盘启动系统

在 BIOS 中将光驱设为第一启动并保存设置，再将 XP 安装光盘放入光驱，重新启动电脑。

### 2．安装 Windows XP

（1）电脑启动后，即可出现光驱引导界面，如图 11.1.1 所示。

（2）按回车键后将出现如图 11.1.2 所示的安装界面，选择“要现在安装 Windows XP，请按 ENTER”，按回车键，将出现“Windows XP 许可协议”，按“F8”键同意许可协议，将出现如图 11.1.3 所示的 Windows XP 安装分区界面。

图 11.1.1　光驱引导界面

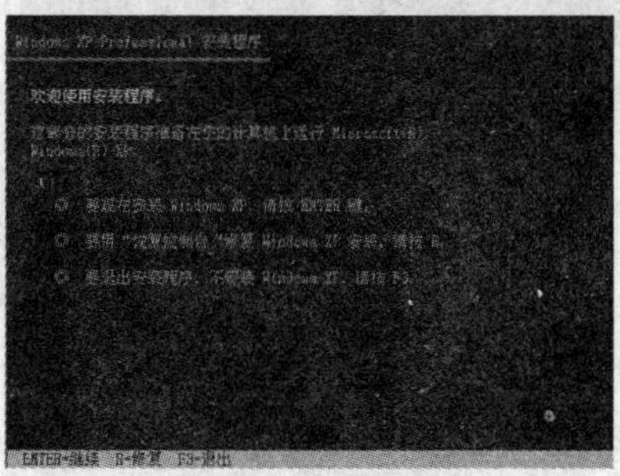


图 11.1.2　安装界面

（3）用“向下或向上”方向键选择安装系统所用的分区，如果已格式化 C 盘请选择 C 分区，选择好分区后按“Enter”键，出现如图 11.1.4 所示分区格式界面。

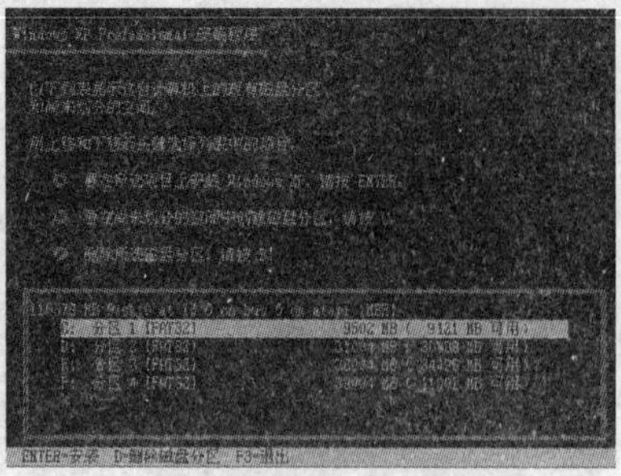

图 11.1.3　选择安装分区界面

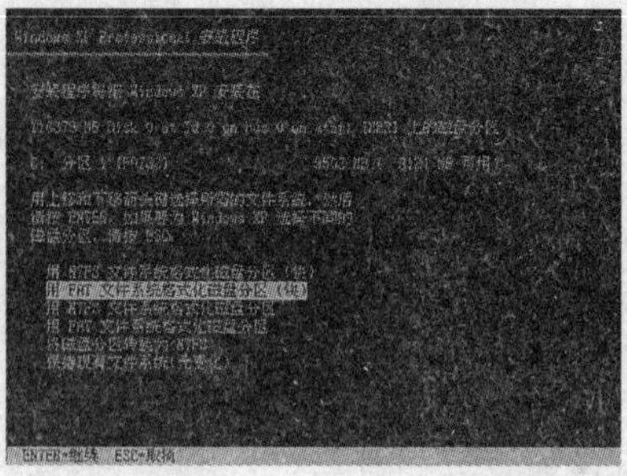

图 11.1.4　分区格式界面

（4）选择“用 NTFS 文件系统格式化磁盘分区”并按“Enter”键，在弹出的界面中按“F”键格式化 C 盘并按“Enter”键确定格式化分区，其界面如图 11.1.5 所示。格式化完成之后将对光盘上的系统文件进行复制，复制界面如图 11.1.6 所示。

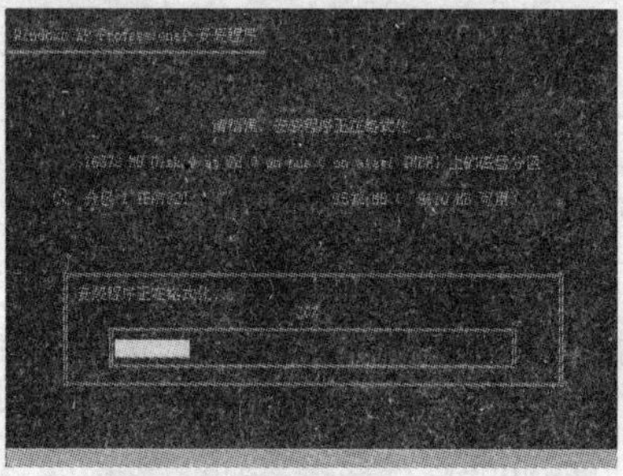

图 11.1.5　格式化界面

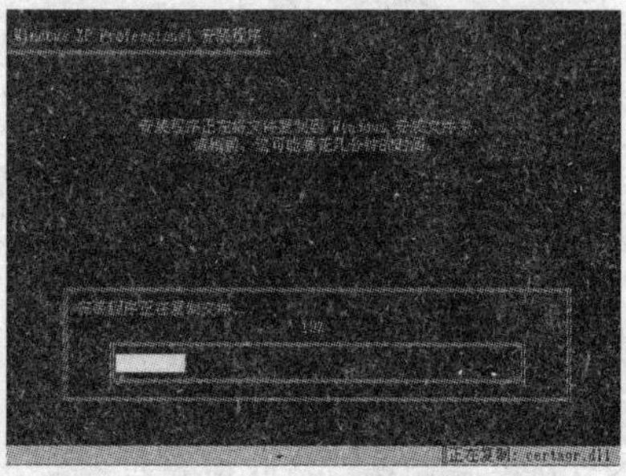

图 11.1.6　复制光盘系统文件

（5）文件复制完后，安装程序开始初始化 Windows 配置。配制完成后系统将会自动在 15 秒后重新启动。重新启动后，出现如图 11.1.7 所示的安装界面。

（6）过 5 分钟后，当提示还需 33 分钟时将出现“区域语言选项”，直接单击“下一步”按钮，出现如图 11.1.8 所示的“自定义软件”界面。

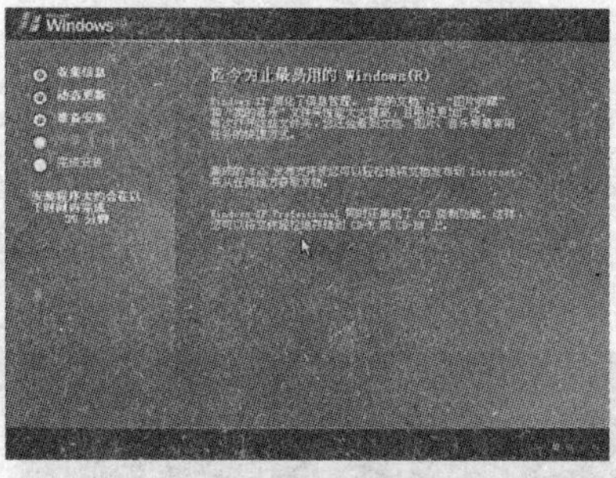

图 11.1.7　安装界面

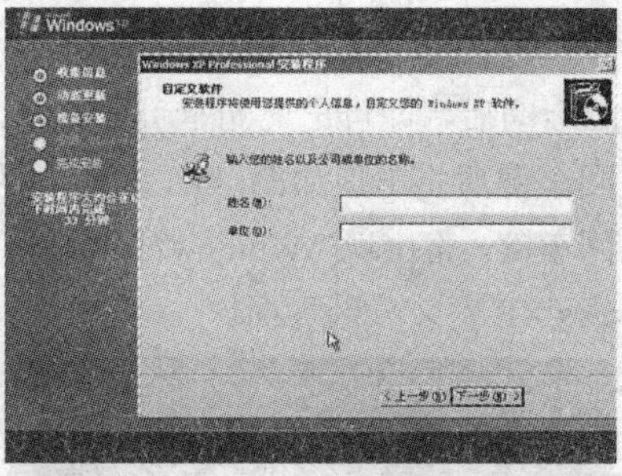

图 11.1.8　“自定义软件”界面

（7）在“自定义软件”界面中输入姓名和单位，单击“下一步”按钮，将出现如图 11.1.9 所示的“产品密钥”界面，输入预先记录下的产品密钥（安装序列号），单击“下一步”按钮，出现如图 11.1.10 所示的设置计算机名和管理员密码界面。

（8）安装程序会自动创建计算机名称,该名称可以任意更改，输入两次系统管理员密码，单击“下一步”按钮，出现如图 11.1.11 所示的日期和时间设置界面。

（9）将日期和时间设置为北京时间，单击“下一步”按钮，开始复制系统文件，安装网络系统，选择如图 11.1.12 所示的“典型设置”选项。

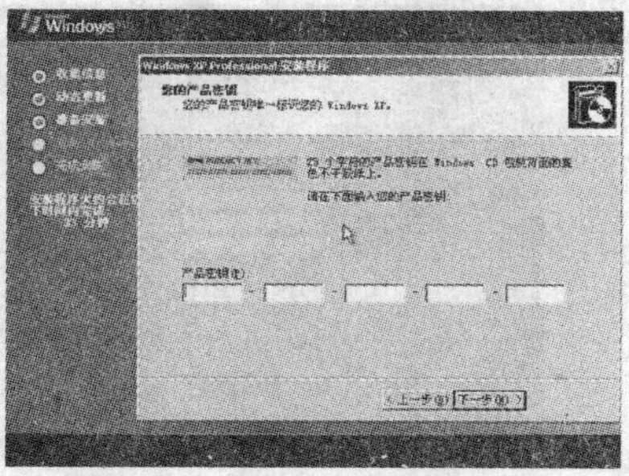

图 11.1.9　“产品密钥”界面

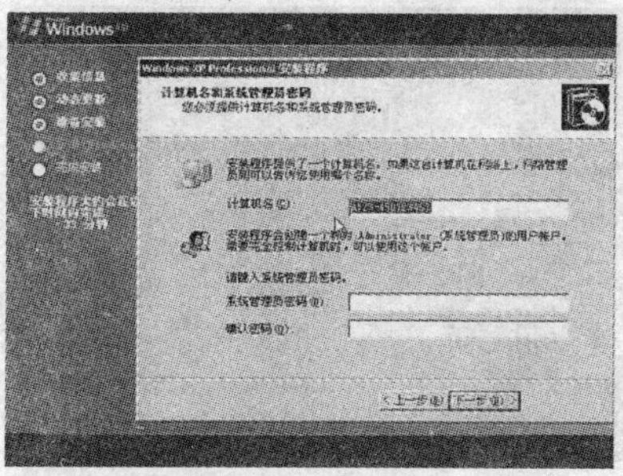

图 11.1.10　设置计算机名和管理员密码界面

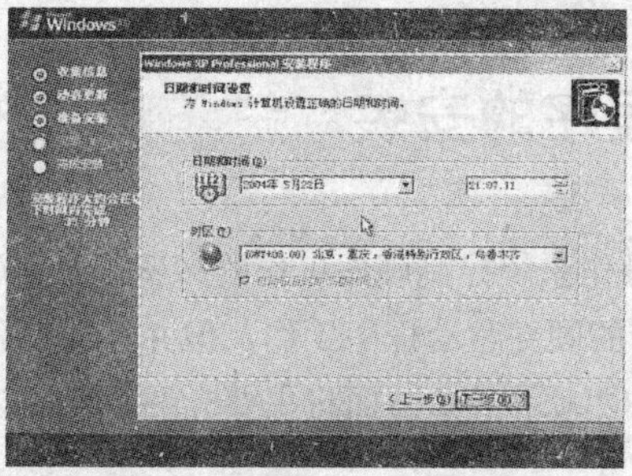

图 11.1.11　日期和时间设置界面

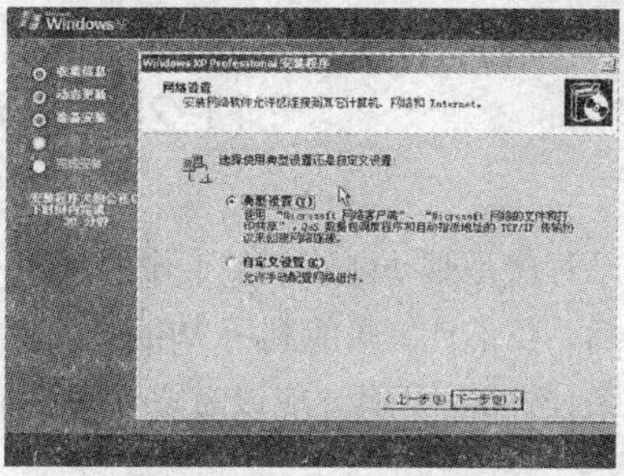

图 11.1.12　安装网络系统界面

（10）单击“下一步”按钮继续安装，安装程序会自动完成全过程。安装完成后自动重新启动，出现如图 11.1.13 所示的启动界面。

（11）第一次启动需要较长时间，当出现“欢迎使用界面”时，单击“下一步”按钮，出现如图 11.1.14 所示的上网连接设置界面。

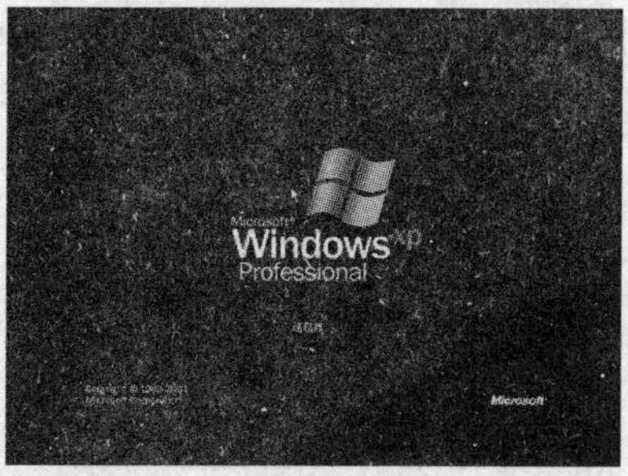


图 11.1.13　Windows XP 启动界面

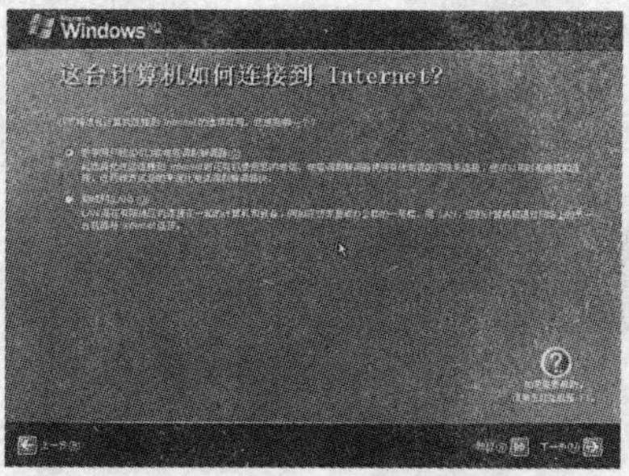


图 11.1.14　上网连接设置界面

（12）这里建立的宽带拨号连接，不会在桌面上建立拨号连接快捷方式，且默认的拨号连接名称为“我的 ISP”（自定义除外）；进入桌面后通过连接向导建立的宽带拨号连接，在桌面上会建立拨号连接快捷方式，且默认的拨号连接名称为“宽带连接”（自定义除外）。如果不想在这里建立宽带拨号连接，单击“跳过”按钮。

（13）输入电信或联通提供的账号和密码，在“你的 ISP 的服务名”处输入名称，该名称作为拨号连接快捷菜单的名称，如果留空系统会自动创建名为“我的 ISP”的拨号连接，单击“下一步”按钮，如图 11.1.15 所示。

（14）单击“下一步”按钮，弹出如图 11.1.16 所示的界面，此处输入一个用来登录计算机的用户名，单击“下一步”按钮，便可完成对 Windows XP 的基本设置。

（15）单击“完成”按钮，结束安装。系统将注销并重新以新用户身份登录。

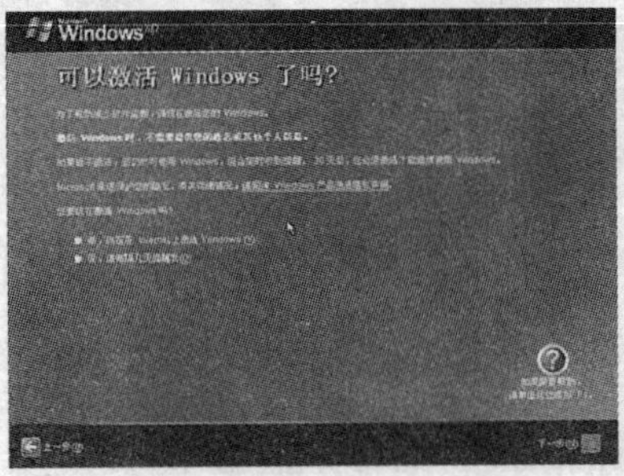


图 11.1.15 “激活 Windows XP”界面

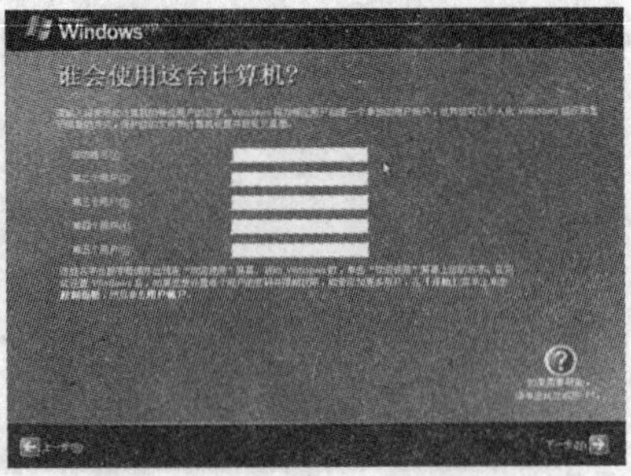


图 11.1.16 设置登录计算机的用户名

# 11.2 驱动程序的安装

硬件驱动程序是驱动硬件正常工作的软件，是操作系统控制硬件工作的必备工具。在安装好硬件和操作系统后，虽然计算机能利用 Windows 中自带的硬件驱动程序工作，但并不能使各种硬件正常工作或达到最佳性能，因此，应该为硬件安装相应的驱动程序。下面将主要介绍主板和显卡驱动程序的安装方法。

## 11.2.1 安装主板芯片驱动程序

为了使主板性能得到更大的发挥，必须安装主板芯片的驱动程序，安装步骤如下：

（1）将驱动光盘放入光盘驱动器，双击光盘图标，出现如图 11.2.1 所示的界面。

（2）单击主板芯片驱动程序选项，进入安装主板芯片驱动欢迎界面，如图 11.2.2 所示。

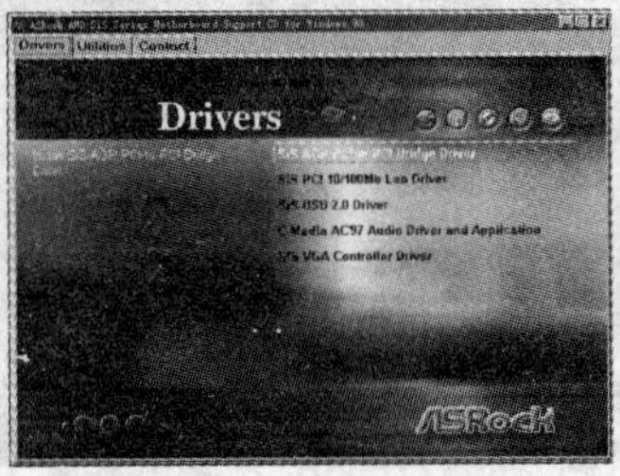


图 11.2.1 驱动光盘界面

图 11.2.2 安装主板芯片驱动欢迎界面

（3）单击“下一个”按钮，弹出如图 11.2.3 所示的界面。

（4）选中“Install win 9x/ME AGP Driver”单选按钮，单击“下一个”按钮，安装完成后显示如图 11.2.4 所示的界面。

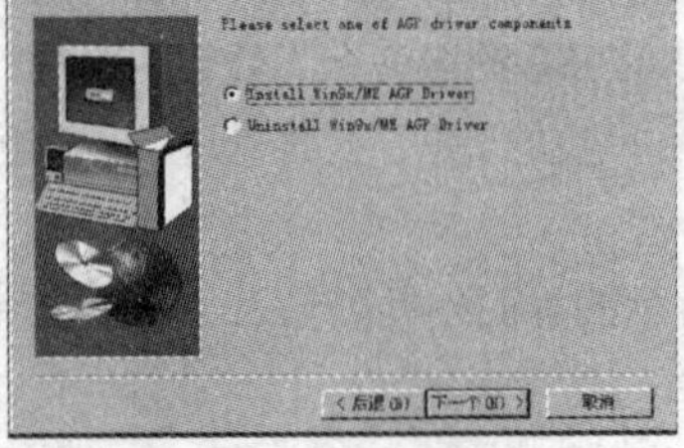

图 11.2.3 选择安装驱动程序

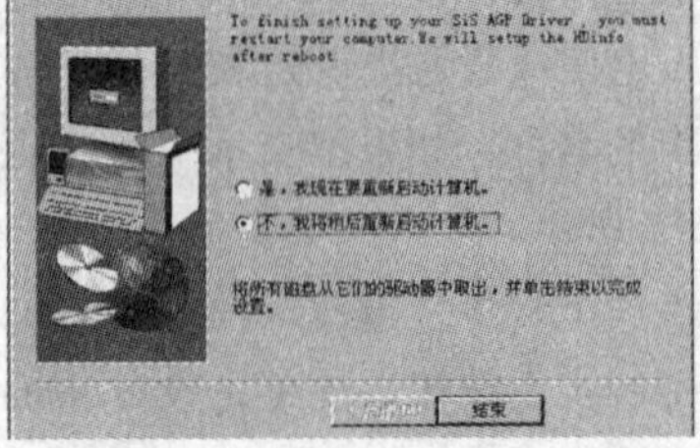

图 11.2.4 提示是否重新启动计算机

（5）选中“是，我现在要重新启动计算机”单选按钮，单击“结束”按钮，主板驱动程序安装完成。

## 11.2.2 安装显卡驱动程序

安装显卡驱动程序的操作步骤如下：

（1）在驱动光盘主菜单中选择“SiS VGA Controller Driver”选项，出现如图 11.2.5 所示的界面。

（2）准备完成后，出现如图 11.2.6 所示的界面。

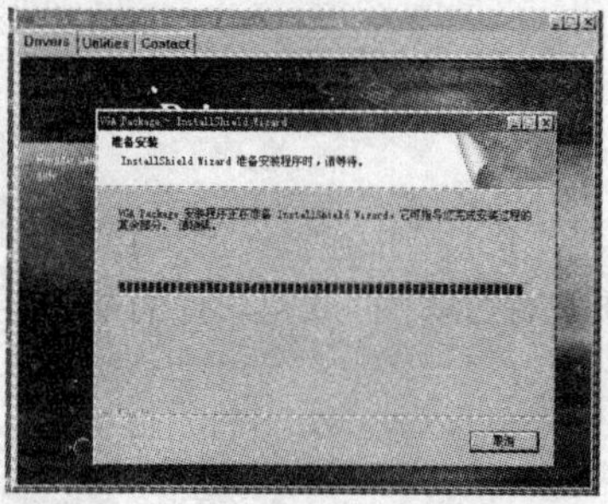

图 11.2.5 准备安装显卡驱动程序

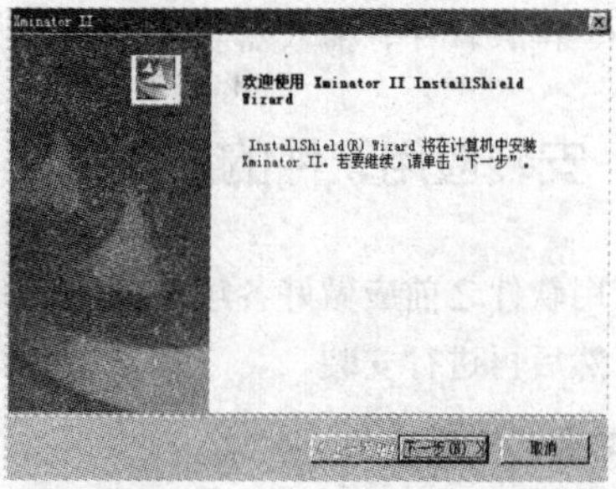

图 11.2.6 安装显卡驱动程序欢迎界面

（3）单击“下一步”按钮，弹出选择安装类型和安装路径（通常选择典型安装和默认路径）界面，如图 11.2.7 所示。

（4）选中“典型”单选按钮，单击“浏览”按钮，指定安装驱动程序的目标路径，指定好后单击“下一步”按钮，出现如图 11.2.8 所示的界面。

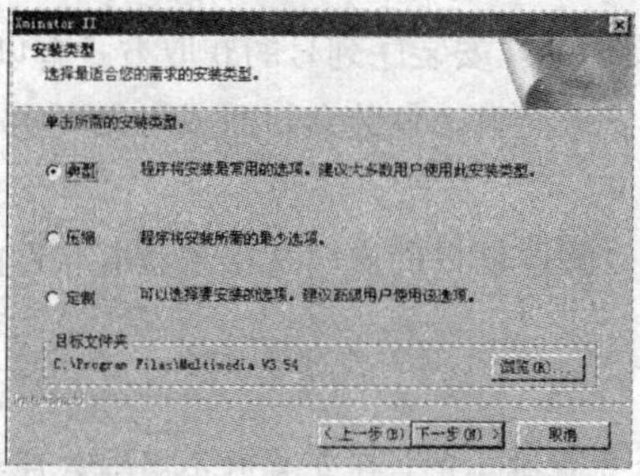

图 11.2.7 选择安装类型和安装路径

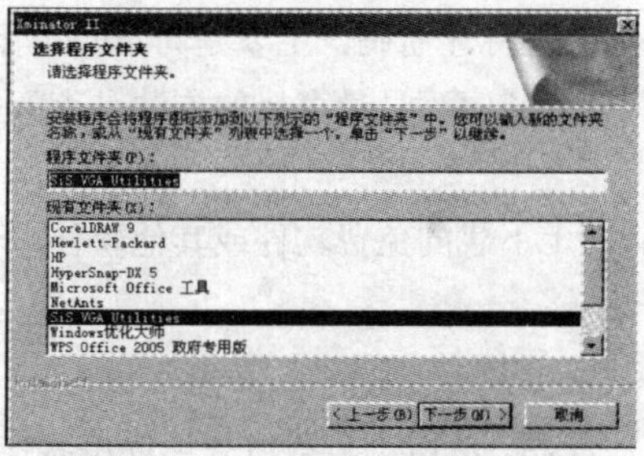

图 11.2.8 选择程序文件夹

（5）单击“下一步”按钮，在弹出的界面中，确认安装选项正确无误后，再单击“下一步”按钮开始安装驱动程序文件，安装完成后弹出如图 11.2.9 所示的界面。

（6）选中“不，跳过”单选按钮，单击“下一步”按钮，出现如图 11.2.10 所示的界面。

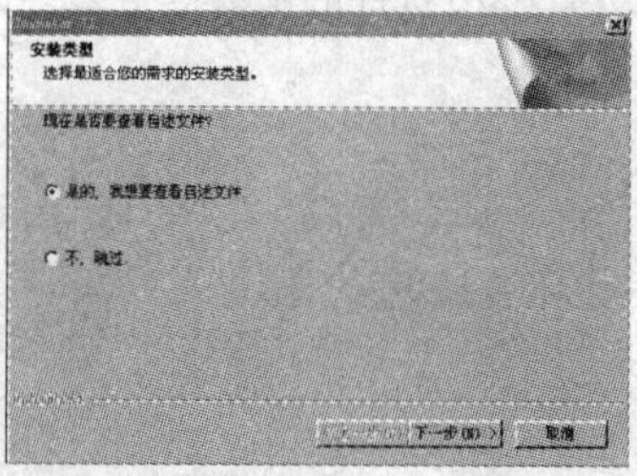

图 11.2.9 提示是否查看自述文件

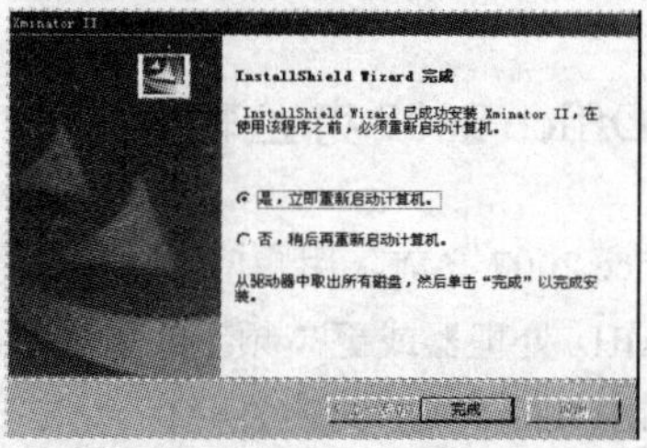

图 11.2.10 提示是否重启计算机

选中“是，立即重新启动计算机”单选按钮，单击“完成”按钮，待电脑重新启动后，调整屏幕分辨率和显示器刷新频率，使显示效果最佳。至此，显卡驱动程序安装完毕。

## 11.3 应用软件的安装

应用软件是为了完成某一个或者多个特定功能而运行于操作系统中的软件，如记事本程序、写字板程序以及画图程序等，这些软件的共同特点是它们都是 Windows XP 自带的组件，在安装操作系统后即可直接使用。除了系统自带的应用软件外，还有一部分应用软件需要安装后才能使用，如办公软件、制图软件、排版软件、播放器软件等。

### 11.3.1 安装应用软件的准备

在安装应用软件之前应做好各项准备，如获取需要安装的软件、获得软件的安装序列号和找到可执行文件等，然后再进行安装。

**1. 获取需要的安装文件**

安装文件的获取方式一般有以下两种：

（1）从软件销售商处购买安装光盘。在当地的软件销售商处购买所需应用软件的安装光盘，从中找到安装文件。

（2）从网上程序下载区下载，很多网站提供了免费下载的共享应用软件的安装文件。

**2. 找到安装序列号**

安装序列号又称注册码，主要是为了防止盗版而设计的。安装序列号的获取方式有以下两种：

（1）获取安装序列号最直接的方法是查阅印刷在安装光盘、包装盒封面或附带说明书上的相关资料。

（2）从网上下载的免费软件或其他软件，可以通过阅读软件的说明文档来获取软件的安装序列号和安装方法等。

**注意：**从网上下载的某些应用软件本身是免费版本的，在安装时不用输入序列号也可以正常安装，如 QQ 聊天软件、千千静听播放软件等。

**3. 找到可执行的安装文件**

可执行的安装文件的文件名一般为“Setup.exe”“Install.exe”，其文件图标一般都为。通过应用软件的可执行文件可以启动安装向导，它能引导用户进行应用软件的安装。

### 11.3.2 Office 2007 办公软件

在安装 Office 2007 之前，用户应该首先了解系统运行环境最低要求。

（1）500 MHz 处理器或更高频率的处理器。

（2）256 MB RAM 或更大的 RAM。

（3）2 GB 以上的硬盘空余空间。

（4）Windows XP 或 Vista 操作系统。

1．Office 2007 的安装

（1）将 Office 2007 安装光盘插入光盘驱动器，系统会自动运行安装程序，也可以直接运行安装光盘里的 Setup 程序，系统弹出“输入您的产品密钥”对话框，如图 11.3.1 所示。

（2）在该对话框中的文本框中输入产品密钥，单击“继续”按钮，弹出“选择所需的安装”对话框，如图 11.3.2 所示。

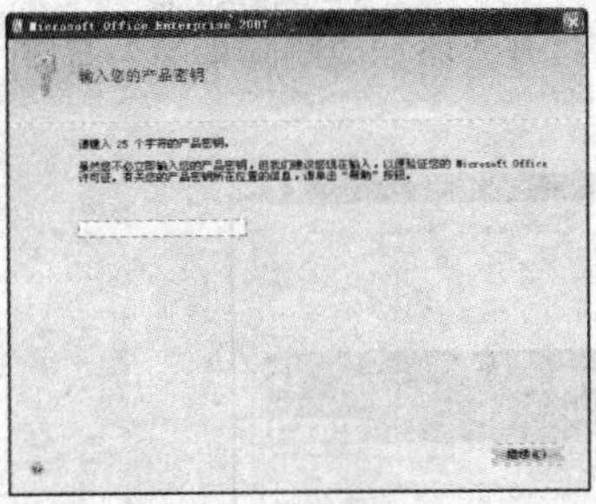


图 11.3.1 “输入您的产品密钥”对话框

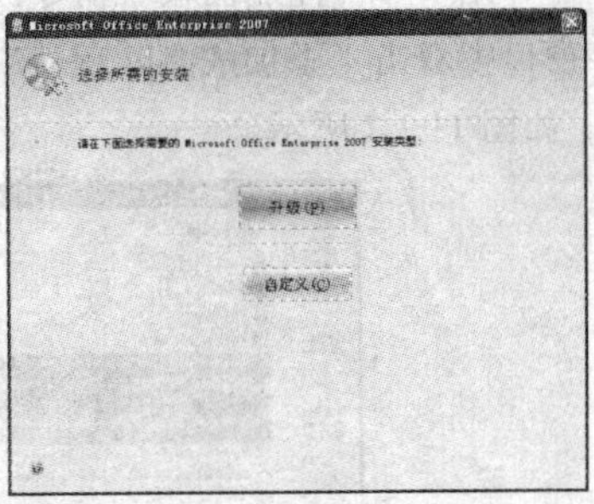


图 11.3.2 “选择所需的安装”对话框

（3）在该对话框中选择需要安装的类型，例如单击“自定义”按钮，即可弹出一个对话框，在该对话框中用户可以选择安装的类型，如图 11.3.3 所示。

（4）选中“保留所有早期版本”单选按钮。单击“安装选项”标签，打开“安装选项”选项卡，在该选项卡中选择要安装的应用程序，如图 11.3.4 所示。

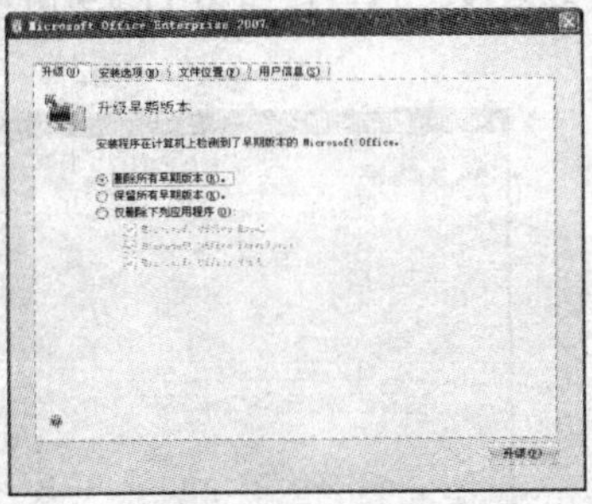


图 11.3.3 选择安装类型

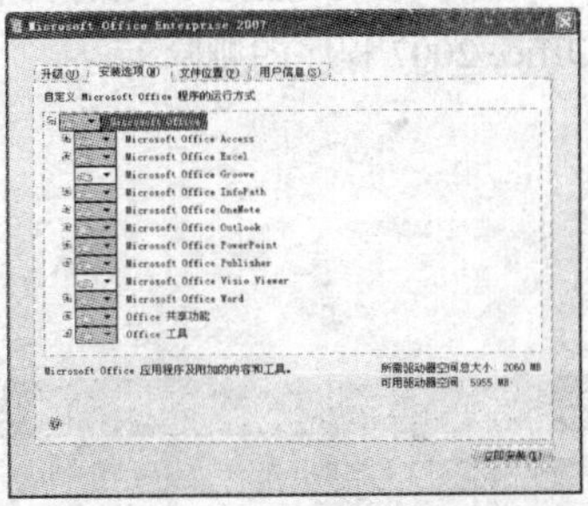


图 11.3.4 选择要安装的应用程序

（5）单击“安装位置”标签，打开“文件位置”选项卡，如图 11.3.5 所示，用户可以在该对话框中设置文件的安装位置。

（6）设置完成后，单击“立即安装”按钮，即可开始安装，并弹出“安装进度”窗口，如图 11.3.6 所示。

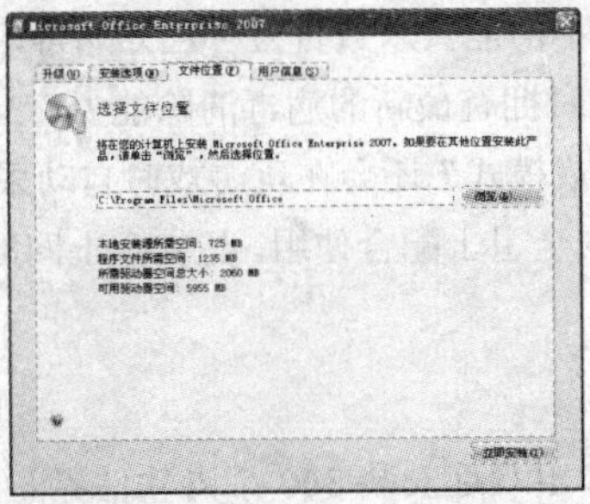


图 11.3.5 “文件位置”选项卡

图 11.3.6 “安装进度”窗口

（7）在该窗口中将显示 Office 2007 的安装进度，安装完成后，将弹出“完成安装”对话框。

（8）在该对话框中单击“关闭”按钮，弹出一个对话框确认安装完成，并重新启动计算机，即可完成 Office 2007 的操作。

### 2．Office 2007 的卸载

当不需要 Office 2007 软件时可以将其卸载，其具体操作步骤如下。

（1）选择“开始”→“控制面板”命令，打开“控制面板”窗口。

（2）在该窗口中双击“添加或删除程序”图标，打开“添加或删除程序”窗口，从中选择要卸载的应用程序，如图 11.3.7 所示。

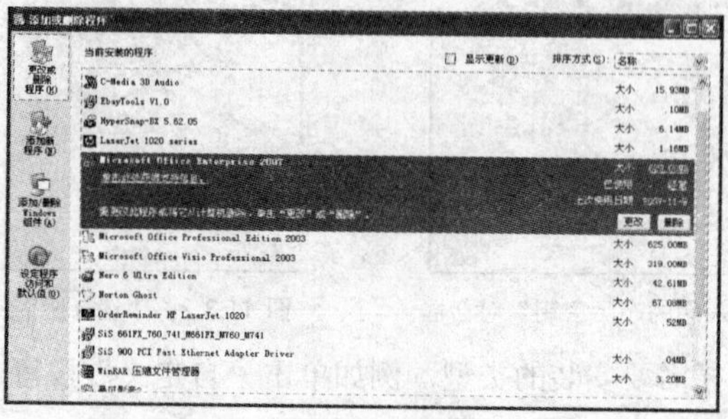


图 11.3.7　“添加或删除程序”窗口

（3）单击“删除”按钮，弹出“安装”对话框，如图 11.3.8 所示。

（4）单击“是”按钮确认删除，这时会弹出“卸载进度”窗口，如图 11.3.9 所示。显示当前卸载进度，完成 Office 2007 程序的删除。

图 11.3.8　“安装”对话框

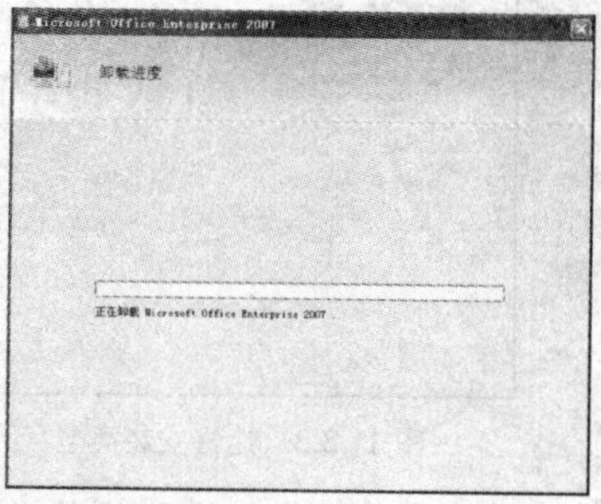


图 11.3.9　“卸载进度”窗口

## 11.3.3　360 杀毒软件

360 杀毒采用领先的病毒查杀引擎及云安全技术，不但能查杀数百万种已知病毒，还能有效防御最新病毒的入侵。360 杀毒病毒库每小时升级，可以及时拥有最新的病毒清除能力。360 杀毒有优化的系统设计，对系统运行速度的影响极小，独有的“游戏模式”还会在玩游戏时自动采用免打扰方式运行，让用户拥有更流畅的游戏乐趣。360 杀毒和 360 安全卫士配合使用，是安全上网的“黄金组合”。

### 1．安装 360 杀毒软件

（1）双击下载后的可执行程序 

，弹出欢迎安装 360 杀毒软件界面，如图 11.3.10 所示。

（2）单击“下一步”按钮，弹出许可协议安装 360 杀毒软件界面，如图 11.3.11 所示。

图 11.3.10　欢迎安装界面

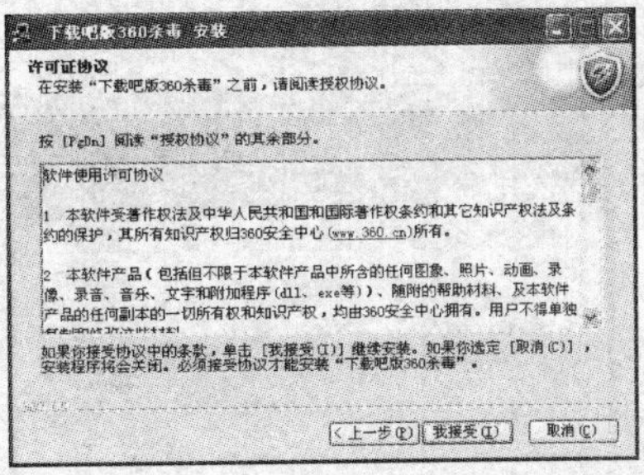


图 11.3.11　许可证协议界面

（3）单击“我接受”按钮，弹出选择安装位置界面。若要将应用软件安装在其他路径下，可单击“浏览”按钮，如图 11.3.12 所示。

（4）单击“下一步”按钮，弹出选择开始菜单文件夹界面，以便创建程序的快捷方式，如图 11.3.13 所示。

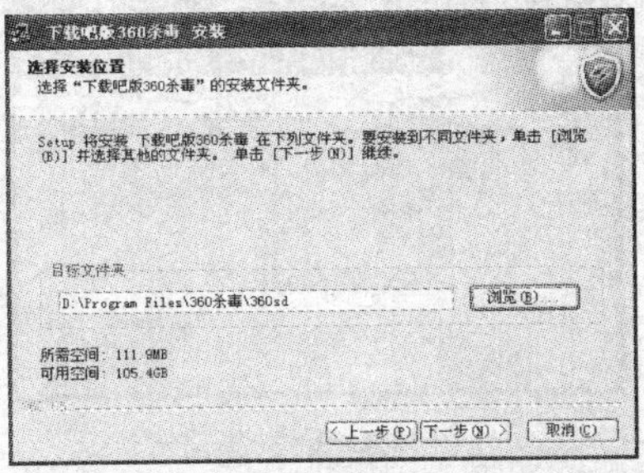


图 11.3.12　选择软件安装的位置

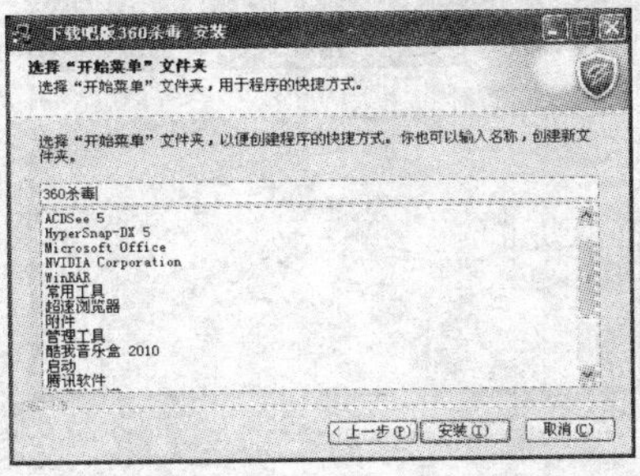


图 11.3.13　选择开始菜单文件夹界面

（5）单击“安装”按钮，系统开始安装该应用软件，并显示安装进度，如图 11.3.14 所示。

（6）安装完成后，弹出安装完成界面，单击“完成”按钮关闭此向导，如图 11.3.15 所示。

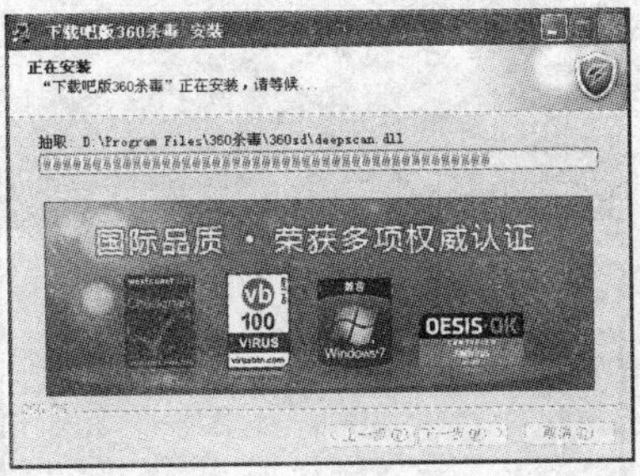


图 11.3.14　开始安装

图 11.3.15　安装完成

### 2. 运行 360 杀毒软件

双击桌面上的“360 杀毒”快捷方式图标，打开 360 杀毒软件界面，如图 11.3.16 所示。

（1）单击“快速扫描”按钮，则快速扫描计算机的关键目录和极易有病毒隐藏的目录文件。

（2）单击“全盘扫描”按钮，则对计算机的所有分区进行扫描。

（3）单击“指定位置扫描”按钮，则仅对用户指定的目录和文件进行病毒扫描。

例如要扫描 D:盘，单击“指定位置扫描”按钮，打开“选择扫描目录”窗口，从中选择 D:盘，如图 11.3.17 所示。

单击“扫描”按钮，开始扫描 D:盘文件并选中“自动处理扫描出的病毒威胁”复选框，若发现病毒系统会自动清除，如图 11.3.18 所示。

图 11.3.16　360 杀毒界面

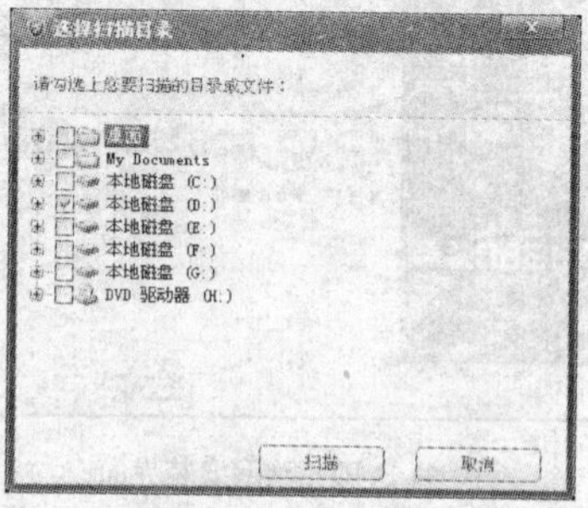


图 11.3.17　选择扫描目录

扫描完成后，会弹出病毒查杀完成界面，并显示扫描的文件数和扫描时间，若发现病毒，会列出病毒所处的路径、病毒名、病毒数等信息，如图 11.3.19 所示。

图 11.3.18　扫描目录文件

图 11.3.19　扫描完成

### 3．升级病毒库

单击立即升级超链接，打开产品升级界面，可随时更新病毒库，如图 11.3.20 所示。

单击“检查更新”按钮，则开始更新病毒库，如图 11.3.21 所示。更新完成后，会弹出更新完成提示框，说明目前的病毒库版本是最新的。

图 11.3.20　产品升级界面

图 11.3.21　正在更新病毒库

## 11.3.4　压缩软件 WinRAR

WinRAR 是 Windows XP/Vista 下使用最广泛的压缩软件，它把计算机中的文件数据转换成紧凑的格式保存起来，在需要时重新解压出来再编辑使用。WinRAR 的优点是功能强大、使用简单，压缩比高，速度快，支持 ZIP 文件。文件压缩后可以节省很多空间，一般文件能减少 50%，而图像文件可以减少 90%以上。

### 1. WinRAR 的安装

WinRAR 是一款优秀的压缩与解压缩软件，在安装前先从网上进行下载。具体安装步骤如下：

（1）双击下载后的可执行程序 WinRAR_3.90_SC.exe，弹出“WinRAR 3.90 简体中文版”的安装界面，如图 11.3.22 所示。

（2）单击“安装”按钮，弹出安装过程界面，如图 11.3.23 所示。

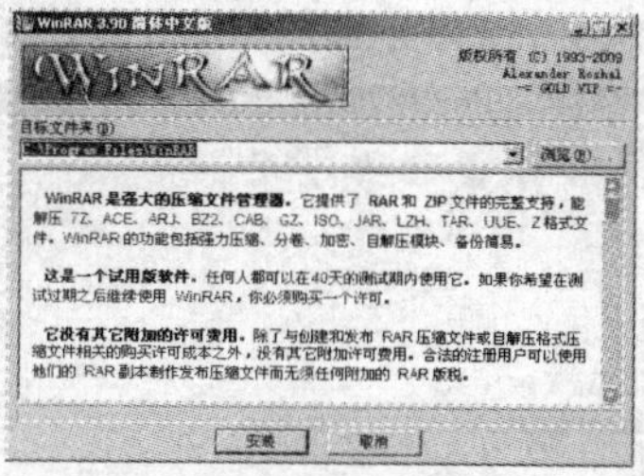


图 11.3.22　WinRAR 安装界面

图 11.3.23　WinRAR 安装过程界面

（3）安装完成后，弹出文件关联界面，如图 11.3.24 所示。

（4）直接单击“确定”按钮，弹出安装完成界面，如图 11.3.25 所示。

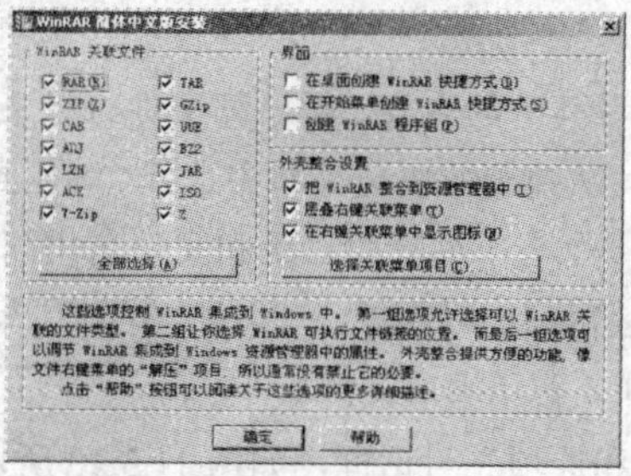


图 11.3.24　文件关联界面

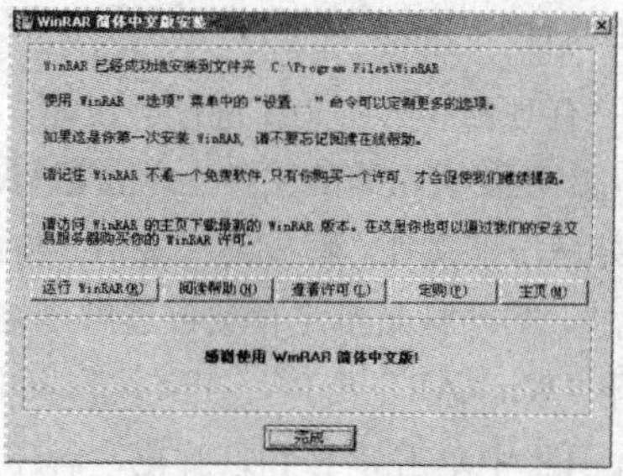


图 11.3.25　安装完成界面

（5）单击“确定”按钮，即可完成 WinRAR 的安装。

### 2. 压缩文件

使用 WinRAR 压缩文件与压缩文件夹的方法相同，下面以压缩文件夹为例进行介绍。具体操作步骤如下：

（1）在 WinRAR 界面的文件列表中选择要压缩的文件夹。

（2）单击工具栏中的按钮，弹出“压缩文件名和参数”对话框，如图 11.3.26 所示。

（3）在“压缩文件名”下拉列表框中输入压缩文件的名称，也可单击“浏览”按钮，在弹出的“查找压缩文件”对话框中选择要压缩的文件夹，如图 11.3.27 所示。

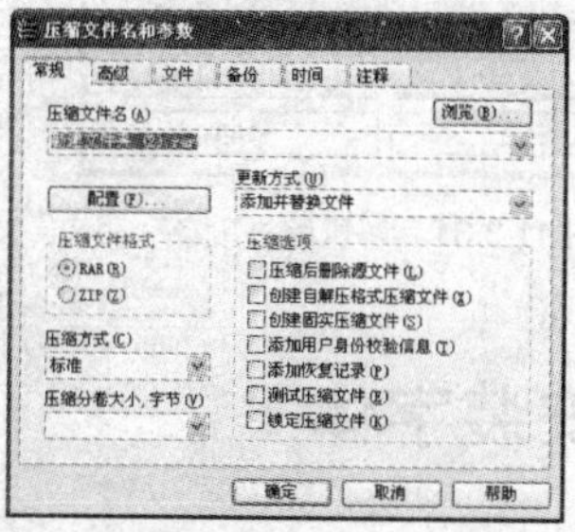


图 11.3.26　“压缩文件名和参数”对话框

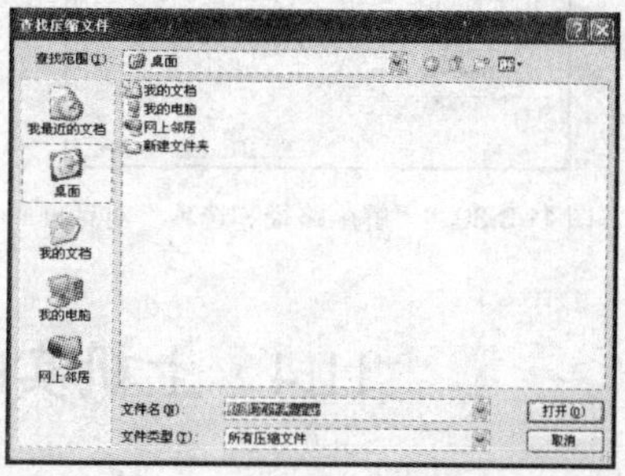


图 11.3.27　“查找压缩文件”对话框

（4）在“压缩文件名和参数”对话框中的“更新方式”下拉列表中选择更新方式；在“压缩选项”选项组中选中“添加恢复记录”和“测试压缩文件”复选框；在“压缩文件格式”选区中选中“RAR”单选按钮；在“压缩方式”下拉列表中选择压缩文件的方式。

（5）设置完成后，单击“确定”按钮，打开压缩文件夹界面，在该界面中显示了文件夹压缩的进度，如图 11.3.28 所示。

（6）文件压缩完后，将在 WinRAR 界面的文件列表中显示创建的压缩文件，如图 11.3.29 所示。

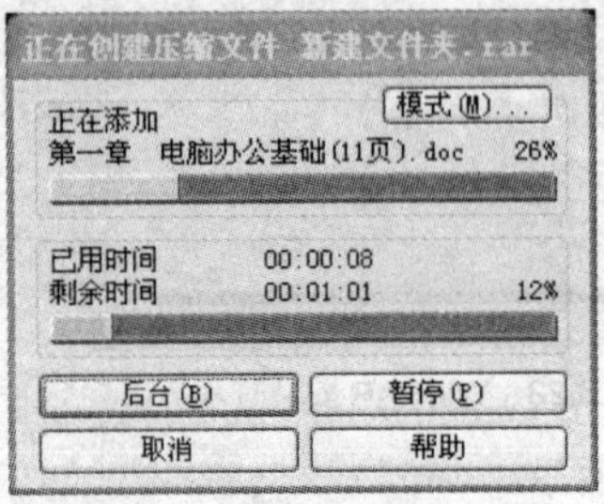


图 11.3.28 压缩文件夹界面

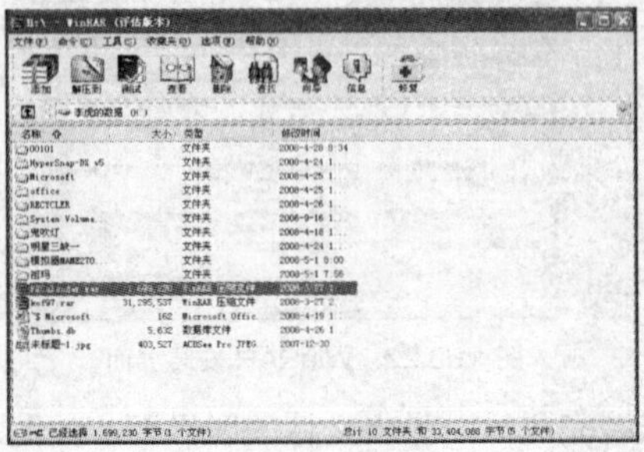

图 11.3.29 创建的压缩文件

3．解压缩文件

根据需要，有时要对压缩文件进行解压缩，以查看其中的内容。解压缩文件有以下两种方法，一种是快速解压缩。在要解压缩的文件上单击鼠标右键，从弹出的快捷菜单中选择“解压到当前文件夹”命令，即可开始解压缩文件。解压缩完成后，将创建一个与压缩文件目录和文件名相同的文件夹来存放解压缩的文件。另一种是指定存放位置解压缩，具体操作步骤如下：

（1）打开“WinRAR”窗口，在文件列表中选择要解压缩的文件。

（2）在工具栏中单击解压按钮，弹出“解压路径和选项”对话框，如图 11.3.30 所示。

（3）在该对话框中的“目标路径”下拉列表中选择存放解压文件的路径；在“更新方式”选区中选中“解压并替换文件”单选按钮；在“覆盖方式”选区中选中“跳过已经存在的文件”单选按钮；在“杂项”选区中选中“在资源管理器中显示文件”复选框。

（4）设置完成后，单击“确定”按钮，开始解压缩文件，并显示解压缩进度条，如图 11.3.31 所示。至此，完成解压。

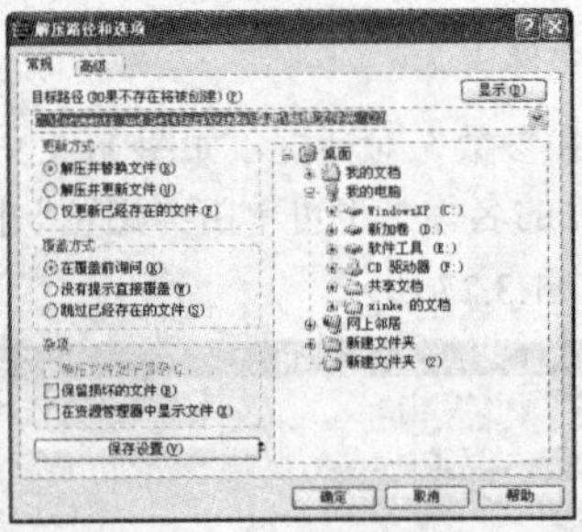

图 11.3.30 “解压路径和选项”对话框

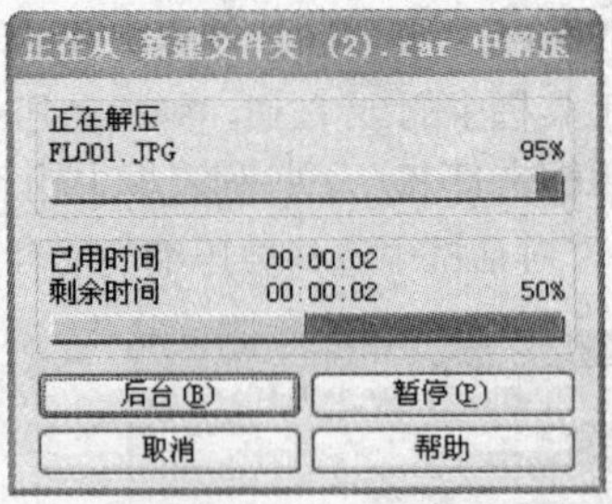


图 11.3.31 解压缩进度条

## 11.4 上机实战——安装字体

本节将安装方正字体中的方正小标宋简体到系统字库里，使用户进一步掌握软件的安装过程。

**实验步骤**

（1）在“开始”菜单中单击“运行”命令，在弹出的“运行”命令窗口中输入“Fonts”并按回车键，弹出如图 11.4.1 所示界面。

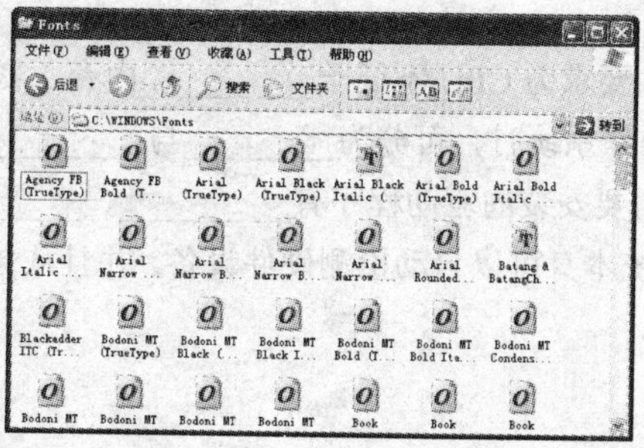

图 11.4.1　Windows XP 字体安装窗口

（2）选择“文件”菜单下的“安装新字体”命令，如图 11.4.2 所示。

（3）弹出如图 11.4.3 所示的“添加字体”对话框。选择方正字体所在的文件夹，如图 11.4.4 所示。

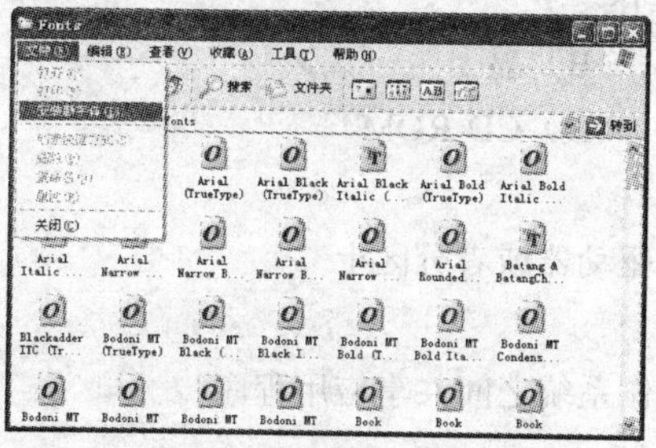

图 11.4.2　选择“安装新字体”命令

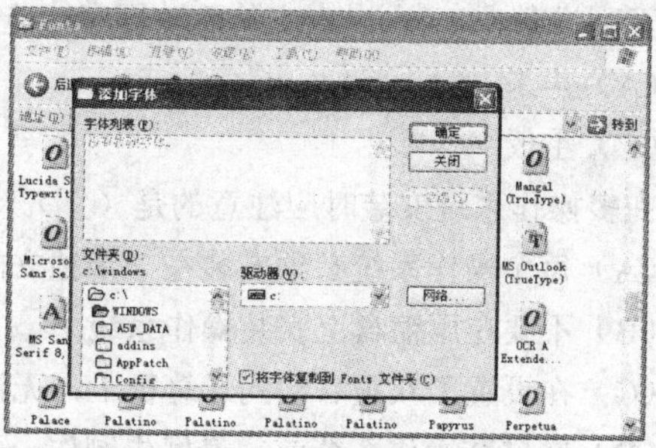

图 11.4.3　“添加字体”对话框

（4）单击“确定”按钮，系统自动搜索出该字体，如图 11.4.5 所示。

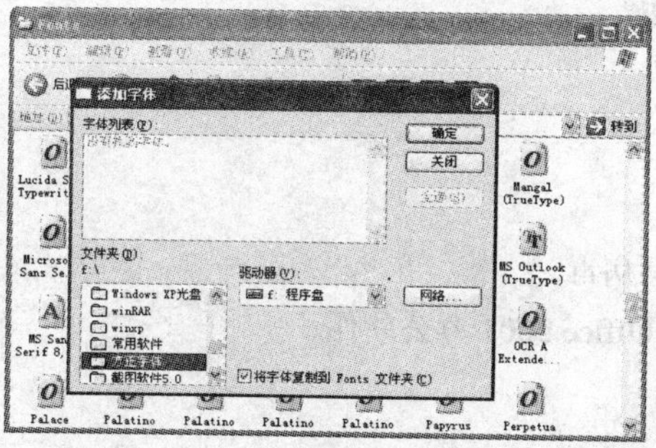

图 11.4.4　选择要安装的字体所在文件夹

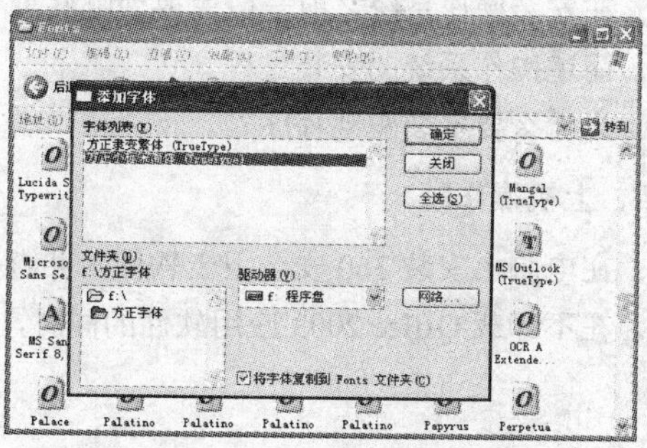

图 11.4.5　选择要安装的字体

（5）在搜索到的字体中，选中所要安装的字体类型，单击“确定”按钮即可。

## 本 章 小 结

本章以图文并茂的形式讲解了 Windows XP 操作系统安装全过程，以及系统硬件相应的驱动程序和一些常用应用软件的安装。通过本章的学习，读者能够独立安装操作系统、驱动程序以及应用软件。

# 操作练习

## 一、填空题

1. Windows Vista 最低硬件要求为 CPU 不低于________，内存不低于________，显卡为________。

2. 在安装 Windows XP 操作系统时，可分为________与________。

3. 通常情况下，计算机需要安装的驱动程序有________、________、________等。

4. ________是指操作系统本身可以自动检测硬件设备，并且从自带的驱动程序中为其安装驱动程序。

## 二、选择题

1. 安装驱动时，首先要安装（　）。

（A）主板芯片组驱动　　（B）显卡驱动

（C）声卡驱动　　（D）网卡驱动

2. 下列设备中，（　）应安装驱动程序才能正常工作。

（A）声卡　　（B）显卡

（C）主板　　（D）CD-ROM

3. 在多操作系统安装时应注意的是（　）。

（A）每个操作系统必须安装在一个独立的磁盘驱动器或者分区上

（B）不要在压缩盘上安装操作系统

（C）在设置了双重启动的计算机上，无法在操作系统之间共享应用程序

（D）在安装操作系统前，最好先制作一张启动盘

## 三、简答题

1. 在安装操作系统之前一般需要做哪些准备工作？

2. 简述操作系统的安装过程。

3. 为什么要安装驱动程序？

## 四、上机操作题

1. 在电脑上安装 360 安全卫士软件，并查杀木马病毒。

2. 在不卸载 Office 2003 应用软件的同时，安装 Office 2007 办公软件。

# 第 12 章　计算机维护与故障检测

计算机在使用过程中难免会遇到故障，面对故障首先要了解计算机故障的基本特征和现象，懂得计算机保养和维护的基本常识，以防患于未然。但是要学会计算机的维护和维修常识必须先要对计算机各个部件非常熟悉，同时使用操作系统和应用软件时还应注意遵循一定的原则和思路。合理的计算机维护不仅对其性能有着优化作用，而且还可以延长计算机的寿命。本章主要介绍有关计算机维护与故障检测方面的知识。

知识要点

- 计算机维护基础
- 计算机各部件的维护
- 计算机病毒
- 计算机常见故障及其排除方法

## 12.1　计算机维护基础

计算机是运行各种软件的物理基础，一旦出现故障就会直接影响到正常的工作和学习，所以我们有必要了解一些计算机维护的基础知识。

### 12.1.1　计算机的日常维护

如果在日常使用计算机时，能够对计算机各个部件进行仔细的维护，不但可以延长计算机的寿命，而且还可以保证工作和学习不受计算机故障影响。

**1．环境**

环境对计算机的影响是不容忽视的，计算机理想的工作温度为 10～35℃，太高或太低都会影响计算机的使用寿命，如果条件允许最好安装空调，相对应的湿度应该保持在 30%～80%之间，太高或太低也会影响计算机性能的正常发挥，甚至会引起短路现象。另外，空气中的含尘量也对计算机有比较大的影响。灰尘太大，时间久了会腐蚀各个配件的电路板，所以要经常为计算机除尘。

**2．使用习惯**

计算机的很多故障都是人为的错误操作所引起的，所以必须养成良好的操作习惯。

（1）正确开关机。正确的开机顺序是：打开电路电源→打开显示器电源→打开主机电源。

正确的关机顺序是：关闭主机→关闭显示器电源→关闭电路电源。

（2）不带电操作。在给计算机添加硬件时，要在断电的情况下进行，不要在带电的情况下对计算机进行硬件的添加，更不要在有电的情况下插拔计算机配件，这样很容易烧毁配件。严禁在计算机运行过程中插拔电源线和信号线。

（3）防震。对于计算机，轻易不要对它进行移动或震动，如果要移动，先要断掉电源，轻拿轻放，以避免由于震动而造成的划伤或损坏。

（4）防毒。在使用计算机时，一定要加强病毒的防范意识，网络时代，病毒泛滥且无孔不入。在使用来路不明的光盘和 U 盘时，先要对其进行查毒，使用完之后，也要对计算机进行一次全面的扫毒，以避免病毒引起故障。

### 12.1.2 计算机故障的分类

计算机的故障可以分为硬件类故障、软件类故障以及启动类故障 3 大类，下面分别进行介绍。

**1．硬件故障**

硬件故障是指计算机硬件系统使用不当或硬件物理损坏所造成的故障，如显示器无法显示，元器件、集成电路等出现故障。硬件故障可以分为以下两个方面：

（1）硬件自身故障。硬件自身故障是指各种板卡、外设、集成电路等出现的电器故障或机械故障，属于硬件物理损坏。这种故障会导致整个系统或外设无法正常工作，一般由外界环境、操作不当、硬件质量低劣或硬件自然老化引起。解决这种故障的办法就是更换硬件。

（2）接触不良。接触不良一般表现在 CPU、显卡、内存条与主板之间的数据线、电源线、音频线的接触不良。对于这种故障，解决的办法就是将接触不良的配件重新连接好。

**2．软件故障**

软件故障是指由软件出错或不正确的操作所引起的故障。软件故障通常有以下几个方面。

（1）驱动程序故障。驱动程序故障是由驱动程序安装不正确或硬件不兼容引起的。处理这种故障一般要重新安装与硬件相匹配的程序。

（2）病毒的破坏。病毒对计算机的影响比较严重，轻则影响机器的速度，重则可使机器瘫痪。对于病毒用户不可不防，在防止病毒这方面时刻要警惕所用的外部存储器，因为这些很可能就是病毒的传染源。

（3）BIOS 设置问题。BIOS 设置中，参数没有设置或设置错误，系统都会出现故障。在设置 BIOS 时，要根据 BIOS 的设置手册进行，避免由于 BIOS 设置不正确所引起的故障。

**3．启动类故障**

开机有显示，但启动不正常，这种故障大多由软件故障引起，但也不排除因硬件有问题而引起这类故障。如果开机有显示，那么计算机的电源、CPU、主板和显卡一般应该没有问题，若是硬件故障，主要应该怀疑驱动器、主板接口、数据线、内存和其他外置设备。用最小系统法能够正常启动的时候，不宜一次性将其余的部件全部接上，而应该一件一件地添加。可以先接上硬盘，若系统无法启动，就换一个 IDE 接头或数据线试试。若故障依旧，就应该把重点放在对硬盘的检查上。

### 12.1.3 识别故障的原则

计算机的故障种类繁多，千奇百怪，对于计算机故障的识别，可从以下几个方面进行。

（1）要了解计算机所用的操作系统和应用软件，熟知计算机的配置和工作要求，了解最近对计算机所做的工作，例如安装、卸载软件、移动等，分析可能引起故障的直接或间接原因。

（2）对待出现的问题要冷静地思考，先从软件考虑，再考虑硬件。在考虑硬件时，先从外部连线进行检查，再从机箱内的各部件进行检查。

（3）尽量通过识别文本、图像、声音等线索查找所出现的故障。

（4）通过自己的知识和经验对故障进行分类，再去寻找解决问题的途径和方法。

（5）在对计算机进行检测时，一定要先断开电源，此外，还要注意预防静电。

## 12.1.4　计算机故障常用的检测方法

计算机常用的检测方法有以下几种。

### 1．加电自检

在每次启动计算机时，计算机自检程序都会对主板、内存、显卡、磁盘、键盘等主要部件进行一次快速地检查测试。在检查的时候，计算机的扬声器会发出声响，可以通过扬声器的声音判断错误。

### 2．观察法

观察法是指通过看、听、闻等方法来检测故障。看是指观察系统板卡的插头和插座是否歪斜、电阻和电容是否相碰、表面是否烧焦、芯片表面是否开裂等，还要看是否有异物掉进主板的元器件之间造成短路；听是指监听软/硬盘电机或寻道机构、显示器变压器、电源风扇等设备的工作声音是否正常，当系统发生短路故障时，通常有异常的声响伴随；闻是指闻主机、板卡中是否有烧焦的气味，便于发现和诊断故障，以确定短路的所在地。

有时候可以用手触摸的方法来检测故障，触摸的方法就是用手按压管座的活动芯片，看芯片是否活动或接触不良。另外，在系统运行时用手触摸 CPU、硬盘、显示器等设备的外壳，根据其温度可以判断设备运行是否正常。

### 3．替换法

替换法是目前用得比较多的一种方法，在无法确定哪个部件损坏时，应尽可能不动元器件的电路，用一台无故障机器的部件替换有故障机器的部件进行检查。例如将有故障机器的声卡、显卡、内存、光驱、硬盘等部件依次拔下，换上好的部件，观察故障还是否存在。当换上某个部件后故障消失，这时就可以确定故障所在。

### 4．隔离法

隔离法就是将主板上的部件逐一拔下，然后启动计算机，看故障是否消除，若故障消除，则可以确定故障就是这个部件所引起的，可考虑通过更换部件来消除故障。若故障仍然存在，则继续上面的工作，直到找到故障的所在之处。

### 5．最小系统法

最小系统法是指保留系统能运行的最小环境，把其他的配件从扩展槽中取下，再启动计算机，观察最小系统是否能够正常运行。最小系统是由主板、喇叭和开关电源组成，一般在计算机启动后系统没有任何反应的情况下用此方法对计算机进行检测。在用最小系统法检测计算机时，将机箱内的所有接口板都取出来，并去掉软盘驱动器和硬盘驱动器的电源插头及键盘连线，打开电源，系统仍没有反应，则说明故障出现在主板上，若打开电源，系统有报警声，说明上述三部分正常。然后再逐步加入其他部件扩大最小系统，在逐步扩大的过程中，若发现系统由正常变为不正常，则说明刚加入的部件有问题。如果在加入的过程中没有发现问题，就继续上述工作，直到找到故障为止。

### 6．原理分析法

原理分析法就是指按照计算机部件的基本原理，根据机器所安排的时序关系，从逻辑上分析各点应有的特征，从而找出故障的原因。如在某一时刻，某个点应该有多宽的脉冲信号，或应满足哪个条件，这种条件下正确的电平状态是怎样的，然后测试和观察这点的具体现象，分析和判断故障原因的可能性。

### 7．升、降温法

计算机由于工作时间过长，温度过高而出现故障，关机检查时是正常的，工作一段时间后，又出现故障，这时，就可用降温的方法来排除故障。升温法就是人为地把计算机工作环境的温度升高，加速高温参数较差的元器件暴露出问题，来帮助寻找故障的一种方法；降温法就是对怀疑有故障的元件进行人为地降温，当某个元件在降温后故障消失，则说明这个元件的热稳定性较差，是引起故障的根源，可考虑将其更换。

### 8．程序检测法

对于一些出现非严重性故障且能够引导操作系统的计算机，可以用一些高级诊断程序来确定其故障的存在之处。检测软件有 NORTON2000，BurnInTest，SiSoftSANDRA 等。这些软件是专为检查、诊断计算机而编制的。

### 9．根据系统提示判断故障

系统提示信息如表 12.1 所示，用户可根据提示内容判断故障。

表 12.1　系统提示信息

| 信　息 | 出现的原因 |
|---|---|
| Auxiliary device failure | 集成触摸垫或外部 PS/2 鼠标可能出现故障 |
| Bad command or file name | 输入的命令不存在，或不在指定的路径中 |
| Cache disabled due to failure | 微处理器内部的主高速缓存出现故障 |
| Data error | 软盘或硬盘驱动器无法读取数据 |
| Decreasing available memory | 一个或多个内存模块可能出现故障或插接不正确 |
| Disk C: failed initialization | 硬盘驱动器初始化失败 |
| Diskette drive 0 seek failure | 可能是连接线松动或系统配置信息与硬件配置不符 |
| Diskette read failure | 可能是连接线松动或软盘出现故障 |
| Diskette subsystem reset failed | 软盘驱动器控制器可能出现故障 |
| Diskette write protected | 由于软盘写保护，操作可能无法完成 |
| Timer chip counter 2 failed | 主机板上的芯片可能出现故障 |
| Unexpected interrupt in protected mode | 键盘控制器可能出现故障，或者安装的某个内存模块松动 |
| Drive not ready | 软盘驱动器中无软盘，或驱动器托盘中没有硬盘驱动器。在继续操作之前，请在软盘驱动器中装入软盘或在托盘中装入硬盘驱动器 |
| Error reading PCMCIA card | 计算机无法识别 PC 卡 |
| Warning! Battery is critically low | 警告！电池电量不足 |
| Extended memory size has changed | NVRAM 中记录的内存容量与计算机中安装的内存不符 |
| Gate A20 failure | 安装的某个内存模块可能松动 |
| General failure | 操作系统无法执行此命令 |
| Hard-disk drive configuration error | 计算机无法识别驱动器的类型 |
| Hard-disk drive controller failure 0 | 硬盘驱动器无法对计算机发出的命令做出反应 |
| Hard-disk drive controller failure 1 | CD-ROM 驱动器无法对计算机发出的命令做出反应 |
| Hard-disk drive failure | 硬盘驱动器无法对计算机发出的命令做出反应 |
| Hard-disk drive read failure | 硬盘驱动器可能出现故障 |
| Invalid configuration information please run System Setup program | 系统配置信息与硬件配置不符。此信息最有可能在安装内存模块之后出现 |
| Keyboard clock line failure | 可能是连接线或接口松动，或者键盘出现故障 |
| Keyboard controller failure | 可能是连接线或接口松动，或者键盘出现故障 |

续表

| 信 息 | 出现的原因 |
|---|---|
| Keyboard data line failure | 可能是连接线或接口松动，或者键盘出现故障 |
| Keyboard stuck key failure | 如果正在使用外部键盘或小键盘，则可能是连接线或接口松动，或者键盘出现故障<br>如果正在使用内置键盘，则此键盘可能出现故障<br>在计算机引导时可能按了内置键盘或外部键盘上的某个键 |
| Memory address line failure at address, read value expecting value | 安装的某个内存模块可能出现故障或插接不正确 |
| Memory allocation error | 尝试运行的软件与操作系统、另一个应用程序或公用程序发生冲突 |
| Memory data line failure at address, read value expecting value | 安装的某个内存模块可能出现故障或插接不正确 |
| Memory double word logic failure at address, read value expecting value | 安装的某个内存模块可能出现故障或插接不正确 |
| Memory odd/even logic failure at address, read value expecting value | 安装的某个内存模块可能出现故障或插接不正确 |
| Memory write/read failure at address, read value expecting value | 安装的某个内存模块可能出现故障或插接不正确 |
| No boot device available | 计算机无法找到软盘或硬盘驱动器 |
| No boot sector on hard-disk drive | 操作系统可能损坏 |
| No timer tick interrupt | 主机板上的芯片可能出现故障 |
| Non-system disk or disk error | A 驱动器中有软盘或硬盘驱动器中没有安装可引导操作系统 |
| Not a boot diskette | 软盘上无操作系统 |
| Optional ROM bad checksum | 可选 ROM 出现故障 |
| Sector not found | 操作系统无法找到软盘或硬盘驱动器上的某个扇区。软盘或硬盘驱动器上可能有坏扇区或损坏的 FAT |
| Seek error | 操作系统无法找到软盘或硬盘驱动器上的特定磁道 |
| Shutdown failure | 主机板上的芯片可能出现故障 |
| Time-of-day clock lost power | 存储在 NVRAM 中的数据已损坏 |
| Time-of-day clock stopped | 维持 NVRAM 中数据的备用电池的电能可能已用尽 |
| Time-of-day not set-please run the System Setup program | 存储在系统设置程序中的时间或日期与系统时钟不符 |

## 12.2 计算机各部件的维护

计算机是由各种功能不同的部件组成的，各部件的性能好坏直接影响计算机的正常工作。本节具体介绍各部件的维护知识。

### 12.2.1 主板的日常维护

主板是计算机系统最基本、也是最重要的部件之一。主板的性能好坏在一定程度上决定了计算机的性能，有很多的计算机硬件故障都是因为主板与其他部件接触不良或主板损坏造成的，所以主板的日常维护非常重要。做好主板的日常维护，不仅可以延长计算机的使用寿命，更重要的是可以保证计算机的正常运行。计算机主板的日常维护要注意以下几个方面。

（1）防尘。CPU、内存条、显卡等重要部件都是插在主机板上，如果灰尘过多，就有可能使主板与各部件之间接触不良，产生未知故障，给工作和娱乐带来很大麻烦。

（2）防潮。环境太潮湿，主板就很容易变形而产生接触不良等故障，同样也影响正常使用。

（3）固定主板的螺丝不要拧得太紧。在组装计算机时，固定主板的螺丝不要拧得太紧，各个螺丝都应该用同样的力度，如果拧得太紧也容易使主板产生变形。

### 12.2.2 CPU的日常维护

要想延长CPU的使用寿命，保证计算机正常、稳定地运行，在日常维护中应注意以下几个方面。

（1）保证CPU的工作频率。通常CPU工作在正常的工作频率下，通过超频来提高计算机的性能是不可取的，在计算机正常工作时，要尽量让CPU工作在额定频率下。

（2）CPU的散热问题。CPU作为计算机一个发热比较大的部件，散热问题也是不容忽视的，如果CPU不能很好地散热，就有可能引起系统运行不正常、机器无缘无故重新启动、死机等故障，给CPU选择一款好的散热风扇是必不可少的。

除此之外，如果计算机一直工作正常就不要动CPU，清理机箱且清洁CPU以后，安装时一定要注意安装到位，以免引起计算机不能正常启动。

### 12.2.3 硬盘的日常维护

硬盘出现故障的概率比较多。目前，个人计算机系统的故障几乎30%是由于硬盘损坏引起的，其中有相当一部分是使用者未根据硬盘特点采取切实可行的维护措施所致。因此，硬盘在使用中必须正确维护，否则会出现故障或缩短使用寿命，甚至造成所存储的信息丢失，给工作带来不可挽回的损失。为了使硬盘能够更好地工作，在使用时应当注意以下几个问题。

（1）正在对硬盘进行读写时不能关掉电源。对硬盘进行读写时，硬盘处于高速旋转状态中，如果忽然关掉电源，将导致磁头与盘片猛烈磨擦，从而损坏硬盘，所以在关机时，一定要注意机箱面板上的硬盘指示灯是否还在闪烁，如果硬盘指示灯闪烁不止，说明硬盘的读写操作还没有完成，此时不宜马上关掉电源，只有当硬盘指示灯停止闪烁，硬盘完成读写操作后方可关机。

（2）注意防尘，保持使用环境的清洁卫生。环境中灰尘过多，会有更多的污染物被吸附到印刷电路板的表面以及主轴电机的内部，在安装硬盘时要将带有印刷电路板的背面朝下，减少灰尘与电路板的接触；硬盘在较潮湿的环境中工作，会使绝缘电阻下降。这两个现象轻则引起工作不稳定，重则使某些电子器件损坏，或某些对灰尘敏感的传感器不能正常工作，因此，要保持环境卫生，减少空气中的含尘量。当硬盘出现物理故障时，不要自行打开硬盘盖，否则空气中的灰尘进入硬盘内，磁头读、写操作时划伤盘片或磁头的可能性将大大增加，如果确实要打开硬盘盖进行维修，一定要送到专业维修机构进行维修，不要自行打开硬盘盖。

（3）防止震动和静电对硬盘的损坏。硬盘是一种十分精密的设备，工作时磁头在盘片表面的浮动高度只有几微米，不工作时，磁头与盘片是接触的。硬盘在进行读写操作时，一旦发生较大的震动，就可能造成磁头与数据区相撞击，导致盘片数据区损坏或划盘，甚至丢失硬盘内的文件信息。因此，在工作时或关机后，主轴电机尚未停机之前，严禁搬运硬盘，以免磁头与盘片产生撞击而擦伤盘片表面的磁层。在硬盘安装、拆卸的过程中更要加倍小心，硬盘拿在手上时千万不要磕碰，以免造成物理性损坏，还要注意防止静电对硬盘造成损坏。尤其在气候干燥时极易产生静电，若不小心用手触摸硬盘背面的电路板，静电就有可能伤害到硬盘的电子元件，导致硬盘无法正常运行。正确的方法应该是用手抓住硬盘的两侧，并避免与其背面的电路板直接接触。

（4）控制环境温度。硬盘的主轴电机、步进电机及其驱动电路工作时都要发热，在使用中要严格控制环境温度，微机操作室内最好使用空调，将温度调节在 20～25℃。在炎热的夏季，要注意监测硬盘周围的环境温度不要超出产品许可的最高温度 40℃，在潮湿的季节要注意使环境干燥或经常给系统加电，靠自身的发热将机内水汽蒸发掉。另外，尽可能使硬盘不要靠近强磁场，如音箱、喇叭、电机和电台等，以免硬盘里所记录的数据因磁化而受到破坏。

（5）防止计算机病毒对硬盘的破坏。计算机病毒对硬盘中存储的信息是一个很大的威胁，所以应利用版本较新的杀毒软件对硬盘进行定期的病毒检测，发现病毒应立即采取措施清除，尽量避免对硬盘进行格式化，因为硬盘格式化会丢失全部数据并缩短硬盘的使用寿命。当从移动存储设备拷贝文件到硬盘时，先要对移动存储设备进行病毒检查，防止硬盘由此染上病毒。

（6）硬盘的整理。硬盘的整理包括两方面的内容，即根目录的整理和硬盘碎片的整理。根目录一般用于存放系统文件和子目录文件，如 Command.com，Config.sys 和 Autoexec.bat 等文件，其他文件及应用软件都应该分别建立一个子目录存放，一个清晰、整洁的目录结构会给工作带来方便，同时也避免了软件的重复放置以及“垃圾文件”过多浪费硬盘空间而影响运行速度。硬盘在使用一段时间后，文件的反复存放、删除，往往会使许多文件，尤其是大文件在硬盘上占用的扇区不连续，看起来就像一个个碎片，硬盘上碎片过多会极大地影响硬盘的速度，甚至造成死机或程序不能正常运行。这时可以使用 Windows 操作系统自带的“磁盘碎片整理程序”。

### 12.2.4　光驱的日常维护

光驱是多媒体电脑不可缺少的基本配件，在实际使用中，光驱出现故障的概率较大，光驱在最初出现故障时，一般是“挑盘”，以后越来越严重，直至不能读盘。这种故障大多是由聚焦透镜、激光头积尘较多或激光管老化等原因引起的。要延长光驱的使用寿命，具体要注意以下几个方面。

（1）保持光驱的清洁。每次使用光驱时，光盘都不可避免地带入一些灰尘，灰尘如果落到激光发射头上，会造成光驱读取数据困难，影响激光头的读盘质量和寿命，所以室内必须保持清洁，减少灰尘。清洁光驱内部的机械部件一般可用棉签擦拭，激光头不能用酒精或其他清洁剂来擦拭，如果必须清洁的话，可以使用气囊对准激光头吹掉灰尘，操作时一定要小心，稍不注意就有可能损坏激光头。

（2）尽量使用虚拟光驱。在用电脑听 CD 音乐、看 VCD 和玩游戏时，必然会造成光驱的磨损，连续播放 VCD 几个小时后，光驱的疲劳度大大增加，持续下去将严重影响光驱寿命，可以用虚拟光驱将 CD，VCD 和电脑游戏虚拟到硬盘中，这样不但可以加快存取速度，而且还可以延长光驱的使用寿命。

（3）尽量使用正版光盘。尽管有些盗版光盘（尤其是 VCD 盘）也能正常播放，但由于质量低劣，盘上光道有偏差，光驱读盘时频繁纠错，这样激光头控制元件容易老化，会加速光驱内部的机械磨损，如果长时间使用盗版光盘，不但使光驱纠错能力大大下降，影响正常使用，还会降低光驱的使用寿命。

光盘存储信息量大，保存时间长，但光盘如果保存不当，很容易出现损坏。光盘要保存在专用的光盘盒里，避免灰尘或脏物污染，避免硬物划伤。最好不要在光盘外面包一层塑料袋，因为长时间存放塑料会老化，可能会和光盘粘在一起，在揭开塑料袋时有可能剥离保护层和数据层，造成光盘损坏。在注意保护光盘正面的同时也要保护光盘的背面，如果光盘的背面被划伤或脱落，激光头发射的激光得不到反射，从而造成光盘不能正常使用。用手拿光盘的时候不要碰到光盘的正面，以免手上的汗渍和污渍粘在光盘上，给读盘造成一定的困难。

（4）养成正确使用光驱的习惯。在使用光驱时有许多不良的习惯，例如用手直接关闭仓门，在光盘高速旋转时强行让光盘弹出仓门，关闭或重启计算机时不取出光盘等，会直接影响光驱的使用寿命。光盘在不用的时候要拿出来，因为只要电脑开着，即使不用光盘，光驱也在工作。

### 12.2.5 显示器的日常维护

显示器长期放置在复杂的环境中，如果使用不当，不仅性能会快速下降，而且寿命也会大大缩短，甚至使用两三年后就会报废，因此，一定要注意显示器的日常维护。显示器的日常维护要注意以下几个方面。

（1）做好防尘工作。显示器内部的电压高达 10～30 kV，这么高的电压很容易吸引空气中的灰尘，如果控制电路板吸附的灰尘太多，将会影响电子元器件的热量散发，使元器件温度上升烧坏元件。灰尘也有可能吸收空气中的水分，腐蚀显示器内部的线路，造成一些未知的故障。最好给显示器购买一个专用的防尘罩，每次使用完后应及时用防尘罩盖上，清除显示器屏幕上的灰尘时，务必将显示器的电源关掉，还应拔下显示器的电源线和信号电缆线，用软布从屏幕中心向外擦拭，如果灰尘难以清除，可用脱脂棉沾上少量水小心擦拭，千万不能用酒精之类的化学溶液擦拭。另外，长期使用的显示器机壳内会积攒大量灰尘，不清除会加速显示器的老化，可以用毛刷擦除显示器机壳上的灰尘和污垢，要用干布擦拭，尽量不用沾水的湿布擦拭。注意不要碰坏电路元件。

（2）注意防潮。长时间不用的显示器要定期通电工作一段时间，让显示器工作时产生的热量将机内的潮气驱逐出去，因为当室内湿度低于或等于 30%时，会使显示器内部元器件被静电破坏的可能性增大，影响显示器的正常工作；湿度超过 80%，显示器内部就会产生结露现象，内部的电源变压器和其他线圈受潮后也容易产生漏电，甚至可能霉断连线，出现黑屏现象。

（3）防磁场干扰。电磁场的干扰会使电路出现不该有的电压电流，不要在显示器旁摆放强磁场性物质。多媒体音箱必须选用防磁效果好的，并且要尽量远离显示器。显像管作为显示器的一大热源，在过高的环境温度下，元器件会加速老化，甚至某些虚焊的焊点也可能由于焊锡熔化而脱落，从而使显示器工作不稳定。因此，应给显示器一个良好的通风环境，保证有足够的空间散热。

（4）防强光。强光照射会使屏幕反光而造成画面昏暗不清，在工作的时候面对显示器极易伤害眼睛，还会加速显像管荧光粉的老化，降低发光效率，缩短显示器的使用寿命。因此，不要把显示器摆放在日光照射较强的地方。

（5）不要经常性地开关显示器。经常性地开关显示器也会缩短显示器的使用寿命。开、关太频繁，容易使显示器内部瞬间产生高电压，使电流过大而将显像管烧毁，开和关之间最好间隔一两分钟。如果有一两个小时都不用显示器，最好把显示器关掉。

### 12.2.6 键盘的日常维护

键盘是计算机操作时最常用的标准输入设备。在使用过程中，应注意以下几个方面。

（1）保持清洁。过多的灰尘会给电路正常工作带来困难，有时造成误操作，杂质落入键位的缝隙中会卡住按键，甚至造成短路。在清洁键盘时，可用柔软干净的湿布来擦拭，按键缝隙间的污渍可用棉签清洁，不要用医用消毒酒精，以免对塑料部件产生不良影响。清洁键盘时一定要在关机状态下进行，湿布不宜过湿，以免键盘内部进水产生短路。

（2）不要将液体洒到键盘上。由于大多数键盘没有防水装置，一旦有液体流进，便会造成接触不良、腐蚀电路、短路等故障，损坏键盘。当大量液体进入键盘时，应当尽快关机，将键盘接口拔下，打开键盘用干净的吸水性好的软布擦干内部的积水，最后放在通风处自然晾干即可。

（3）按键要注意力度。在按键的时候一定要注意力度适中，动作要轻柔，强烈的敲击会缩短键盘的寿命，尤其在玩游戏时，按键更应该注意，不要使劲按键，以免损坏键帽。

（4）不要带电插拔。在更换键盘时不要带电插拔，带电插拔的危害是很大的，轻则损坏键盘，重则有可能会损坏计算机的其他部件，造成不应有的损失。

### 12.2.7 鼠标的日常维护

在所有的计算机配件中，鼠标是最容易出现故障的。在平常的使用过程中，应注意以下几个方面。

（1）避免摔碰鼠标和强力拉拽鼠标线。

（2）点击鼠标时不要用力过度，以免损坏弹性开关。

（3）最好配一个专用的鼠标垫，既便于使用又可保护光电检测元件。

（4）使用光电鼠标时，要注意保持感光板的清洁，使其处于最好的感光状态，避免污垢附着在发光二极管和光敏三极管上，遮挡光线接收。

### 12.2.8 扫描仪的日常维护

扫描仪是一种较实用的图像输入设备。为了保证扫描仪的扫描质量和使用寿命，在日常的使用过程中应该注意以下几个方面。

（1）扫描仪要摆放在平整、震动较小的地方，这样当步进电机工作时不会有额外的负荷，可以保证达到理想的垂直分辨率。

（2）保持扫描仪玻璃的干净，它关系到扫描仪的精度和识别率，如果发现玻璃上有灰尘，应当及时清理。

（3）要扫描的图像摆放在起始线的中央，这样可以最大限度地减少由于光学透镜导致的失真。

（4）不宜用超过扫描仪光学分辨率的精度进行扫描，因为这样做不但对输出效果的改善不明显，还会大量消耗电脑的资源。

（5）保存图像要选用 JPG 格式，压缩比为原图像大小的 75%～85%，过小会严重丢失图像的信息，出现失真。

（6）防高温、防尘、防湿、防震荡和倾斜。

### 12.2.9 打印机的日常维护

随着打印机技术的成熟以及打印机价格的不断降低，各种类型的打印机已逐步进入办公室和家庭。为了保证打印机的打印效果好、噪声低、寿命长，在日常使用过程中应注意以下事项。

（1）打印机必须放在平稳、干净、防潮以及无酸碱腐蚀的工作环境中，并且应该远离振源、热源，以避免日光直接照射。

（2）在购买打印机后，应仔细阅读说明书，了解打印机的正确操作方法。

（3）定期用小刷子或者吸尘器清扫打印机内的灰尘和纸屑，经常用软布擦拭打印机机壳，以保持清洁，如果擦不干净，可以将软布用稀释的中性洗涤液浸泡，然后再擦。

（4）连接打印电缆时，要确保电脑、打印机均为关闭状态。

（5）为了保持打印机处于最佳的工作状态，一年内应该彻底清洗几次。

（6）清洁时要关闭电源，从送纸器中取出所有纸张，用浸有中性清洗剂的柔软干净的布清洗，此时要关闭打印机机壳以防止水流入打印机。

（7）搬运不当会对打印机造成严重损坏，搬运时须妥善包装（最好使用原包装）。

（8）在搬运打印机之前，应确保打印头被罩住，并使墨盒归位，切勿将墨盒从打印机内拿走。

（9）搬运过程中保持打印机水平，切勿倒置，否则打印头清洗槽中的墨水会倒流出来。

（10）如果打印机出现故障无法排除，应及时找专业人员进行维护。

（11）打印机连续使用超过 1 小时后，通常应让打印机休息 5～10 分钟，以延长打印机的寿命，保证打印效果。

（12）尽量减少每日开机关机的次数；每天使用完毕，应该让打印头复位后才能切断电源；定期对打印机进行清洁，但不能用酒精去清洁、擦拭打印头，否则可能会造成堵塞（因为有些墨水遇到酒精会产生沉淀）。

（13）经常检查打印机的机械部件有无螺丝松动或脱落，检查打印机的电源和接口连接电缆有无接触不良的现象。

（14）在加电的情况下，不要插拔打印电缆，以免烧坏打印机与主机接口元件，插拔前一定要关掉主机和打印机电源。

### 12.2.10 多媒体音箱的日常维护

在多媒体系统中，音箱是其重要的组成部分。但是，很多用户对音箱缺乏全面和正确的认识，从而大大影响了声音回放效果。音箱虽然不经常出现故障，但也需要保养，不恰当地使用会缩短音箱的寿命，下面着重介绍如何维护和保养多媒体音箱。

（1）音箱应避免日光直接照射，暖气片的旁边和气温过低的地方也不宜放置音箱，以免引起箱体表面起泡。不要将音箱靠近显示器摆放，即使是防磁喇叭，也同样会对显示器有一定的影响。

（2）应保持音箱表面的清洁，可使用毛巾蘸温水拧干后擦拭，待水分全干后方可打开。

（3）长时间大音量放音后，音箱的后面板会变得很热，此时最好关闭电源，以避免事故发生，建议音箱的音量不要开得太大，至多二分之一左右。

（4）音箱长期不使用时，应关掉开关，并拔出电源插头，因为电脑关闭后虽没有声音信号输入到音箱，但音箱仍然工作在静态工作点，仍然有静态电流流过内部电路，这样也有可能造成放大器等元器件被击坏。

（5）应注意正确的开、关顺序。有源音箱由于内置功放，功放芯片最怕大（瞬间）电流直接冲击，因此，开音箱时最好把音量调到最小，然后再开机，开机后可以正常调大音量。关机时也同样先关音量再关电源。

（6）常见故障的排除。如果音箱不出声或只有一个出声，则应首先检查电源、音频线是否接好，可更换音源（如接上随身听），以确定是否是音箱本身的故障。注意音箱的左、右声道不要接反，如果音箱发出的声音比较空，声场涣散时，可考虑将两组音频线换位。当声音有明显的失真时，可以检查重低音、3D 等调节程度是否过大。当音箱有杂音时，可考虑更换音源或查看附近是否有强磁场。

## 12.3 计算机病毒

随着计算机网络的普及，各种计算机病毒层出不穷，给计算机用户带来巨大的威胁，如何有效地防治病毒，保护计算机安全已成为广大用户十分关心的问题。下面介绍计算机病毒的相关知识。

计算机病毒是一种人为编写的，在计算机运行过程中对计算机信息或系统进行破坏的程序。通常隐蔽在其他可执行程序中，可通过网络、U 盘、光盘等介质传播给其他计算机，从而使其他计算机也感染病毒。

### 12.3.1　计算机病毒的分类及特点

下面简要讲述计算机病毒的分类及特点。

**1．计算机病毒的分类**

计算机病毒的分类标准如下：

（1）计算机病毒按病毒寄生方式分为引导型病毒、文件型病毒和复合型病毒。引导型病毒是指寄生在磁盘引导区或主引导区的电脑病毒。此种病毒在系统启动时侵入系统，驻留内存，监视系统运行，伺机传染和破坏电脑正常程序。按照引导型病毒在硬盘上的寄生位置又可分为主引导记录病毒和分区引导记录病毒。主引导记录病毒感染硬盘的主引导区，如大麻病毒、2708 病毒、火炬病毒等；分区引导记录病毒感染硬盘的活动分区引导记录，例如小球病毒，Girl 病毒等。

文件型病毒是指能够寄生在文件中的电脑病毒。这类病毒程序感染可执行文件或数据文件。例如 848 病毒感染后缀为“COM”和“EXE”等可执行文件。Macro/Concept，Macro/Atoms 等宏病毒感染后缀为 DOC 的文件。

复合型病毒是指具有引导型病毒和文件型病毒寄生方式的电脑病毒。这种病毒扩大了病毒程序的传染途径，它既感染磁盘的引导记录，又感染可执行文件。当感染复合型病毒的磁盘用于引导系统或调用执行文件时，病毒就会被激活。因此，在检测和清除复合型病毒时，必须全面彻底。

（2）计算机病毒按破坏性分为良性病毒和恶性病毒。良性病毒是指那些只是为了表现自身，并不彻底破坏系统和硬盘数据，但会大量占用系统资源，降低系统工作效率的电脑病毒。这类病毒目前主要有小球病毒、1575/1591 病毒、救护车病毒、扬基病毒和 Dabi 病毒等。

恶性病毒是指病毒一旦发作后，就会破坏系统或硬盘数据，造成电脑系统瘫痪或者数据损坏的一类电脑病毒。这类病毒比较有名的有黑色星期五病毒、火炬病毒和米开朗琪罗病毒等。这种病毒危害性极大，有些病毒发作后会给用户造成不可挽回的损失。

**2．计算机病毒的特点**

计算机病毒的特征有以下几点：

（1）隐蔽性。电脑病毒是一种可执行程序，它通常附着在正常程序之中或磁盘引导扇区中，病毒自身隐藏在不容易被用户发现的地方，随着应用程序的调用而激活运行。

（2）传染性。传染性是电脑病毒最重要的特征之一，是判断一段程序代码是否为电脑病毒的依据。病毒程序一旦侵入电脑系统就开始搜索可以传染的程序或者磁盘介质，然后通过自我复制迅速传播。由于目前网络的日益普及，电脑病毒可以在极短的时间内通过网络传遍世界。

（3）潜伏性。电脑病毒具有依附于其他正常程序而寄生的能力，依靠病毒的寄生能力，病毒传染合法的应用程序和系统程序后并不立即发作，而是悄悄隐藏起来，然后在特定的情况下发作。

（4）表现性和破坏性。电脑病毒程序一旦侵入系统都会对操作系统的运行造成不同程度的影响。即使不直接产生破坏作用的病毒程序也要占用系统资源。而绝大多数病毒程序要显示一些文字或图像和声音等，影响系统的正常运行。还有一些病毒程序删除系统文件或者其他数据，甚至摧毁整个系统和数据，使之无法恢复，造成不可挽回的损失。因此，病毒程序的作用轻者降低系统工作效率，重者导致系统崩溃，数据丢失。

（5）可触发性。电脑病毒一般都有一个或者几个触发条件。一旦满足其触发条件或者激活病毒的传染机制，病毒即被激活并进行传染，或者激活病毒的表现部分或破坏部分。

### 12.3.2 计算机病毒的防治

计算机病毒有两条基本的传播途径：通过网络数据的传播和在单机环境时通过移动存储设备的传播。在实际工作中，预防计算机病毒与如何管理好计算机是密切相关的。因此，总结出了下列几种方法。

（1）宣传教育。宣传教育就是指要大力宣传计算机病毒的危害性，使人们提高警觉性。因为数据信息是人类的重要财富，一旦被病毒攻击而不可恢复，就可能造成不可估量的损失。

（2）扼断传播途径。扼断传播途径的方法主要是针对移动存储设备来说的，当移动存储设备连接计算机后，首先要进行查毒、杀毒。因为引导型病毒是通过移动存储设备在启动机器之后感染的，而文件型病毒是通过运行可执行文件被加载到系统上后感染其他文件的。

（3）软件备份。因为目前病毒的更新速度很快，计算机随时都有可能感染病毒甚至遭到严重的破坏，所以为了用户的数据安全，有必要对这些重要数据进行备份，以免数据丢失而造成损失。

（4）冷静诊治。当发现计算机病毒后，千万不要轻意地将磁盘格式化，因为一旦格式化，计算机磁盘上的数据资源就会全部丢失。因此，应该尽快去找一个最新的杀毒软件来查杀病毒，以此来保证原来的信息不丢失。

（5）驻留杀毒软件。驻留杀毒软件是指当计算机系统开始运行后，杀毒软件就一直处在运行状态，可以自动监视引导扇区和可执行文件，一旦发现病毒入侵，就可以即时进行报警并杀毒，从而扼制了病毒的传播。但驻留杀毒软件会耗费 CPU 的时间，占用部分系统资源，而且对于新型的变种病毒，软件不一定能检查出来，因此，建议用户要及时升级杀毒软件，从而能够更加有效地查毒和杀毒。

（6）使用防毒卡。防毒卡是一块装有防毒程序的硬件卡，装在计算机的插槽上。

（7）掌握病毒知识。掌握病毒的特点、功能、种类及原理，有助于用户更好地发现并防治病毒。

## 12.4 常见硬件故障检测方法

在使用计算机的过程中，会出现各种各样的问题，掌握一些常见硬件故障检测方法有助于我们更有效地利用计算机工作和学习。下面是一些比较常见的计算机硬件故障以及相应的检测方法，供大家参考。

### 12.4.1 光驱故障

光驱是计算机硬件中使用寿命最短的配件之一，属于计算机易耗硬件。光驱在使用一段时间后，发生故障的频率就提高了。常见的光驱故障有以下几类：

常见故障一：光驱工作时硬盘指示灯始终闪烁。硬盘指示灯闪烁是因为光驱与硬盘同时接在一个 IDE 接口上。将光驱单独接在一个 IDE 接口上问题即可解决。

常见故障二：找不到光驱。计算机开机后在“我的电脑”里找不到光驱盘符，出现这种现象可通过以下几种方法解决。

（1）检查是否正确安装了光驱驱动程序。

（2）检查光驱的 I/O 地址范围以及 IRQ 中断请求设置是否与其他设备产生冲突。

（3）检查 BIOS 中的常规设置项是否已经正确检测出光驱所在的数据传输线路的工作模式。

（4）检查光驱本身的工作模式设置是否与 BIOS 中的设置相符。

（5）检查是否因为安装了某些虚拟光驱软件而导致物理光驱设备丢失。

（6）某些病毒会导致不识别光驱，杀毒即可。

常见故障三：光驱无法正常读盘，屏幕上显示：“驱动器 X 上没有光盘，插入光盘再试”。在这种情况下，弹出光驱托盘，检查光盘本身是否已经严重磨损，确定光盘无损伤重新放置光盘，问题即可解决。

常见故障四：光驱使用时出现读写错误或无盘提示。这种现象大部分是在换光盘时光驱的激光头还没有就位就对光驱进行操作所引起的故障。对光驱所有的操作都必须要等光盘指示灯不闪烁时才可进行，这样就可以避免出现上述错误。

常见故障五：光驱在读取光盘数据时，出现读盘困难而且读盘的时间变长。光驱读不出光盘数据时的硬件故障主要集中在激光头组件上，且可分为两种情况：一种是光驱使用太久造成激光管老化；另一种是光电管表面、激光管透镜太脏或者位移变形。所以在对激光管功率进行调整时，还须对光电管和激光管透镜进行清洗。

### 12.4.2　内存故障

在计算机故障中，内存故障发生的频率也相当高。常见的内存故障有以下几种：

常见故障一：开机无显示，长时间蜂鸣报警（针对 Award BIOS 而言）。此类故障一般是因为内存条与内存插槽接触不良造成的，用橡皮擦拭其金手指部位即可解决问题（不要用酒精等清洗）。此类故障也有可能是内存条损坏或主板内存插槽有问题造成的，如果是内存条损坏，需要更换内存条；如果是主板内存插槽损坏了，那么只有去维修主板了。

常见故障二：Windows 注册表经常无故损坏，提示要求用户恢复。此类故障一般都是因为内存条质量不好而起的，更换质量较好的内存条问题即可解决。

常见故障三：Windows 经常自动进入安全模式。此类故障一般是由于主板与内存条不兼容或内存条质量不好而引起的。频率较高的内存插在不支持高频率内存条的主板上，导致 Windows 经常自动进入安全模式，解决此故障可以尝试在 CMOS 设置中降低内存读取速度，如若不行，那就只有更换和主板匹配的内存条了。

常见故障四：随机性死机。此类故障一般是由于一台计算机上安装了两根不同频率的内存条，由于各内存条速度不同，产生一个时间差，从而导致死机，去掉其中一根内存条问题即可解决。

常见故障五：运行某些软件时经常出现内存不足的提示。此现象一般是由于系统盘剩余空间不足造成，删除一些无用文件，多留一些空间即可。

### 12.4.3　显卡故障

常见的显卡故障有如下几类：

常见故障一：开机无显示。此类故障一般是因为显卡与主板插槽接触不良或主板插槽有问题而造成的（针对独立显卡而言）。由于显卡原因造成的开机无显示故障，开机后一般会发出一长两短的蜂鸣声（主板 BIOS 为 Award BIOS）。

常见故障二：显示花屏，看不清字迹。此类故障一般是由于显示器或显卡不支持高分辨率而造成的。花屏时可切换启动模式到安全模式，然后在 Windows 操作系统下进入显示设置，将分辨率调低，然后重新启动计算机即可。

常见故障三：颜色显示不正常。此类故障一般有以下原因：

（1）显示卡与显示器信号线接触不良。

（2）显示器自身故障。

（3）在某些软件里运行时颜色不正常，在 BIOS 设置里有一项校验颜色的选项，将其开启即可。

（4）显卡损坏。

（5）显示器被磁化。此类现象一般是由于显示器附近有磁性物体干扰所致，磁化后还可能会引起显示画面出现偏转的现象。拿走磁性物体，对显示器进行消磁即可。

常见故障四：死机。出现此类故障一般是由于主板与显卡不兼容或主板与显卡接触不良而造成的，显卡与其他扩展卡不兼容也会导致死机。

常见故障五：屏幕出现异常杂点或图案。此类故障一般是由于显卡与主板接触不良或显卡的显存出现问题而造成。清洁显卡金手指部位或更换显卡问题即可解决。

常见故障六：显卡驱动程序丢失。显卡驱动程序载入、运行一段时间后自动丢失，此类故障一般是由于显卡质量不佳或显卡与主板不兼容，使得显卡芯片温度过高而导致系统运行不稳定或出现死机，更换显卡即可解决。

### 12.4.4 硬盘故障

硬盘是计算机的重要部件之一，硬盘出现故障的频率也比较高，常见的硬盘故障有以下几类。

常见故障一：系统不认硬盘。系统从硬盘无法启动，光盘引导也无法进入系统，使用 CMOS 中的自动监测功能也检测不到硬盘的存在。这种故障大都出现在连接数据线或 IDE 端口上，在正常使用计算机情况下，硬盘本身故障的可能性不大，可通过重新插接硬盘数据线或者改换 IDE 口等替换试验，很快就会发现故障的所在。如果新接上的硬盘也不被接受，则说明硬盘的跳线没有设置正确，重新设置硬盘的跳线问题即可解决。

常见故障二：CMOS 引起的故障。CMOS 中的硬盘类型正确与否直接影响硬盘的正常使用。目前的计算机都支持“IDE Auto Detect”功能，可自动检测硬盘的类型。而有些比较老的计算机产品没有自动识别硬盘类型的功能，当 BIOS 丢失信息后，硬盘类型出错，从而引起故障，重新设置硬盘参数问题即可解决。

常见故障三：分区表错误引发的启动故障。分区表错误是硬盘的严重错误，不同的错误会造成不同的损失。如果是没有活动分区标志，则计算机无法启动。可以从光驱引导系统后对硬盘进行读写，通过 Fdisk 设置活动分区进行修复即可解决。

常见故障四：磁盘坏道引起死机。如果系统盘出现逻辑坏道，则可能出现计算机启动过程中死机或者刚刚启动起来就死机。如果是其他盘出现坏道，则可能出现计算机在运行此盘下的某些文件时死机。对于硬盘坏道问题，可以通过格式化软件进行格式化，如果问题解决，说明硬盘的坏道是逻辑坏道，如果无法修复坏道，则可能是物理坏道，需要到专业的硬盘维修部门去维修或者更换新硬盘。

### 12.4.5　主板故障

主板是整个计算机的关键部件，在计算机中起着至关重要的作用。如果主板产生故障将会影响到整个计算机系统的工作。下面是主板在使用过程中最常见的故障。

常见故障一：开机无显示。计算机开机无显示，首先要检查的就是 BIOS。主板的 BIOS 中储存着重要的硬件数据，同时 BIOS 极易受到破坏，一旦受损就会导致系统无法运行，出现此类故障一般是因为主板 BIOS 被 CIH 病毒破坏造成（当然也不排除主板本身故障导致系统无法运行）。一般 BIOS 被病毒破坏后硬盘里的数据将全部丢失，所以可以通过检测硬盘数据是否完好来判断 BIOS 是否被破坏，如果硬盘数据完好无损，那么还有 3 种原因会造成开机无显示的现象。

（1）主板扩展槽或扩展卡有问题，导致插上诸如声卡等扩展卡后主板没有响应而无显示。

（2）免跳线主板在 BIOS 里设置的 CPU 频率不对，也可能会引发开机不显示，对此，只要清除 BIOS 即可予以解决。BIOS 跳线的默认位置一般为 1，2 短路，只要将其改跳为 2，3 短路几秒钟即可清除 BIOS。

（3）主板无法识别内存，内存损坏或者内存不匹配也会导致开机无显示的故障。某些老的主板对内存比较挑剔，内存插上主板一旦无法识别，主板就无法启动，甚至某些主板不给任何故障提示（鸣叫）。对于主板 BIOS 被破坏的故障，可以插上 ISA 显卡看有无显示（如有提示，按提示步骤操作即可），如果没有开机画面，可以到专业维修部门刷新 BIOS。

常见故障二：BIOS 设置不能保存。此类故障一般是由于主板电池电压不足造成，更换电池即可，但有的主板电池更换后同样不能解决问题，此时有以下两种可能：

（1）主板电路问题，对此要找专业维修人员进行维修。

（2）主板 BIOS 跳线问题，有时候因为用户错误地将主板上的 BIOS 跳线设为清除选项，或者设置成外接电池，使得 BIOS 数据无法保存。

常见故障三：计算机频繁死机。在进行 BIOS 设置时也会出现死机现象。在 BIOS 里发生死机现象，一般为主板或 CPU 有问题，若按下面方法不能解决此故障，那就只有更换主板或 CPU 了。

出现此类故障一般是由主板 Cache 有问题或主板散热不良引起的。在死机后触摸 CPU 周围主板元件，会发现其温度非常高，在更换大功率风扇之后，死机故障将得以解决。对于 Cache 有问题的故障，可以进入 BIOS 设置，将 Cache 禁止后即可顺利解决，当然，Cache 禁止后速度肯定会受到影响。

常见故障四：主板 COM 口或并行口、IDE 口失效。出现此类故障一般是由于用户带电插拔相关硬件造成的，此时可以用多功能卡代替，但在代替之前必须先禁止主板上自带的 COM 口与并行口（有的主板必须禁止 IDE 口才能正常使用）。

### 12.4.6　电源故障

电源是一个容易被忽略但却非常重要的设备。它负责供应整台计算机所需的能量，一旦电源出现问题，整个系统都会瘫痪。常见的电源故障主要有以下几种：

常见故障一：通电后电源风扇不旋转。出现此类故障首先可以用万用表来测量一下电源有没有 SB +5 V 的输出，第 14 接口的绿色线上有无 3.2～4 V 的启动电压。如果测量没有电压，则说明辅助电源没有工作。这时就要测试电源的主、副开关电源的公共部分、整流滤波以前部分和 TL494（PWM 脉宽调制控制器所采用的控制芯片）的第 12 脚有无工作电压。如果辅助电源工作正常、电压输出正常、TL494 的工作全部都正常，主电源应该启动，如果不能启动就可以说明故障出现在主电源部分。

常见故障二：加电后风扇颤动或转动一下即停。从这种故障的现象来看，可以判断电源的初级部分是正常的，而故障是由于电源保护检测部分产生的，也就是说电源保护装置被触动了，此时应该测量一下 TL494 的第 4 脚上的电压是否低于 0.4 V。

常见故障三：电源风扇转动异常。使用计算机时，电源风扇转动明显低于正常工作转动速度。这种故障一般是由于电源的+12 V 电压已经偏离正常值。这时各路的电压也可能不太正常了。+12 V 的电压偏高是因为脉宽调制电路 TL494 检测不到正常信号时的输出调升，这时候就应该对保护电路的采样元件进行详细的检查。+12 V 的电压偏低时首先就要测量+5 V 电压是否正常，如果测量后+5 V 电压正常，就说明故障出现在+12 V 这一路上，例如，整流块中有二极管烧坏或滤波电容失效漏电等。

### 12.4.7 显示器故障

显示器是计算机中必不可少的输出设备，其原理复杂，元件众多，出现的故障也较多，通常主要表现为黑屏、显示不正常以及花屏等。

#### 1．CRT 显示器常见故障及排除

造成 CRT 显示器故障的原因很多，有可能是显示器本身质量问题，也可能是潮湿、老化或磁场干扰等原因。

常见故障一：显示器黑屏。造成显示器黑屏的原因很多，首先应排除硬故障，看显卡是否损坏或显示器断线造成没有信号传送到显示器，此时显示器的指示灯会不停地闪烁，提示没有接收到信号。如果将分辨率设得高于显示器的最大分辨率也会造成黑屏，严重时会损坏显示器。另外，硬件冲突、屏幕保护程序、节能、超频等原因也会引起黑屏。

若是由屏幕保护引起的，可取消屏幕保护程序；若是由节能设置引起的，进入 CMOS 设置里，选择“Power Management Setup→Power Management”，将其设置为 Disabled 即可。

常见故障二：显示器出现青紫色块。显示器出现青紫色块主要是由于受到了磁场干扰，也就是通常所说的被磁化了。首先检查显示器旁有没有放带磁性的物品，如电视机、音箱、收音机等，应将这些物品远离显示器。然后使用显示器的消磁按钮进行消磁。对于严重的色块，可能由于受磁场干扰很严重，显示器的消磁功能已不起作用，那么就要使用专门的消磁器或送回厂家维修。

常见故障三：显示内容模糊。此类故障可根据不同的情况做不同的处理。如果模糊现象较轻，仅仅是字体轮廓变粗，而字体依然可以识别，则故障可能是由于受到震动引起的，其解决办法是打开机盖，微调 FBT 上的聚焦电位器即可。

如果是刚开机时模糊，后来屏幕字母却越来越清晰，则故障可能是由于潮湿引起的，可用无水酒精清洗放电环及尾座上各电极插头和插座。

如果出现字符大面积严重模糊，且调 FBT 上的聚焦电位器时屏幕亮度随之变化，则故障可能是由于 CRT 锥体玻壳内有杂物或 CRT 锥体质量太差引起，此时最好请专业人员进行修理。

#### 2．LCD 显示器常见故障及排除

随着技术不断成熟和价格不断下降，LCD 显示器得到了越来越广泛的应用。LCD 的设计很精密，维修 LCD 显示器的专业性很强，通常需要专业人士才能维修。下面给出一些 LCD 显示器常见故障的排除方法以供用户参考。

常见故障一：电源指示灯不亮。出现此类情况应该首先检查电源线是否插紧，然后检查显示器电源开关是否打开。

常见故障二：电源指示灯变橙色。如果电源指示灯呈橙色并不断地闪动，应该检查视频信号线是否正常连接。

常见故障三：重影。图像出现重影可能是因为使用的视频电缆质量不好，或者在视频通路上插入了低质量的分配器，使总体的带宽变窄所致，使用 CCHT 的原配电缆即可。

### 12.4.8　扫描仪故障

现在扫描仪的普及率越来越高，这类外设的故障也比较多，而且故障的原因也比较复杂。常见的扫描仪故障有以下几点。

常见故障一：找不到扫描仪。这是最常见的故障。首先检查扫描仪的电源及线路接口是否已经连接好，然后确认是否先开启扫描仪的电源，然后才启动计算机。如果不是，可以单击 Windows“设备管理器”的“刷新”按钮，查看扫描仪是否能被检测到，如果检测到扫描仪，则可排除扫描仪本身故障的可能性。如果扫描仪的指示灯不停地闪烁，表明扫描仪状态不正常。此时可以再重新安装最新的扫描仪驱动程序。同时，还应检查“设备管理器”中扫描仪是否与其他设备冲突（IRQ 或 I/O 地址），若有冲突就要进行更改。

常见故障二：扫描仪没有准备就绪。打开扫描仪电源后，若发现扫描仪指示灯不亮，先检查扫描仪内部灯管。若发现内部灯管是亮的，则可能与室温有关，解决的办法是让扫描仪通电半小时后关闭扫描仪，一分钟后再打开它，问题即可迎刃而解。若此时扫描仪仍然不能工作，则先关闭扫描仪，断开扫描仪与计算机之间的连线，将“SCSI ID”的值设置成 7，大约一分钟后再把扫描仪打开。在冬季气温较低时，最好在使用前先预热几分钟，这样就可避免开机后指示灯不亮的现象。

常见故障三：扫描出来的画面模糊。首先检查扫描仪上的平板玻璃是否脏了，如果平板玻璃脏了请将玻璃用干净的布或纸擦干净。如果不是玻璃的问题，请检查扫描仪使用的分辨率，例如 300 d/i 的扫描仪扫 1 200 d/i 以上的影像会比较模糊。另外，检查显示器设置是否为 16 bit 或以上。如果是扫描一些印刷品，有一定的网纹造成的模糊是可以理解的，可以用扫描仪本身自带的软件进行处理，也可以用 Photoshop 等图像软件加以处理。

常见故障四：输出图像色彩不够艳丽。可以先调节显示器的亮度、对比度和 Gamma 值。Gamma 值越高，感觉色彩的层次就越丰富。可以根据扫描好的照片的具体情况进行 Gamma 值的调整。在扫描仪自带的软件中，如果是普通用途，Gamma 值通常设为 1.4，若是用于印刷，则设为 1.8，网页上的照片则设为 2.2。另外，在使用扫描仪前应该进行色彩校正，否则就有可能使扫描的图像失真。

### 12.4.9　打印机故障

目前，喷墨打印机是使用得较为普便的一种计算机外围设备。喷墨打印机由于使用、保养、操作不当等原因经常会出现一些故障。下面是一些常见打印机故障及处理方法。

常见故障一：打印时墨迹稀少，字迹无法辨认。该故障大多是由于打印机长期未用或其他原因造成墨水输送系统障碍或喷头堵塞。如果喷头堵塞得不严重，直接执行打印机上的清洗操作即可。如果多次清洗后仍没有效果，则可以拿下墨盒（对于墨盒喷嘴非一体的打印机），把喷嘴放在温水中浸泡一会，注意一定不要把电路板部分也浸在水中，否则后果不堪设想，用吸水纸吸干水滴，装上后再清洗几次喷嘴就可以了。

常见故障二：更换新墨盒后，打印机开机时面板上的“墨尽”灯亮。正常情况下，当墨水已用完时“墨尽”灯才会亮。更换新墨盒后，发生这种故障，一种是墨盒可能未装好，另一种可能是在关机状态下自行拿下旧墨盒，更换上新的墨盒。因为重新更换墨盒后，打印机将对墨水输送系统进行充墨，而这一过程在关机状态下将无法进行，使得打印机无法检测到重新安装上的墨盒。另外，有些打印机对墨水容量的计量是使用打印机内部的电子计数器来进行的(特别是在对彩色墨水使用量的统计上)，当该计数器达到一定值时，打印机判断墨水用尽。而在墨盒更换过程中，打印机将对其内部的电子计数器进行复位，从而确认安装了新的墨盒。打开电源，将打印头移动到墨盒更换位置。将墨盒安装好后，让打印机进行充墨，充墨过程结束后，故障即可排除。

常见故障三：喷头软性堵头的处理。喷头软性堵塞指的是因种种原因造成墨水在喷头上黏度变大所致的断线故障。一般用原装墨水盒经过多次清洗就可恢复，但这样的方法太浪费墨水。最简单的办法是利用空墨盒来进行喷头的清洗。用空墨盒清洗前，先要用针管将墨盒内残余墨水尽量抽出，然后加入清洗液。加注清洗液时，应在干净的环境中进行，将加好清洗液的墨盒按打印机正常的操作上机，不断按打印机的清洗键对其进行清洗。利用墨盒内残余墨水与清洗液混合的淡颜色进行打印测试，正常之后换上好墨盒就可以使用了。将打印机的上盖卸下，移开小车，用针管吸入纯净水对其进行冲洗，特别要对嘴内镶嵌的微孔垫片进行充分清洗。在此要特别提醒用户，清洗此部件时，千万不能用乙醇或甲醇，这样会造成此组件中镶嵌的微孔垫片溶解变形。另外要提醒的是，喷墨打印机要尽量远离高温及灰尘的工作环境，只有良好的工作环境才能保证机器长久正常地使用。

常见故障四：检测墨线正常而打印精度明显变差。喷墨打印机的打印精度会因使用时间的延长而逐渐变差。如果打印机已使用很久，打印精度变差，可以用更换墨盒的方法来测试，如果换了几个墨盒，其打印输出的效果都一样，那么应更换打印机的喷头。如果更换墨盒以后有变化，说明使用的墨盒中可能有质量较差的非原装墨水。如果打印机是新的，打印的效果不能令人满意，经常出现打印线段不清晰、文字图形歪斜、文字图形外边界模糊、打印出墨控制同步精度差等现象，则说明买到的可能是假墨盒或者非原装产品，应当立即更换。

常见故障五：行走小车错位碰头。喷墨打印机行走小车的轨道是由两只粉末合金铜套与一根圆钢轴的精密结合来滑动完成的。虽然行走小车上设计安装有一片含油毡垫以补充轴上润滑油，但使用久了，轴表面的润滑油会因老化而失效，这时如果继续使用打印机，就会因轴与铜套的摩擦力增大而造成小车行走错位，直至碰撞车头造成无法使用。一旦出现此故障应立即关闭打印机电源，用手将未回位的小车推回停车位。找一小块海绵或毡垫，放在缝纫机油里浸饱，用镊子夹住在主轴上来回擦。

## 12.5 上机实战——清洁光驱

本节需要准备光驱、十字螺丝刀、光学镜头清洗剂以及医用棉签，要求掌握光驱的清洁方法，使光驱能快速读盘。

**操作步骤**

(1) 在光驱托盘弹出状态下，拆下托盘前盖板，然后卸下光驱，底面朝上放置。用螺丝刀拧下底部 4 个螺钉。

（2）顶压光驱前部两侧和底部的面板倒钩，可拆下光驱前面板。

（3）小心打开光驱上盖，注意尽量不要用手接触电路板上的元件，以防静电损坏。将光驱正面向上放置，这时可以看到位于光驱中前部的光学镜头。

（4）用吹气球将光学镜头表面的灰尘吹掉。

（5）用镜头纸或棉签沾清洗剂轻轻擦拭光学镜头表面，注意不要用力太大，反复擦拭几遍。待镜头表面的清洗剂自然干燥后，按与拆卸过程相反的步骤将光驱组装好即可。

**注意：**（1）不要用市场上销售的清洗光盘清洁光驱，高速旋转的清洁光盘上的毛刷会划伤光驱透镜表面。

（2）光驱弹出光盘后应该及时收回光驱托盘，以免灰尘进入。

（3）擦拭时动作一定要轻，不要用力太大。

## 本章小结

本章主要讲述了计算机维护基础、计算机各部件的维护、计算机病毒以及常见硬件故障检测方法等内容。通过本章的学习，能够让读者正确使用和维护计算机，解决计算机常见故障，提高工作与学习效率。

## 操作练习

### 一、填空题

1．正确的开机顺序是：打开______电源→打开______电源→打开______电源。

2．用最小系统法对主机进行测试，其中最小系统是由______、______和______组成，一般在计算机启动后系统没有任何反应的情况下用此方法对计算机进行检测。

3．计算机的工作温度应控制在______。

4．Windows 在运行中会产生大量的垃圾文件，垃圾文件有两种：一种是______；另一种是______。

5．按照传染对象的不同，计算机病毒可分为 3 种类型，即______、______和______。

### 二、选择题

1．硬件故障产生的原因主要有（　）。

（A）温度过高　　（B）灰尘太多

（C）静电损坏　　（D）操作不当

2．不要频繁开关计算机电源，主要是为了（　）。

（A）减少不必要的电能消耗　　（B）减少震动

（C）避免电源开关损坏　　（D）减少感应电流对元件的冲击

3．CPU 是电脑的核心，是整个电脑中最重要的部件，CPU 出故障的常见症状有（　）。

（A）机器加电后只有电源灯亮，再无其他任何反应

（B）系统可以启动，屏幕有显示，但是却不能调入操作系统

（C）系统喇叭不断长鸣

（D）在操作过程中，系统运行不稳定或经常出现死机的现象

4．显示器插头与主机接口接触不良可导致（　）。

（A）显卡烧毁　　（B）不显示图像或者图像偏色

（C）显示器烧毁　　（D）都有可能

5．在“我的电脑”中找不到移动硬盘的盘符，而右下角硬件插入图标正常，此移动硬盘在其他电脑上正常使用，造成此故障的原因可能是（　）。

（A）本机操作系统缺少必要文件　　（B）USB 接口有问题

（C）移动硬盘盘符和本地硬盘盘符冲突　　（D）上述原因都有可能

6．计算机病毒主要造成计算机系统中（　）的损坏。

（A）磁盘　　（B）磁盘驱动器

（C）程序和数据　　（D）磁盘和磁盘上的文件

**三、简答题**

1．识别计算机故障的一般原则是什么？

2．计算机故障常见的检测方法有哪几种？

3．如何进行硬盘的日常维护？

4．怎样进行显示器的日常维护？

5．什么是计算机病毒？计算机病毒的特点是什么？

6．怎样进行计算机病毒的防治？

**四、上机操作题**

1．手动进行显示器消磁。

2．使用瑞星杀毒软件查杀病毒，要求：

（1）对计算机上的所有数据进行全面杀毒。

（2）杀毒结束后，要求计算机自动关闭。

（3）定期下载最新病毒库，升级瑞星杀毒软件。

3．打开主机箱后，利用吸尘器和清洁剂等清洁机箱内部的主要部件。

4．利用 Windows XP 自带的磁盘清理程序、磁盘扫描程序和磁盘碎片整理程序对磁盘进行整理（如每 3 个星期整理一次）。